"十三五"国家重点出版物出版规划项目

面向可持续发展的土建类工程教育丛书

SUSTAINABLE

DEVELOPMENT

建筑工业化概论

◎李忠富　等编著

机械工业出版社

CHINA MACHINE PRESS

建筑工业化是克服传统生产方式缺陷，促进建筑业又好又快发展的根本途径。目前我国已经发展到加快推进建筑工业化的重要时期。本书以建筑工业化包含的内容为主线，阐述建筑工业化的丰富内涵，包括建筑工业化基本原理、国内外发展状况、我国的发展目标与技术路径，建筑部品和建筑标准化，建筑施工机械化，装配式建筑工业化，现场工业化建造，机电安装工业化，内装工业化，建筑工业化新技术与新产品应用，信息化技术应用和管理科学化等，介绍了建筑工业化相关的技术内涵和实现过程。

本书主要作为高等院校土木建筑类和工程管理类专业的本科教材或教学参考书，也可作为建筑工业化相关行业专业人士的研究或实践参考资料。

图书在版编目（CIP）数据

建筑工业化概论/李忠富等编著. —北京：机械工业出版社，2020.6（2024.2重印）

（面向可持续发展的土建类工程教育丛书）

"十三五"国家重点出版物出版规划项目

ISBN 978-7-111-65180-2

Ⅰ.①建… Ⅱ.①李… Ⅲ.①建筑工业化–高等学校–教材 Ⅳ.①TU

中国版本图书馆 CIP 数据核字（2020）第 051037 号

机械工业出版社（北京市百万庄大街22号　邮政编码100037）
策划编辑：冷　彬　责任编辑：冷　彬　舒　宜　臧程程　商红云
责任校对：张晓蓉　封面设计：张　静
责任印制：单爱军
北京虎彩文化传播有限公司印刷
2024 年 2 月第 1 版第 4 次印刷
184mm×260mm · 17 印张 · 377 千字
标准书号：ISBN 978-7-111-65180-2
定价：48.00 元

电话服务　　　　　　　　　　网络服务
客服电话：010-88361066　　　机 工 官 网：www.cmpbook.com
　　　　　010-88379833　　　机 工 官 博：weibo.com/cmp1952
　　　　　010-68326294　　　金 书 　 网：www.golden-book.com
封底无防伪标均为盗版　　机工教育服务网：www.cmpedu.com

前　言

我国改革开放四十多年以来，经济快速发展，建筑业取得了长足进步，一大批标志性的经典建筑建成，但建筑业的生产方式并没有根本改变，并且产生了低效率、低效益、高耗能和高污染等负面效应，与此同时，近些年建筑业的就业人数减少，建筑业面临专业工人匮乏等新的挑战。国际发展的经验告诉我们，我国已发展到应快速推进建筑工业化的重要时期。最近几年转型升级的实践也表明，建筑工业化是克服传统生产方式缺陷、促进建筑业又好又快发展的根本途径，必须通过建筑工业化，彻底告别高能耗、高污染、低效率、低效益的传统建筑生产方式。应该说工业化并不是建筑业发展的全部，但是建筑业发展过程中要必然经历的一个重要发展阶段，是建筑业实现可持续发展并向着更高级的集约型、高品质、信息化、智能化发展的基础和平台。由于我国建筑业的工业化基础薄弱，所以这个过程会相当漫长和艰难，但其作为一条发展的主线不会间断，并会随着社会的发展不断更新其理念和内涵。

建筑工业化内涵丰富，而且由于建筑产品的特殊性，其生产方式不只是装配式，还包括现场工业化以及工业化技术的推广应用等。本书以建筑工业化包含的基本内容为主线，分别阐述了建筑工业化的基本原理、国内外发展状况、我国的发展目标与技术路径，建筑部品和建筑标准化、建筑施工机械化、装配式建筑工业化，现场工业化建造，机电安装工业化，内装工业化，建筑工业化新技术与新产品应用，信息化技术应用以及管理科学化等内容，并介绍了建筑工业化相关的技术内涵和实现过程。本书各部分主要内容互相补充、互相支撑，每一部分都不可或缺。

本书由大连理工大学李忠富主持撰写，大连理工大学和东北财经大学的几位师生参加。第1章由李忠富、项秋银、金玉格、华一鸣撰写，第2章由刘禹撰写，第3章由李忠富、项秋银、金玉格撰写，第4章由崔瑶、蔡晋、袁梦琪撰写，第5章由张胜昔、李忠富撰写，第6章由袁梦琪、李忠富撰写，第7章由蔡晋、李忠富撰写，第8章由姜蕾撰写，第9章由陈小波、刘莎撰写，第10章由李龙撰写。全书由李忠富统稿审校。

本书的撰写不仅集成了作者对建筑工业化长期关注、研究和思考的内容，还参考了国内外一些研究学者的思想观点。在此向各位作者表示感谢。

　　建筑工业化是一个久远的提法，在其发展过程中经历了不少曲折和起伏，而且目前对其发展途径、具体做法、实施过程观点各异、众说纷纭，加上编著者的认识水平和经历有限，本书难免存在一些缺点和不足，欢迎广大读者批评指正。

李忠富

目　录

第 **1** 章

建筑工业化概述

1.1 | 我国建筑工业化的背景分析

随着我国经济发展和城镇化的推进，建筑业在长期大规模建设中取得了巨大的进步，成为国民经济的支柱产业，在改善居住环境、提升生活品质方面也发挥着重要的作用。但是传统的建筑建造模式也暴露出诸多问题，具体表现为技术水平落后、生产效率低下、质量通病突显等，与社会快速增长的对建筑质量和规模的需求之间产生了突出矛盾。此外，我国的建筑业发展也很不平衡，大部分地区仍是传统的劳动密集型产业，以高能耗促发展，生产和管理模式落后，施工人员素质偏低，可持续发展难以实现。这些问题与矛盾迫使建筑业亟待转型，通过工业化、现代化的手段来改变其高能耗、低水平、不平衡的现状。

建筑工业化作为促进建筑业可持续发展的新型建筑生产方式，其发展的必要性从国家层面来看，建筑业的转型升级有助于新型城镇化的建设，这也是我国现代化建设的重要战略任务；从社会层面来看，工业化、机械化的施工方式，可以改善工人工作环境，提高劳动生产率，平衡劳动力供需关系，解决建筑需求持续增长和劳动力逐步减少之间的矛盾；从行业层面来看，提升建筑业的技术水平，提高建设效率，减少资源能源消耗，有助于推动建筑业的可持续发展。因此，无论是从建筑业自身的发展要求来看，还是从外部的社会环境要求来看，建筑业向工业化方向的更新和升级都是必须和必然的。具体来说，发展建筑工业化的原因主要有以下几方面。

1.1.1 传统建造方式的局限性

我国的建筑业改革开放后取得迅猛发展，根据国家统计局数据，截至 2017 年年底，全国建筑业企业完成建筑业总产值 213953.96 亿元，同比增长 10.53%；按建筑业总产值计算的劳动生产率 347462 元/人，同比增长 3.11%。建筑业增加值是建筑企业在报告期内以货币形式表现的生产经营活动的最终成果，与国民经济、农民收入和固定资产投资之间都有很大的相关性，相比于建筑业总产值，其变动状况更能反映行业变化趋势。近五年我国建筑业增加值占国内生产总值的比例始终保持在 6.5% 以上，表明其仍然是国民经济的支柱产业。

然而，通过对建筑业统计数据的进一步分析可发现，建筑业快速发展的同时也体现出传统建造方式的局限性。首先，从建筑业总产值增速和建筑业增加值增速的对比来看，我国建筑行业属于粗放式增长。建筑业总产值是反映建筑业生产成果的综合指标，建筑业增加值反映所有建筑企业在建设过程中投入劳动实现的价值。如图 1-1 所示，我国建筑业总产值增速在 2008~2017 年的十年间，除 2015 年外都要大于建筑业增加值的增速，这表明真正在建筑投入中实现的价值增速缓慢，我国建筑业在传统建造方式下仍是粗放式增长的模式。

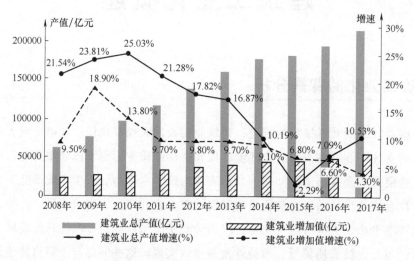

图 1-1 2008~2017 年建筑业总产值和建筑业增加值及增速

（数据来源：国家统计局）

其次，从建筑业产值利润率和工业产值利润率对比来看，我国建筑业的盈利能力不足。根据国家统计局数据，截至 2017 年年底，全国建筑业企业实现利润总额 7661 亿元，产值利润率为 3.58%，全国规模以上工业企业实现利润总额 75187.1 亿元，产值利润率为 6.5%，如图 1-2 所示，建筑业产值利润率和工业利润率之间的差距逐步拉大。国民经济新常态背景下，经济增速下滑，企业经营环境也愈加困难，传统制造业产能过剩、成本竞争优势的下降导致企业盈利能力略有下降，但依然比建筑业的盈利水平高出近 50%。因此，对于建筑业来说，改变传统建造方式，提高盈利能力是迫在眉睫又任重道远的。

然后，从建筑业的劳动生产率和人均竣工面积来看，我国建筑业和发达国家之间仍然存在很大的差距。一方面，根据统计局数据，我国建筑业按增加值计算的劳动生产率较前几年有所提升，但整体仍维持在较低水平，近几年基本达到 6.6 万元/人左右（图 1-3）。而美国建筑业劳动生产率从 1997 年的 6.8 万美元/人增长到 2013 年的 8.1 万美元/人，即使不考虑汇率变动影响，这一差距也是十分明显的。另一方面，我国建筑业人均竣工面积也远低于发达国家，根据有关数据，2008 年发达国家建筑工人人均竣工面积为 $183m^2$/人，而我国建筑工人人均竣工面积为 $48m^2$/人，仅约是美国和日本的 1/4。造成这一现象的主要原因就是我国传统建筑业以手工作业为主，劳动生产率难以大幅提高，而发达国家则大量使用机械设备和预制构件。因此，我国需要一种先进的建筑生产方式来改变现状，以适应建筑行业的高速发展。

图 1-2　2008～2017 年建筑业产值利润率和工业产值利润率

（数据来源：国家统计局）

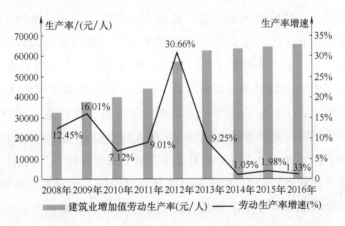

图 1-3　2008～2016 年建筑业增加值计算的劳动生产率及增速

（数据来源：国家统计局）

最后，从建造质量来看，我国建筑工程在实际施工过程中仍然存在多种质量问题，有关的质量投诉也居高不下。中国消费者协会统计数据显示，2014～2017 年房屋类（包括房屋及建材类、房屋装修及物业服务类）投诉中有关质量问题的投诉量占总投诉量的比重虽然呈下降趋势，但仍一直处于 30%～50%（图 1-4）。根据中消协组织受理投诉情况分析，房屋质量问题主要集中在漏水和渗水问题、外墙面脱落以及墙壁裂痕等质量通病。建筑工程是一项复杂的系统工程，综合分析来看，造成质量缺陷的原因主要包括设计与施工分离、机械化程度不高、管理不规范和不完善等。

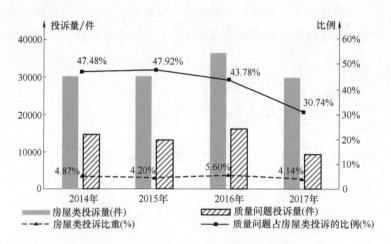

图 1-4　2014～2017 年房屋类投诉及质量问题投诉情况

（数据来源：中国消费者协会）

1.1.2　劳动力供需矛盾突出，成本上升

作为国民经济的支柱产业，我国传统建筑业是劳动密集型产业。随着城镇化进程的推进和城市建设规模的扩大，建筑业发展迅速，从业人员也不断增加，吸纳了大量的农村劳动力，农民工数量在建筑业一线作业人员中占到 95% 以上，建筑业成为仅次于制造业接纳农村转移劳动力的第二大行业。然而近年来，我国农村劳动力供需矛盾日益明显，自 2004 年部分地区出现"民工荒"问题以来，影响面逐步扩大，目前已蔓延到全国且日益严重。

首先，随着我国人口增长率的下降，人口老龄化现象日益严重，劳动人口增速明显放缓，绝对数量也开始下降，农村可转移输出的剩余劳动力也呈现逐年下降的趋势。在全国整体用工短缺的形势下，建筑业也不可避免地遭遇了招工难的问题，尤其是以缺乏技术工人与劳动工人为特征的"结构性短缺"。根据国家统计局《农民工监测调查报告》，自 2014 年开始我国农民工增长率都维持在较低水平且农民工平均年龄也不断提高。2017 年农民工平均年龄为 39.7 岁，比上年提高 0.7 岁；从年龄结构看，50 岁以上农民工所占比重为 21.3%，比上年增加 2.2%，连续五年不断提高，且自 2014 年以来比重提高呈加快态势（图 1-5）。

其次，新生代农民工已经成为农民工的主体，其择业观念与上一代农民工有很大不同。近年来新生代农民工的比例不断上升，逐渐成为农民工主体，2017 年占全国农民工总量的 50.5%。与上一代农民工相比，其受教育程度普遍提高，根据国家统计局数据，2017 年农民工中，未上过学占 1%，小学文化程度占 13%，初中文化程度占 58.6%，高中文化程度占 17.1%，大专及以上占 10.3%，大专及以上文化程度农民工所占比重比上年提高 0.9%。受教育程度的提高也使新一代农民工在择业时并不把工资待遇作为唯一考虑的因素，因而对于

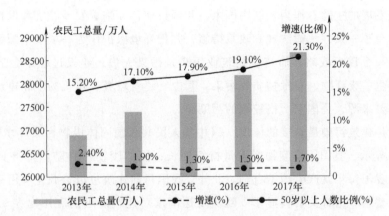

图 1-5　2013～2017 年农民工总量、增速及 50 岁以上人数

（数据来源：国家统计局）

新一代农民工，传统建筑业由于苦、脏、累、险且不安稳等特征，其就业吸引力不断下降，物流、餐饮、文娱等城市新兴产业的吸引力则不断上升，导致建筑业新生代农民工的就业率较低，熟练工逐渐减少。根据《2013 年农民工监测调查报告》，上一代农民工从事建筑业的比例为 29.5%，而新生代农民工从事建筑业的比例仅为 14.5%，下降了 15%（图 1-6）。

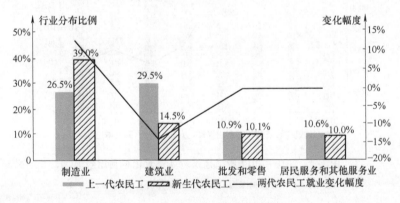

图 1-6　两代农民工从事行业分布变化

（数据来源：国家统计局）

　　劳动力供给总量的减少、新生代农民工从事建筑业意愿的减少都压缩着建筑业劳动力供给的来源，劳动力的缺乏又导致建造成本的上升，根据国家统计局数据，近几年来我国建筑业人工费的上涨幅度已远高于建筑材料，建筑业对劳动工人的吸引力下降，用工形势紧张势必导致人工费的上涨，从而导致建造成本的提高。这些都对劳动密集型的建筑业造成了巨大威胁，因此必须尽快转型升级建筑业。通过提升建筑工人的技术水平，增加施工机械的使用，提高劳动生产率是解决劳动力供需矛盾的主要途径。

1.1.3　绿色节能可持续的迫切需求

　　改革开放以来，伴随着经济的高速发展，环保和资源压力也日益增加，绿色节能可持续成为当下社会发展的主题。作为发展中国家，我国目前正面临着发展经济和保护环境的双重任务，先后出台了一系列法律法规和政策措施，并把环境保护作为一项基本国策，把实现可持续发展作为一个重大战略。而传统建筑业历来是污染大户，建设过程中会造成噪声、废水、废气、粉尘、废弃物、有毒物质等污染。其中，建筑垃圾、建筑扬尘和建筑噪声是城市环境污染的重要来源，是国家严格控制的污染源。

建筑垃圾是建筑污染最直接的体现。《〈中华人民共和国固体废物污染环境防治法〉实施情况的报告》显示，我国固体废物产生量持续增长，固体废物污染防治形势日渐严峻，其中仅建筑垃圾我国每年就产生约 18 亿 t。此外，我国目前建筑垃圾资源化利用率与发达国家相比也有很大差距。据有关资料显示，欧美发达国家对建筑垃圾的利用率在 95% 以上，早在 1988 年，东京的建筑垃圾再利用率就达到了 56%。而我国的建筑垃圾资源化回收再利用率较低，2017 年我国产生建筑垃圾 23.79 亿 t，其中进行资源化利用的仅为 11893.09 万 t，利用率仅为 5% 左右（图 1-7）。

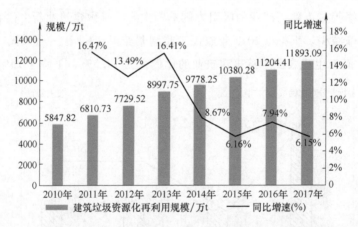

图 1-7　2010～2017 我国建筑垃圾资源化再利用规模

（数据来源：前瞻产业研究院）

建筑噪声污染贯穿于工程建设的全过程，主要有机械的轰鸣声、打桩的冲击声等，这些噪声交混在一起甚至能达到 100dB 以上。而根据国家标准规定，住宅区的噪声白天不能超过 50dB，夜间应低于 45dB，若超过这个标准便会对人体产生危害。建筑噪声已严重影响了人们的生活和工作，危害公众健康。根据生态环境部《2018 年中国环境噪声污染防治报告》，2017 年全国各级环保部门共收到环境噪声投诉 55 万件，占环保投诉总量的 42.9%，其中，建筑施工噪声类投诉占 46.1%。导致我国城市空气污染严重的重要因素是扬尘污染，根据相关测算，市区每增加 3～4m² 的施工量，就使得全市空气颗粒物（TSP）平均增加 1μg/m³。

另外，我国建筑行业的自然资源消耗量巨大，有关文献显示，建筑业用水占淡水供应量的 17%，建筑的建造和使用过程用水占城市用水的 47%。住宅建设用地是土地资源消耗的重要环节，2001～2012 年的 11 年间累计占用土地 372 万 hm²。建筑耗能与工业耗能、交通耗能并称为我国能源消耗的三大"耗能大户"，且随着我国建筑面积的不断增加以及建筑舒适度要求的逐步提高，建筑能源消耗也迅速增长。根据中国建筑节能协会能耗统计专委会发布的《中国建筑能耗研究报告》，2010～2016 年，建筑业能耗从 6.39 亿 t 标准煤上升到8.99 亿 t 标准煤，占全国能源消费总量的比重也从 17.73% 上升到 20.60%，如图 1-8 所示。

图 1-8　2010～2016 年我国建筑能耗总量及其占比

（数据来源：中国建筑节能协会《中国建筑能耗研究报告》）

由此可见，我国建筑业耗能巨大，施工过程中大量使用砂石料、钢材、水泥等资源，对水、电、煤炭等能源消耗巨大，使得水资源严重短缺，煤炭石油等消耗过大，给社会、能源和环境带来巨大压力。根据有关文献，万科对建设过程中工业化做过实验，发现相较于传统的建造方式，建筑工业化方式下每平方米建筑面积可以降低建造用水量 64.75%、人工47.35%、材料 20%、能耗 37.15%、建造垃圾 58.89%、污水 64.75%。

1.1.4　工业化、信息化的发展要求

工业革命以来，随着城市的发展、建筑相关技术的进步以及工业生产方式对于社会生产的极大推动，工业化逐渐扩展到建筑业领域。我国建筑行业目前亟待解决的问题较多，建筑效率也成为其再发展的瓶颈，通过和发达国家的对比发现，建筑工业化的施工方式在减少环境污染、提高建筑垃圾回收率、提高劳动生产率等方面都发挥着极大的优势。北京交通大学建筑与艺术学院院长夏海山在中国 BIM 与建筑工业化学术峰会中指出，瑞士 80% 的住宅是以部件为基础建造的；美国住宅标准化率和商业化程度几乎达到 100%；法国工业化程度也非常高，建筑行业主要采用的是预应力的混凝土框架式装配式体系，相比于国内传统现浇方式，施工模板减少 85%，脚手架用量减少 50%，节能 70%，节水 80%，节约钢材 20%，同时还能减少建筑垃圾 83%，省省人工 20%～30%，缩短工期 30%～50%。由此可见，工业化的发展要求将加速建筑业的转型。

信息化是建筑业转型的另一必然要求，我国现阶段的建筑工业化不同于 20 世纪 50 年代，当前我国建筑业正处在产业现代化的全面提升过程中，建筑产业现代化包括装配化、信

息化、标准化、绿色化、设计施工一体化，着重强调信息化与建筑工业化的深度融合。在信息时代，信息化是实现建筑产业现代化的必由之路。1999 年英国在一个官方报告里提出，五年内要通过应用信息技术，使英国建筑业节约 30% 的项目成本。不仅是英国，各国都在新的信息化时代推出相应的研究和一些政策导向，特别是德国前几年提出了工业 4.0 的概念，使得以信息技术为特征的新型工业化成为未来全球竞争力的焦点。实施以信息化带动工业化战略，是改造和提升传统建筑行业的一个突破口，是我国建筑从"建造大国"走向"建造强国"的一个必经之路。因此，研究计算机技术、网络技术、通信技术、控制技术、系统集成技术和信息安全技术等，推进 BIM 及云计算、大数据、物联网、移动互联网、人工智能及 3D 打印、VR/AR、数字孪生、区块链等技术在建筑业（包括项目管理、企业管理、行业管理）的应用，以信息化带动建筑工业化向更高水平发展，也是我国建筑业发展的必然选择。

1.2 | 建筑工业化的概念和内涵

1.2.1 建筑工业化的概念

按照联合国经济委员会的定义，工业化（Industrialization）包括：①生产的连续性（Continuity）；②生产物的标准化（Standardization）；③生产过程各阶段的集成化（Integration）；④工程高度组织化（Organization）；⑤尽可能用机械代替人的手工劳动（Mechanization）；⑥生产与组织一体化的研究与开发（Research & Development）。一般生产只要符合以上一项或几项都可称为工业化生产，而不仅限于建造工厂生产产品。当然工业化本身也有实现程度和发展水平高低的差异，是一个从低级向高级不断发展的过程。

建筑工业化概念最早出现在 20 世纪 40 年代末。第二次世界大战结束后，英国、法国、苏联等国家为尽快解决国民住房问题，开始在住房建设体制和住房设计方面进行了工业化的改革和创新，使建筑工业化从理想变成了现实。我国建筑工业化的最早提出是 20 世纪 50 年代初，迄今已经走过 60 多年的曲折发展历程。建筑工业化不是一个新概念，经历了几十年的发展和演变，各种组织、个人依照其不同理解认识，所下定义很多，所以要给它下个科学准确的定义并非易事。

依照联合国 1974 年《政府逐步实现建筑工业化的政策和措施指引》的定义，建筑工业化（Building Industrialization）是指按照大工业生产方式改造建筑业，使之逐步从手工业生产转向社会化大生产的过程。它的基本途径是建筑标准化，构配件生产工厂化，施工机械化和组织管理科学化，并逐步采用现代科学技术的新成果，以提高劳动生产率，加快建设速度，降低工程成本，提高工程质量。

1978 年我国国家建委在会议中明确提出了建筑工业化的概念，即"用大工业生产方式来建造工业和民用建筑"，并提出"建筑工业化以建筑设计标准化、构件生产工业化、施工机械化以及墙体材料改革为重点"。

1995 年我国出台《建筑工业化发展纲要》，将建筑工业化定义为"从传统的以手工操作为主的小生产方式逐步向社会化大生产方式过渡，即以技术为先导，采用先进、适用的技术和装备，在建筑标准化的基础上，发展建筑构配件、制品和设备的生产，培育技术服务体系和市场的中介机构，使建筑业生产、经营活动逐步走上专业化、社会化道路"。其目的是"确保各类建筑最终产品特别是住宅建筑的质量和功能，优化产业结构、加快建设速度、改善劳动条件、大幅度提高劳动生产率，使建筑业尽快走上质量效益型道路，成为国民经济的支柱产业"。其基本内容是"采用先进、适用的技术、工艺和装备，科学合理地组织施工，发展施工专业化，提高机械化水平，减少繁重、复杂的手工劳动和湿作业；发展建筑构配件、制品、设备生产并形成适度的规模经营，为建筑市场提供各类建筑使用的系列化的通用建筑构配件和制品；制定统一的建筑模数和重要的基础标准（模数协调、公差与配合、合理建筑参数、连接等），合理解决标准化和多样化的关系，建立和完善产品标准、工艺标准、企业管理标准、工法等，不断提高建筑标准化水平；采用现代管理方法和手段，优化资源配置，实行科学的组织和管理，培育和发展技术市场和信息管理系统，适应发展社会主义市场经济的需要"。不过这一时期的建筑工业化还没有取得太大进展，很快就被"住宅产业化"取代，直到 2010 年前后建筑工业化的说法才再度被提起。

2011 年纪颖波在其所著《建筑工业化发展研究》中把建筑工业化定义为"以构件预制化生产、装配式施工为生产方式，以设计标准化、构件部品化、施工机械化为特征，能够整合设计、生产、施工等整个产业链，实现建筑产品节能、环保、全生命周期价值最大化的可持续发展的新型建筑生产方式"。该定义强调构件预制装配和可持续发展。

2013 年叶明和武洁青的论文对新型建筑工业化又做出新的诠释，把信息化和可持续发展纳入建筑工业化中，认为"新型建筑工业化是指采用标准化设计、工厂化生产、装配化施工、一体化装修和信息化管理为主要特征的生产方式，并在设计、生产、施工、开发等环节形成完整的有机的产业链，实现房屋建造全过程的工业化、集约化和社会化，从而提高建筑工程质量和效益，实现节能减排与资源节约"。而 2015 年年底政府提出的"装配式建筑"说法又基本取代了建筑工业化。

2016 年王俊和王晓峰在其论文中提出："建筑工业化是指采用减少人工作业的高效建造方式，并以'四节一环保'及提高工程质量为目标的建筑业发展途径。建筑工业化的实施手段主要有标准化、机械化、信息化等。建筑工业化的建造方式主要包括传统作业方式的工业化改进，如泵送混凝土、新型模板与模架、钢筋集中加工配送、各类新型机械设备等；装配式建筑，如新型装配式混凝土结构、钢结构体系与工业化的外墙及内墙墙板结合、新型木结构等；建筑、精装、厨卫等非结构技术。新型建筑工业化，主要是针对目前国家与建筑业的新形势，继续推广优势技术、产品与作业方式，开发新领域、满足新需求"。这个定义相比于以前集中于装配式建筑，范围扩大了许多。

参考并综合以上概念，本书给出建筑工业化的概念如下：

建筑工业化是指通过工业化、社会化大生产方式取代传统建筑业中分散的、低效率的手工作业方式，实现住宅、公共建筑、工业建筑、城市基础设施等建筑物的建造。即以技术为先导，以建筑成品为目标，采用先进、适用的技术和装备，在建筑标准化和机械化的基础上，发展建筑构配件、制品和设备的生产和配套供应，大力研发推广工业化建造技术，充分发挥信息化作用，在设计、生产、施工等环节形成完整的有机的产业链，实现建筑物建造全过程的工业化、集约化和社会化，从而提高建筑产品质量和效益，实现节能减排与资源节约。

1.2.2 建筑工业化的内涵

在建筑工业化发展的几十年时间里，建筑工业化的内涵一直随着时代的发展而变迁。在信息技术高度发达，追求可持续发展的当代社会，建筑工业化一定与几十年前的发展模式有很大不同，也可称为"新型建筑工业化"。按照以上建筑工业化的概念并考虑建筑产品本身的特性，（新型）建筑工业化应有其深刻而丰富的内涵。

第一，新型建筑工业化是生产方式的深刻变革，是摆脱传统发展模式路径依赖的工业化。长期以来，我国建筑业一直是劳动密集型行业，主要依赖低人力成本和以投资带动，科技进步贡献率低，研发投入比例低，劳动生产率低，工人工作条件差，建筑工程质量和安全问题时有发生。在新的历史条件下传统模式已难以为继，必须摆脱传统模式路径的依赖和束缚，走新型建筑工业化发展道路。新型建筑工业化是以科技进步为动力，以提高质量、效益和竞争力为核心的工业化。

第二，新型建筑工业化是工业化与信息化深度融合的现代工业化。当前世界进入工业化与信息化高度融合的时代，发展建筑工业化也不例外，必须要大力发展信息化并将信息化与工业化深度融合，这才是现代的建筑工业化或称为新型建筑工业化。信息技术将成为建筑工业化的重要工具和手段。借助信息技术强大的信息共享能力、协同工作能力、专业任务能力，与建设标准化、工业化和集约化相结合，促进工程建设各阶段、各主体之间充分共享资源，有效地避免各专业、各行业间不协调问题，提高工程建设的精细化程度、生产效率和工程质量。

工业化与信息化深度融合，为推行现代化的生产管理提供了良好条件。在此基础上，综合运用新型生产管理方式，如精益建造、敏捷制造、集成制造、大规模定制、物流与供应链管理等，能够提高生产管理水平和生产效率，充分发挥建筑工业化的特点和优势。

第三，新型建筑工业化是工程建设实现社会化大生产的工业化。新型建筑工业化就是将工程建设纳入社会化大生产范畴，使工程建设从传统粗放的小生产方式逐步向社会化大生产方式过渡。而社会化大生产的突出特点就是专业化、协作化和集约化。发展新型建筑工业化符合社会化大生产的要求。

第四，新型建筑工业化是整个行业的先进的生产方式，最终产品是成品的房屋建筑。它不仅涉及主体结构，而且涉及围护结构、装饰装修和设施设备。它不仅涉及科研设计，而且也涉及部品及构配件生产、施工建造和开发管理的全过程的各个环节。今天的建筑工业化一定不是以前以建筑物主体结构这个"外壳"为对象的工业化，而要以整个产品为对象，实现整个产品生产的工业化。

第五，新型建筑工业化是实现绿色建造的工业化。可持续发展是当今世界的发展方向。在能源短缺、环境污染严重、人口过快增长的当今世界，建筑产品及其生产都必须是节能、节地、节省材料、保护环境的，这给建筑工业化提出了更高的要求。为此，在工业化建设过程中优化资源配置，最大限度地节约资源、保护环境和减少污染，为人们建造健康、适用的房屋也是工业化的重要目标之一。绿色建造是建筑业整体素质的提升，是现代工业文明的主要标志。

第六，新型建筑工业化并不意味着一定要建预制工厂生产产品，将先进、适用、成熟、经济的技术大量地推广应用也是工业化的重要途径之一。这种意义上的工业化更接近于"产业化"的概念。

第七，新型建筑工业化是包容性的发展方式，不仅包含工厂化预制装配，也包括在施工现场的过程工业化方式，这是建筑产品本身的特性决定的。因此（新型）建筑工业化不能走"单打一"的预制装配之路，不应该排斥任何有益于建筑工业化发展的途径。新型建筑工业化的路径多种多样，适合不同条件、不同状况下的工业化实施。这也可以体现建筑工业化的丰富内涵。

1.2.3　建筑工业化的内容

1. 标准化

建筑标准化就是在设计中按照一定模数标准规范构件和产品，形成标准化、系列化部品，减少设计随意性，并简化施工手段，以便于建筑产品能够进行成批生产。标准化贯穿了建筑产品设计、部品生产、现场施工和运营维护的全过程。标准化是建筑生产工业化的前提条件，包括建筑设计标准化、建筑体系定型化、建筑部品通用化和系列化、生产工艺标准化。首先是实行设计的标准化，建立建筑与部品模数协调体系，统一模制，统一协调不同的建筑物及各部分构件的尺寸，提高设计和施工效率；对构配件开展通用性和互换性的标准研究，以适应工业化施工和建造要求；制定技术规范和标准，统一建筑工程做法和节点构造，为成套新技术推广提供依据。

2. 机械化

建筑施工机械化是指在建筑施工中利用机械设备或机具来代替烦琐和笨重的体力劳动以完成施工任务，它是建筑业生产技术进步的一个重要标志，也是建筑工业化的重要内容之一，是建筑施工提高效率、解放劳动力、建筑产业升级的必由之路。施工机械化包括建筑施工设备和建筑施工技术两部分工作内容。建筑工程施工走机械化的道路是建筑产品固定性、个性化、高、大、重和生产流动性等特点决定的。建筑施工机械化既体现在使用施工机械来安装标准化的构配件，还可以体现在标准化、工厂化出现之前，在挖土、运输、打桩、成孔、回填、压实等工程上大量使用施工机械，从而提高了生产效率，减轻了工人的体力劳动和用工数量。此外，一些手工操作的工种工程使用先进的工具器具使得施工效率提高，体力劳动减少，对工人手艺要求不高，也是机械化的一种表现形式。

3. 主体工业化

工程主体结构是传统意义上的"建筑"范畴。对主体结构进行工业化是建筑工业化的最原始内涵，按用料来分可包括混凝土结构、钢结构、钢筋混凝土组合结构、木（钢木）结构等。而按施工方式可分成预制装配式和现场工业化方式。

预制装配化是指按照统一标准定型设计并在工厂批量生产各种构配件，然后运到工地，在现场以机械化的方法装配成房屋的施工方式。其主要特征为：工厂化批量预制、机械化施工，现场湿作业少，具有工业化程度高、施工快、节能环保、节省人工的优点（当然实现这些优势还必须技术成熟配套并管理过关才行），缺点是成本较高，不利于个性化，不适于复杂立面，而且不利于小规模生产。我国20世纪50～60年代曾走过混凝土预制装配化为主的住宅建筑工业化道路，由于在当时的技术经济条件下性能质量不高而成本较高，综合效益不好，结果以失败告终，今天发展建筑工业化一定要牢记历史教训。

现场工业化是指直接在现场生产构件，生产的同时就组装起来，生产与装配过程合二为一，在整个过程中采用工厂内通用的大型工具和生产管理标准。现场工业化是对传统施工方式的工业化改进，如大模板、铝模、爬模、钢筋工厂加工现场装配、预拌混凝土等，在现场以高度机械化的方法施工，取代了繁重的手工劳动，在质量、成本和效率方面有其特有的优势。

以上两种方式各有优缺点，各有其适用条件和适用范围，不能说哪种方式一定优于另一种方式。

4. 新技术的推广应用

新技术的应用与推广是把科研成果迅速转化为生产力的重要措施，是依靠科学技术促进生产发展、繁荣经济的重要环节，也都属于工业化的范畴。将新型设计技术、新材料技术、新型建筑结构、新型施工工艺、新型技术设备、新型信息技术（如BIM）、节能环保新技术等大量地推广应用，能够加快施工进度、提高工程质量或降低成本。这属于建筑工业化的延伸领域。

新技术推广的主要途径有：①编制新技术应用与推广计划，并从人力、物力、财力上给予保证；②开展技术转让与技术咨询；③进行技术交流；④通过科技情报和宣传报道推广新技术；⑤建立科研生产联合体等。

5. 设备与装修的工业化

长期以来我国一直强调的是梁、板、柱、墙体等这些主体结构的"建筑工业化"，是建筑"壳体"的工业化，这是片面的。新型建筑工业化还应包括对管线设备和装修的工业化，当然这也属于建筑工业化的重要领域。在我国技术或经济上难以实现建筑结构预制装配化的条件下，率先对机电设备和装修实施工业化，既是可行的，也是必要的。

装修工业化主要体现在装修部品化和生产工厂化两方面。以内装工业化整合住宅内装部品体系，住宅部品的集成进一步促进部品生产的工业化。内装工业化具有多方面优势：

1）部品在工厂制作，现场采用干式作业，可全面保证产品质量和性能。

2）提高劳动生产率，缩短建设周期，节省大量人工和管理费用，降低住宅生产成本，综合效益明显。

3）采用集成部品装配化生产，有效解决施工生产误差和模数接口问题，可推动产业化技术发展与工业化生产和管理。

4）便于维护，降低后期运营维护难度，为部品全寿命期更新创造可能。

5）节能环保，减少原材料浪费，施工噪声、粉尘和建筑垃圾等环境污染也大为减少。

在当前我国建筑工业化背景下，建筑部品体系是实现建筑工业化的关键，建筑部品标准化是推进建筑工业化的基础。做好部品标准化建设、实现部品通用化，以及生产、供应的社会化，才能保证建筑工业化的实现。

6. 信息技术应用与管理现代化

信息化是当今世界的潮流，各行各业都在应用，建筑业也不例外，要在工业化的进程中重视信息技术的推广应用，依靠信息技术强大的共享能力、协同工作能力、专业任务能力，使工程建设向工业化、标准化和集约化方向发展，促使工程建设各阶段、各专业主体之间在更高层面上充分共享资源，有效地避免各专业、各行业间不协调问题，从而以最少的资源投入，达到高效、低耗和环保。信息化不仅应用于管理和信息处理型的生产中（如规划设计等），更要应用于物质生产型的建筑生产过程（如施工和构配件生产）中，与工业化的生产方式相结合，以提高其使用效果。信息技术应用水平的高低是衡量一个产业现代化水平的重要标志。在全世界进入信息化社会的今天，推进工业化也一定要用好信息化手段，实现工业化与信息化完美结合的新型工业化，并推动工业化向自动化、智能化等更高的水平发展。

与工业化、信息技术发展相伴而来的就是先进管理理论和方法的应用。先进的管理技术一定离不开先进的信息技术，同时这些新型管理方式也必须要在工业化和信息化的基础上才能应用并收到成效。管理方式与生产方式是相伴而生的，生产方式决定管理方式，同时管理方式又是生产方式充分发挥效率的重要保证和效果"放大器"。这些管理方法大多数是从工业生产领域借鉴来的，也有少数是建筑业领域自有的。

因此通过采用信息化技术，采用现代科学的管理方法和手段，优化资源配置，实行科学的组织和管理，也是建筑工业化的重要内容之一。这也属于建筑工业化的延伸领域。

建筑工业化的内容如图1-9所示。其中标准化、机械化是基础，装配式建筑、现场工业化、机电安装工业化、装修工业化是建筑工业化的直接途径，而新技术推广应用、信息化和管理现代化是建筑工业化的延伸途径。而可持续发展是建筑工业化发展的重要目标或约束条件，不属于建筑工业化的发展途径，本书未列入，也不做过多阐述。

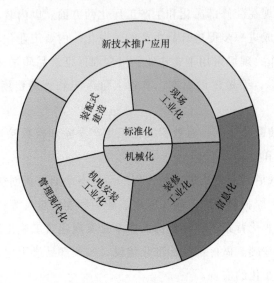

图 1-9　建筑工业化的内容

1.2.4　建筑工业化与住宅产业化的区别与联系

与建筑工业化相关的概念有好多，但相对独立而又容易混淆的就是住宅产业化。"工业化"与"产业化"二词在英语里是相同的，都是 industrialization，但在汉语里侧重是不同的。工业化是指生产方式从手工方式向工业大机器生产的转变，而产业化则是指整个产业链的贯通与资源的优化配置。

1. 包含的内容范围不同

1）住宅产业化包含了住宅建筑主体结构工业化建造方式，同时还包含户型设计标准化、装修系统（暖通、电气、给水排水）成套化、物业管理社会化等，当然广义的还可以向其他建筑类型如公共建筑等推广应用。

2）建筑工业化不仅包含住宅建筑物生产的工业化，还包含一切建筑物、构筑物生产的工业化。比如基础设施结构的工业化（桥梁、轨枕、隧道等的预制装配）、工业厂房的工业化（基础、梁、柱、屋面板的预制装配）、公共建筑（体育场馆等）的工业化（梁、柱、看台、钢结构的预制装配）、建筑材料加工工业化（预拌混凝土、预制钢筋骨架）等。它们均强调建筑物、构筑物主体结构的工业化方式建造，而不是装修或设备。

两者的内容和关系可以用图 1-10 来表示。

即便将两者的对象范围都限定在住宅产品上面，两者仍有很多不同。

成品住宅产品的全部构成包括基础、梁板柱墙、管线设备厨卫装修等，它们对应着不同的生产行业，如图 1-11 所示。在整个建筑产品全部构成和建造过程中，建筑工业化和住宅产业化对应了不同的构成部分或阶段。

建筑工业化主要针对前部的基础、梁、板、柱、墙等建筑物的"外壳"，主要针对建筑

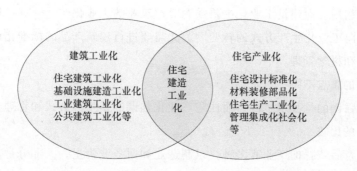

图 1-10 建筑工业化与住宅产业化的关系图示

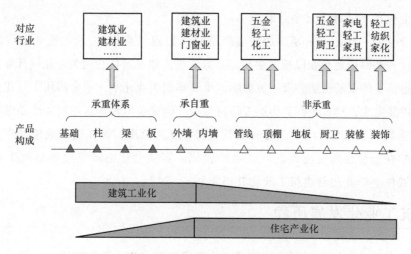

图 1-11 建筑工业化与住宅产业化对应的生产行业

物的结构承重体系如梁、板、柱、剪力墙以及围护体如外墙和内墙，强调通过发展建筑业和建材业的工业化来提高建筑工业化水平。

住宅产业化（尤其是初期的住宅产业化）对应的主要是后部的墙、管线、厨卫设备、电器和装修装饰等，强调通过发展建筑相关的建材、五金、轻工、厨卫设备、家具等行业，提高住宅配套产品的质量和功能并提供成品住宅。由于建材、五金、轻工、厨卫设备、家具等行业的工业化基础好于建筑业，因此发展这些行业比发展建筑业的工业化更容易，见效更快，更容易被用户接受。这也是在 20 世纪 90 年代末期提出的是发展"住宅产业化"而非"建筑工业化"的主要原因。

当然两者的定位也不是一成不变的，发展到一定程度后建筑工业化可以向后延伸，住宅产业化也可以向前延伸，最终将住宅产业的全链条贯通。

2. 各自的目标不同

住宅产业化主要强调对住宅的产业化整合，可以优化资源配置，提高效率，其目标是实现住宅产业的持续健康发展。为此需要从住宅产品定位、设计、建造、销售以及后期管理等环节，通盘考虑住宅产业如何实现节能、环保、绿色、降耗、低成本、高品质，以及住宅的合理开发和综合利用。而建筑工业化主要强调对建筑业的工业化改造，其目标是实现建筑业由手工操作方式向工业化生产方式的转变。为此需要进行建筑产品的标准化设计、工厂化制造、机械化施工和科学管理。

3. 各自强调的重点不同

建筑工业化强调的是技术手段，而住宅产业化强调的是生产方式和管理方式。

4. 其他方面的比较

住宅产业化背后依托的产业有多种，以制造业和服务业为主，大部分是非建筑业，而建筑工业化背后依托的产业则主要是建筑业。建材业则可以同时给两者以依托。

住宅产业化是站在制造业的角度来研究生产成品住宅产品，建筑工业化则是站在建筑业的角度用工业化的方式建造住宅建筑产品。

住宅产业化在一定程度上是建造住宅产品的"去建筑业化"，用制造业取代建筑业。住宅产业化会使一些制造业企业以新的生产经营方式进入建筑市场与建筑企业展开竞争，因此从长远看，对建筑业的市场份额会有一定影响。像日本的工业化小住宅全部用工厂里生产出来的部件在现场拼装完成，建筑业在其中的工作量很少。但完全取代建筑业的生产还做不到。

总之，建筑工业化与住宅产业化各有其含义和适用范围，站在建筑业角度应该发展建筑工业化，而站在全社会角度应该发展住宅产业化。实质上住宅产业化和建筑工业化都要发展，而且发展住宅产业化与建筑工业化并不矛盾。

1.3 国外建筑工业化发展历程

由于历史背景的不同，各国的建筑工业化发展道路呈现不同的特点。欧洲具有悠久的住宅建造史和先进的住宅设计理念，第二次世界大战以后，欧洲各国出现房荒，住宅需求量激增。为此，各国采取多种方式使住宅产业逐步发展起来，引起了住宅建设领域的一场革命——建筑工业化。当时法国、苏联、丹麦、瑞典等欧洲国家的住宅产业走过一条预制装配式大板建筑的产业发展道路，由于第二次世界大战带来的严重创伤，这些国家住宅短缺，为提高住宅生产效率，大量预制各种构配件和部品，建造了大量的住宅以满足战后居民的住宅问题。日本在经历了第二次世界大战之后也开始了战后重建工作，大量的需求催生了建筑工业化，日本也逐渐形成了符合本国国情的工业化住宅体系。美国的工业化住宅道路不同于其他国家，其工业化住宅是由房车发展而来。接下来本书将介绍法国、苏联、丹麦、瑞典、日本、美国（图1-12）这六个国家的建筑工业化发展过程，以期为我国建筑工业化发展提供借鉴。

1.3.1 法国的建筑工业化

法国是推行建筑工业化比较早的国家之一，其工业化住宅构造体系以预制混凝土体系为主，钢、木结构体系为辅，在集合住宅中的应用多于独户住宅。其建筑多采用框架和板柱体系，向大跨度发展，焊接、螺栓连接等干法作业流行，结构构件与设备、装修工程分开，减

a) 法国工业化住宅实例

b) 苏联工业化住宅实例

c) 丹麦工业化住宅实例

d) 瑞典工业化住宅实例

e) 日本工业化住宅实例

f) 美国工业化住宅实例

图 1-12　六个国家的工业化住宅实例

(图片来源：《发达国家住宅产业化的发展历程与经验》)

少预埋，生产和施工质量高。法国建筑工业化发展历程如图 1-13 所示。

1. 第一代建筑工业化

20 世纪 50 年代，为了解决住宅的有无问题，法国进行了大规模成片住宅建设，建设了很多新的居民区，由此揭开了建筑工业化的序幕。在此阶段，建筑由业主委托建筑师设计，大中型的施工企业和设计公司联合开发出"结构-施工"体系，预制构件厂根据来图加工制作，构件尺寸可以根据设计进行加工和调整，没有标准的模板，构件生产具有一定的灵活性。这些"结构-施工"体系出自不同的厂商，没有形成确定的设计标准，致使构件的通用

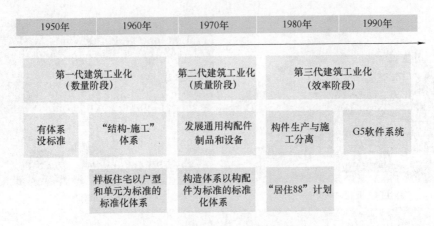

图 1-13 法国建筑工业化发展历程

性差。此时住宅的需求量很大,所以尽管体系不同,每一套仍然有足够大的生产规模来保障成本的合理性。也正因如此,在 20 世纪 50 ~ 60 年代,法国的建筑工业化处于"有体系,没标准"的状态,以预制大板和工具式模板为主要施工手段,侧重于工业化工艺的研究和完善,忽略了建筑设计和规划设计,仅从数量上满足了住宅需求。

随着建筑产业的不断发展,人们对住宅的要求越来越高,大家提出来要增加建筑面积,提高隔热、保温和隔声等住宅性能,还要求改善装修和设备的水平,并改善建筑的形象和居住环境等。在这种情况下,法国国家住房部开始推广样板住宅政策。样板住宅实际上就是标准化住宅,设计图公开发行,所有厂家都可以生产。从 1968 年开始,样板住宅政策要求施工企业与建筑师合作,共同开展标准化的定型设计,同时通过全国或地区性竞赛筛选出优秀方案并推荐使用。1972 ~ 1975 年,法国通过建筑设计和建筑技术方面的创新,进行了一些设计竞赛,最后确定了大概 25 种样板住宅。这些样板住宅实际是以户型和单元为标准的标准化体系。相关数据显示,1973 年、1974 年、1975 年法国新样板住宅的应用量都在 10000户以上,分别是 16200 户、20800 户、12800 户。但其后住宅需求开始逐渐饱和,住宅生产规模持续缩小,即使只有 25 种样板住宅,其每一种的生产量仍然小到无法维持,最终不可避免地走向衰败。

2. 第二代建筑工业化

到 20 世纪 70 年代,住宅需求已经逐渐饱和,工程规模开始缩小,原有的构件厂开工率不足,再加上人们开始关注住宅的质量和性能,法国的工业化住宅开始进入质量阶段。为了适应建筑市场的需求,法国开始逐渐向以发展通用构配件制品和设备为特征的第二代建筑工业化过渡。1977 年,法国成立了构件建筑协会 ACC,试图通过模数协调来建立通用构造体系。1978 年协会制定了模数协调规则,内容包括:

1)采用模数制,基本模数 M = 100mm,水平模数 = 3M,垂直模数 = 1M。

2)外墙内侧与基准平面相切,隔墙居中,插放在两个基准平面之间。

3)轻质隔墙不受限制,可偏向基准平面的任一侧。

4）楼板上下表面均可与基准平面相切，层高和净高之一符合模数。

但是，在实际应用时发现此种模数协调规则太过于复杂，难以理解。因此，1978 年，法国住宅部提出在模数协调规则的基础上发展构造体系。构造体系以尺寸协调规则作为基础，由施工企业或设计事务所提出主体结构体系，每一体系由一系列可以互相装配的定型构件组成，并形成构件目录。建筑师可以从目录中选择构件，像搭积木一样组成多样化的建筑，可以说构造体系实际上是以构配件为标准化的体系。构造体系不同于标准化住宅体系，其标准单位是构件而非户型和单元，所以其较标准化住宅体系更具有灵活性。

建筑师在采用构造体系时，必须采用构件目录中的构件并遵循相应的设计规则，为了避免单一性，法国主张搞一批构造体系以供业主挑选。为了挑选出合适的构造体系，法国住宅部委托建筑科技中心（CSTB）进行评审，到 1981 年时，共确认了 25 种体系，年建造量约为 10000 户。为了促进构造体系的发展应用，法国政府规定：选择正式批准的体系，可以不经过法定的招标投标程序，直接委托，这种政策更加刺激了构造体系的发展。这些构造体系一般具有以下的特点：

1）结构多采用框架式或板柱式，墙体承重体系向大跨发展，以保证住宅的室内设计灵活自由。

2）节点连接大多采用焊接和螺栓连接，以加快现场施工速度，创造文明的施工环境。

3）倾向于将结构构件生产与设备安装以及装修工程分开，以减少预制构件中的预埋件和预留孔，简化节点，减少构件规格。施工时，在主体结构交工后再进行设备安装和装修工程，前者为后者提供理想的工作环境。

4）建筑设计灵活多样。它作为一种设计工具，仅向建筑师提供一系列构配件及其组合规律，建筑师能够依据自己的意愿设计建筑，所以采用同一体系建造的房屋，只要出自不同建筑师之手，造型大不相同。

由于不同构造体系的结构、节点各不一致，不同体系间相对封闭，不同体系之间的构件一般不通用，造成生产规模较小，难以实现规模效应，通过发展构造体系来建立一个通用构件市场的目标未能实现。此外，在这些构造体系中，主体工程占住宅总造价的 50%，而预制混凝土构件仅占到主体工程的 20%。也就是说，构件的生产效率提高 10%，总造价也只能降低 2%，所以把提高生产率的希望仅仅寄于预制构件的生产方面是不切实际的。

3. 第三代建筑工业化

为了解决这些问题，1982 年，法国调整了技术政策，推行构件生产与施工分离的原则，发展面向全行业的通用构配件的商品生产。法国认为，要求所有构件都做到通用是不现实的，因此准备在通用化上做些让步，也就是说，一套构件目录只要与某些其他目录协调，并组成一个构造逻辑系统即可，这一组合不仅在技术上、经济上可行，还能使建筑物更加多样化。因此，1982 年，法国政府制订了"居住 88"计划：到 1988 年，全国应该有 20000 套样板住宅，其成本要比 1982 年降低 25%，并且质量不能降低。政府提出了这样的目标，而具体用什么样的技术，则由企业自己解决。

到了20世纪90年代，随着建筑信息技术的不断发展，法国的工业化住宅不断取得进步。目前，法国已经自主研发出一套汇集各种建筑部件及使用规则的G5软件系统。这套系统由法国混凝土工业联合会和法国混凝土制品研究中心联合开发，将全国近60个预制厂组织在一起，由它们提供产品的技术信息和经济信息，把遵循同一模数协调规则、在安装上具有兼容性的建筑部件（主要是围护构件、内墙、楼板、柱、梁、楼梯和各种技术管道）汇集在产品目录之内。软件系统能告诉使用者有关选择的协调规则、各种类型部件的技术数据和尺寸数据、特定建筑部位的施工方法、其主要外形和部件之间的连接方法、设计上的经济性等。采用这套软件系统，可以把任何一个建筑设计转变成为用工业化建筑部件进行设计，并且还能保留原设计的特点，甚至连建筑艺术方面的特点也能保留，可以说G5软件系统是一种跨时代的工具。

1.3.2　苏联的建筑工业化

苏联建筑工业化走的是一条预制装配混凝土结构的道路，同时也是世界上住宅工业化比较成功的国家之一。苏联对预制构件的研究始于1927年，最初生产出的第一个预制构件是楼梯踏步，同年由国家建筑学院生产出第一个大型的砌块建筑，然后逐渐演变到有骨架大型板材建筑和无骨架大型板材建筑，再上升到建筑高层住宅的有、无骨架板材建筑，再到后来的盒子建筑，其发展经历了漫长的道路。苏联的工业化住宅以装配式大板建筑（图1-14）为主，盒子建筑（图1-15）、升板建筑为辅，我国早期建筑工业化的发展也正是吸取了苏联发展装配式大板建筑的经验。

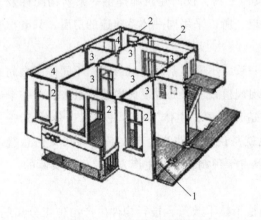

图1-14　装配式大板建筑

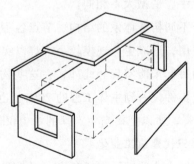

图1-15　盒子建筑

1—楼板　2—外墙板　3—内墙板　4—山墙板

（图片来源：《保障性住房新型工业化住宅体系理论与构建研究》）

1936年2月11日，苏联人民委员会和党中央通过了《关于改进建筑业和降低工程造价的决议》，决议制定了大规模工业化生产建筑物构配件半成品的方针，对建筑工业化的发展起了重大作用。1937～1938年，塔式起重机的研发促进了施工机械化的发展。1939年3月，苏联共产党的十八大提出了促进建筑工业化发展并使建筑业转化为国民经济先进部门的基本任务，指出要发展施工综合机械化，广泛使用建筑构配件，以及在这个基础上坚决贯彻快速施工法等。在这些政策的影响下，苏联的工业化建筑迅速发展，1933～1941 年，仅在莫斯科建成的大型砌块建筑物有 100 多幢。1938～1939 年，苏联又将居住建筑所用的构配件统一了规格，为苏联大规模工业化住宅建设奠定了基础。

1940 年，苏联建筑科学院开始研究大型壁板建筑。1941 年，对多层住宅的无框架大型壁板构造形成进行研究，并在墙内加上块材保温材料，使这种外墙比砌块减轻 2/3 的重量，劳动量也减少了 1/4，楼板设计为 18m² 一块的密肋板，正是这时才出现了"大型板材住宅"这个术语。卫国战争的爆发中断了研究计划，直至 1948 年才建造出第一栋骨架板材建筑，它是通过大型构件拼装形成的以金属为骨架的大型钢筋混凝土结构。这种建造方式改进了预制装配的方法但是其成本和劳动力的消耗反而增加了，因此被逐渐淘汰，无骨架板材建筑结构体系开始逐渐取代有骨架板材建筑。

1954 年苏联召开全苏建筑工作者会议，这次会议标志着其建筑事业进入了大规模工业化建设时期，也成为建筑界发生急剧转变的开端。1955 年 6 月苏共中央颁布了《关于消除设计和施工中的浪费现象》等一系列决议，1955 年 10 月颁布了《关于建筑业进一步实现工业化、改善施工质量和降低成本的措施》的决议，以及 1955 年 8 月苏共二十大和以后的几次代表大会的一些决议，都促进了苏联建筑业新进步方针的发展，这个方针是建立在定型化、标准化、推行定型设计以及城市和农村居民点大型综合配套设施建设等基础上的。1956 年，赫鲁晓夫公布苏联第 7 个"五年计划"（1961～1965 年），提出要修建 1500 万套住宅单元，总建筑面积为 6.5～6.6 亿 m²。为了完成这个计划，苏联的建筑业不得不进行改革，在住宅建设中使用大量的预应力混凝土标准构件，取代过去广泛使用的砖、木等材料。

这一时期，装配式钢筋混凝土工业得到优先发展，1954～1957 年，装配式钢筋混凝土构件的生产就增加了 3 倍，到了 20 世纪 60 年代苏联就拥有了 2000 多座预制厂，水泥生产量占世界首位。此时，大型板材住宅成为大量性居住建筑并迅速发展，到 1957 年年底，苏联已经建成 225 栋大板住宅，总居住面积达到 33000m²。1958 年在维克斯城大型板材住宅的基础上制定了 1-464 系列大型板材住宅定型设计之后，该系列就在苏联被大规模采用，大型板材建筑的建设量逐年迅速增长。到 1975 年大板建筑建设总面积为 4150 万 m²，占总居住面积的 49.8%，莫斯科、列宁格勒（现名圣彼得堡）、基辅等城市，大板建筑占 75%。1977 年苏联大板房屋建设基地约有 400 个企业，生产能力为每年可生产 4870 万 m²，平均一个企业每年生产 12 万 m² 的建筑面积。在第一批系列设计中，大板住宅类只有不同长度的 5 层建筑，因而大大简化和统一了构件的构造做法，总共只采用了 51 种预制钢筋混凝土构件。

随着大板建筑的发展，原有的定型设计方法已经不能满足人们的需求，大板建筑的设计开始从原有的单体定型设计转变为相互联系的成套定型设计，即定型设计系列。它有两个基本特点：①全系列中包含组成房屋的各种单元，可以拼装成不同层数、长度、外形的房屋；②全系列采用统一的结构方案和墙体材料，有统一的构配件目录。在设计方法上都是先将房屋、单元、半单元、户、基本开间和基本间进行定型，并广泛采用单元组合体的设计方法，并且在此基础上再将构件定型化，这种方法一般称为专用体系设计方法。这种方法能够满足住宅多样化的需求，但是，随着专用体系种类的增加，构件规格品种也随之急剧增加，导致专用体系方法无法适应大规模工业化生产的要求。

为了满足住宅建筑以及城市规划提出的更高水平的要求，并解决专用体系增加、构件太多之类的问题，苏联开始制定工业化统一构件目录并不断完善，到 20 世纪 70 年代初期，已拟定出全苏定型工业化构件统一目录以及地方性目录，设计方法从根本上发生了变化，改变了过去传统的由房屋到构件的设计方法，演变成为由构件到房屋的设计方法。1981 年，苏联采用《工业化定型构件统一目录》，即"从构件到房屋"的设计方法，住宅开间加大，便于近期灵活布置和远期更新。20 世纪 80 年代初苏联住宅的年平均建造量超过了 1 亿 m^2，主要采用预制钢筋混凝土大板体系。

表 1-1 为苏联建筑工业化大事年表。

表 1-1　苏联建筑工业化大事年表

年　份	标志性事件
1927 年	第一个预制构件楼梯踏步制成，第一个大型的砌块建筑建成
1936 年 2 月	通过《关于改进建筑业和降低工程造价的决议》
1937 ~ 1938 年	塔式起重机的研发
1938 ~ 1939 年	将居住建筑所用的构配件统一规格
1940 年	研究大型壁板建筑
1941 年	研究多层住宅的无框架大型壁板构造
1948 年	建造出第一栋骨架板材建筑
1954 年	召开全苏建筑工作者会议
1955 年 6 月	颁布《关于消除设计和施工中的浪费现象》
1955 年 10 月	颁布《关于建筑业进一步实现工业化、改善施工质量和降低成本的措施》
1956 年	公布苏联第 7 个"五年计划"（1961 ~ 1965 年）
1958 年	制定了 1-464 系列大型板材住宅定型设计
1981 年	采用《工业化定型构件统一目录》

1.3.3　丹麦的建筑工业化

丹麦是世界上第一个将模数法制化的国家，为了使模数制得以实施，丹麦在 20 世纪 50 年代初就开始进行建筑制品标准化的工作，现今实行的有 26 个模数规范，从墙板、楼板等建筑构件到门窗、厨房设备、五金配件均用模数进行协调，国际标准化组织的 150 模数协调标准就是以丹麦标准为蓝本的。丹麦推行建筑工业化的途径是开发以采用"产品目录设计"为中心的通用体系，同时比较注意在通用化的基础上实现多样化。

丹麦的传统建筑形式是砖石结构。20 世纪 50 年代，一方面，由于农业生产机械化得到普及，大量多余劳动力离开农村来到城市，刺激了住房需求；另一方面，缺乏从事建筑的熟练工人使得住房供求矛盾更加突出，这些促使丹麦走上了建筑工业化的道路。丹麦政府认为要实现建筑工业化，首先必须使不同建筑物及其各组成部分之间的尺寸统一协调。因此，丹麦于 1960 年制定了《全国建筑法》，规定所有建筑物均应采用 1M（100mm）为基本模数，3M 为设计模数，并制定了 20 多个必须采用的模数标准。这些标准包括尺寸、公差等，从而保证了不同厂家构件的通用性。同时国家规定，除自己居住的独立式住宅外，一切住宅都必须按模数进行设计。在世界上，丹麦是第一个明文要求将模数化设计用于各种类型建筑物的国家。

丹麦政府提倡为在工厂生产的、尺寸协调的建筑部件创造一个开放的市场，这些部件不仅可以组合用于各种类型的住房项目，而且能保证建筑师在规划和设计时有充分的自由度，这也是后来举世闻名的"丹麦开放系统办法"（Danish Open System Approach），它在工业化建造工法的开发方面起了重要的作用。

20 世纪 70 年代，丹麦主要使用大型板式构法进行房屋的建设，在此期间，像 Larsen&Nielsen 这样国际知名的工业化构法的企业发挥了巨大的作用。相关数据显示，1965～1975 年丹麦平均每年建造 4.9 万套住房，即平均每年每千人 10 套，其中 1972 年和 1973 年是全盛年份，其住宅投资额为 20 世纪 70 年代年均投资额的 130% 以上，每年建住宅 5.2 万套，平均每千人 10.5 套。

丹麦实现建筑工业化的路径主要是"产品目录设计"，丹麦将通用部件称为"目录部件"。每个厂家都将自己生产的产品列入产品目录，由各个厂家的产品目录汇集成"通用体系产品总目录"，设计人员可以任意选用总目录中的产品进行设计。主要的通用部件有混凝土预制楼板和墙板等主体结构构件。这些部件都适合于 3M 的设计风格，各部分的尺寸是以 1M 为单位生产的，部件的连接形状（尺寸和连接方式）都符合"模数协调"标准，因此不同厂家的同类产品具有互换性。同时，丹麦十分重视"目录"的不断充实完善，与其他国家相比，丹麦的"通用体系产品总目录"是较为完善的。推动通用体系化发展的主要有两个单位，即丹麦建筑研究所和体系建筑协会。其中体系建筑协会是民间组织，会员包括了200 多家主要的建材生产厂。此外，丹麦较重视住宅的多样化，甚至在规模不大的低层住宅小区内也采用富于多样化的装配式大板体系。除装配式大板体系以外，板柱结构、TVP 框架结构和盒子建筑在丹麦都有一定的应用，但主要还是以装配式大板建筑为主。

1.3.4 瑞典的建筑工业化

早在 20 世纪 50 年代，瑞典就在法国的影响下开始推行建筑工业化并开发了大型混凝土预制板的建筑体系，逐步发展为以通用部件为基础的通用体系。相关研究表明，在瑞典目前的新建住宅中，通用部件的采用比例占到了 80% 以上。

瑞典推行住宅建筑工业化过程中最显著的特征就是在较完善的标准体系基础上发展通用部件。瑞典政府一直重视标准化工作，早在 20 世纪 40 年代时就委托建筑标准研究所研究模数协调，以后又由建筑标准协会（BSI）开展建筑标准化方面的工作。20 世纪 60 年代时，为了弥补住宅严重短缺的问题，瑞典开始实施"百万住宅计划"，采用预制装配式单元，主要推行了以混凝土构件为基础的集合住宅的建设，十年间建造了 100600 户住宅，是瑞典住宅建设的最高峰。也正是在这时，建筑部品的规格化逐步纳入瑞典工业标准（SIS）。1960 ~ 1980 年瑞典颁布的建筑部品主要标准见表 1-2。

表 1-2　1960 ~ 1980 年瑞典颁布的建筑部品主要标准

年　份	颁 布 标 准
1960 年	"浴室设备配管"标准
1967 年	"主体结构平面尺寸"和"楼梯"标准
1968 年	"公寓式住宅竖向尺寸"及"隔断墙"标准
1969 年	"窗扇、窗框"标准
1970 年	"模数协调基本原则"
1971 年	"厨房水槽"标准

1960 ~ 1980 年，瑞典全国的住房存有量增加了约 100 万套，多户住宅的比例在 1975 年前一直保持增长，至 1975 年达到 59%。此后由于住户结构的变化，独户住宅的比例逐渐增加，目前独立式住宅大约占 80% 左右，而这些独立式住宅 90% 以上是工业化方法建造的。工厂的生产技术较先进，同时考虑住宅套型的灵活性。其住宅生产商还打开了国外市场，向联邦德国、奥地利、瑞士、荷兰、中东、北非甚至美国出口住宅。

在瑞典推行建筑工业化过程中，呈现出以下特点：

1）在较完善的标准体系基础上发展通用部件。瑞典早在 20 世纪 40 年代就着手建筑模数协调的研究，在 20 世纪 60 年代大规模住宅建设时期，建筑部件的规格化逐步纳入瑞典工业化标准（SIS）。部件的尺寸、连接等的标准化、系列化为提高部件的互换性创造了条件，从而使通用体系得到较快的发展。

2）政府推动下的贷款制度。为了推动住宅建设工业化和通用体系的发展，1967 年瑞典制定的《住宅标准法》规定，只要使用按照瑞典国家标准协会的建筑标准制造的建筑材料和部件来建造住宅，该住宅的建造就能获得政府的贷款。瑞典通用体系的发展是完善的标准化和政府贷款制度的结合。

3）住宅建设合作组织起着重要作用。居民储蓄建设合作社（HSB）是瑞典合作建房运动的主力。HSB 也开展材料和部件的标准化工作，它制定的 HSB 规格标准更多地反映了设计人员和居民的意见，更能符合广大成员的要求。

1.3.5　日本的建筑工业化

日本的工业化住宅大多是框架结构，剪力墙结构等刚度大的结构形式很少得到应用。目前日本工业化住宅中，柱、梁、板构件的连接仍然以湿式连接为主，但强大的构件生产、储运和现场安装能力对结构质量提供了强有力的保障，并且为设计方案的制定提供了更多可行的空间。日本的工业化住宅从 20 世纪 50 年代开始至今经历了从标准设计到标准化，从部品专用体系到部品通用体系，再到全面实施建筑工业化的过程，其发展大致可以分为三个阶段，如图 1-16 所示。

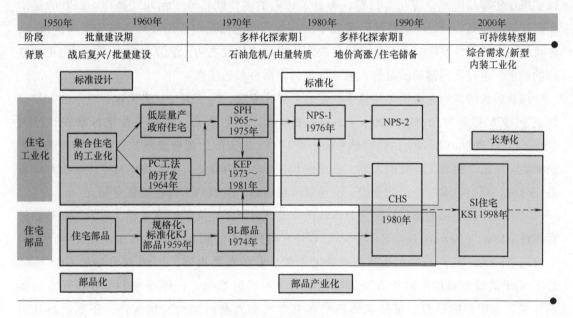

图 1-16 日本建筑工业化进程

(图片来源:《日本 KEP 到 KSI 内装部品体系的发展研究》)

1. 批量建设期

1955 年，为大城市劳动者提供住宅建设的住宅公团（现日本 UR 都市机构）正式成立，同期成立的还有公库和公营住宅。为了执行战后复兴基本国策，日本住宅公团在成立不到 10 年之际，就按系列整理出 63 种类型的标准设计，以 DK 型（Dining 餐厅-Kitchen 厨房）来体现标准的居住生活形态，以解决住宅的刚性需求。此外，日本还自主研发出预制组装工法（PCa 工法），在有效利用大型 PC 板（预制混凝土板）的住宅建设基础上，住宅公团和公营的公共住宅标准（SPH，Standard of Public Housing）设计系列在 1965 年至 1975 年间投入到大规模建设中。这些标准设计带动了同一规格部品的批量生产，因此在 1959 年，日本制定了 KJ（Kokyo Jutaku）规格部品认证制度，使住宅标准化部品批量生产成为可能，但由于 KJ 部品的尺寸、材料等只能由公团规定，导致生产单一规格的厂商之间存在恶性竞争，日本开始思考新的部品认定制度，这也为之后 BL 部品的开发打下了基础。

2. 多样化探索期

为了克服 KJ 部品的缺陷，推动住宅部品的发展，日本建设省于 1974 年开发出优于 KJ 部品的 BL（Better Living）部品，避免了批量生产下同类部品的一味复现，从 KJ 到 BL 实际上是住宅部品由"大量少品种"到"少量多品种"的发展过程。BL 认证部品的普及使部品的规格化、标准化都得到了全面提高。从 1973 年到 1981 年的日本 KEP（Kodan Experimental Housing Project）国家统筹试验性住宅计划，彻底转变了既定的单一模式，更为强调研究住宅部品生产的合理化和产业化，以通用体系部品间的组合来实现灵活可变的居住空间。KEP 以实现住宅部品生产合理化为目标，彰显了住宅的多样性、可变性和互换性。KEP 的提出使居住者参与到设计环节和建造过程之中，改变了住宅被全权控制在规范流程之内的模式，将灵活可变的居住空间交由居住者自己决定。在住宅建设之初，就充分考虑了对套内可变空间的塑造，通过不同部品的组合，实现住宅的灵活性和适应性。

随着时代的发展，人们开始追求住宅的多样化需求，为了满足这种需求，日本公营集合住宅于 1976 年开发出 NPS（New Planning System）住宅体系，弥补了住宅标准设计 SPH（Standard of Public Housing）相对单一的不足。NPS 的实施为创造灵活的居住空间提供了方法准则，促进了建筑工业化的发展。在工业化发展的大背景下，NPS 将结构主体系统和设备系统分离，既可以维持一定的框架，又可以形成可自由变换的多样性居住空间。

日本部品产业化的稳步发展为日本住宅工业化打下了坚实的现实基础，也为逐渐开始的百年住宅体系（Century Housing System，CHS）研究打开了新的契机。日本原建设省（现国土交通省）为了提高居住水平和振兴住宅相关产业的重要内容，1980 年开始的 CHS 在结合了 KEP 高效的供给形式和 NPS 多样化的居住方式的基础上，逐步成为综合性开发的体系住宅。该项目的目的不仅要保证住宅在整个生命周期内结构的耐久性，还要满足其内部装修、维护改造、设备更新以及住户生活方式发生改变等对住宅性能的可持续性要求。CHS 的意义在于通过确保住宅的功能耐久性和物理耐久性，实现长寿化的百年住宅建设目标。

3. 可持续转型期

随着绿色发展理念的不断普及，日本在 1997 年提出了"环境共生住宅""资源循环型住宅"，KSI（Kikou Skeleton Infill）机构型 SI 体系住宅也应运而生。KSI 体系明确了支撑体和填充体的分离，其支撑体部分强调主体结构的耐久性，满足资源循环型社会的长寿化建设要求，而其填充体部分强调内装和设备的灵活性和适应性，满足居住者可能产生的多样化需求。KSI 创造了可持续居住环境的最成熟体系，对于建设资源节约型、环境友好型社会等方面都具有重要意义。

KSI 体系住宅秉承长寿化住宅建设理念：

1）实现真正的百年住宅建设。KSI 综合开发出长期耐久性住宅，将日本之前 50 年的耐久年限全面提升到 100 年，更好地展现出节约建设成本、降低能源消耗、构建可持续发展社会的优势。

2）延续对可变居住空间的推广。通过促进相关部品产业发展，全面提高产业层次，更好地实现空间灵活性与适应性。

3）创造了可持续居住环境。有利于延续城市历史文化、构建街区独特风貌，使居住者在物质和精神两方面得到保障。

KSI 体系住宅实验楼于 1998 年建于日本 UR 都市机构的住宅技术研究所内，是最具代表性的典型 KSI 体系住宅。KSI 体系住宅实验楼总建筑面积约为 $500m^2$，建筑主体结构中采用了无承重墙的纯钢架结构，使用高品质混凝土，对柱、梁、板进行了优化配置，不仅增强了支撑体的耐久性，而且提升了填充体的可更新性。KSI 体系住宅实验楼内的 4 个套型各具特色，且各有侧重地进行了不同材料、技术、工法塑造可变空间的实验。KSI 体系住宅实验楼通过将 SI 体系住宅的分离技术与高度集成的现代化建材和工法相结合，实现可变性和可持续性发展的需求。截至目前，研究所仍然对这栋住宅进行着持续研究，从而探索能够满足居住者各类生活和工作方式的新集合住宅形式。

1.3.6 美国的建筑工业化

美国的工业化住宅以钢结构和木结构为主，注重住宅的舒适性、多样化和个性化。高层钢结构住宅基本实现了干作业，达到了标准化、通用化；独户木结构住宅、钢结构住宅在工厂里生产，在施工现场组装，基本也实现了干作业，达到了标准化、通用化。美国建筑工业化发展历程如图 1-17 所示。

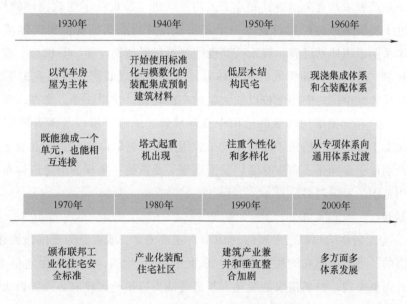

图 1-17　美国建筑工业化发展历程

1. 数量阶段

美国的工业化住宅起源于 20 世纪 30 年代。当时它是汽车拖车式的、用于野营的汽车房屋。它的每个住宅单元就像是一辆大型的拖车，只要用特殊的汽车把它拉到现场，再由起重机吊装到地板垫块上和预埋好的水道、电源、电话系统相接，就能使用。活动住宅内部有散热器、浴室、厨房、餐厅、卧室等设计，其特点是既能独成一个单元，也能互相连接起来。

但是在 20 世纪 40 年代，也就是第二次世界大战期间，野营的人数减少了，所以旅行车被固定下来作为临时的住宅。第二次世界大战结束以后，政府担心拖车造成贫民窟，不许再用其来做住宅。

在 20 世纪 40 年代末到 50 年代初，塔式起重机出现了，为了满足建筑界对高层建筑的需要，减轻围护墙体的重量，美国开始使用标准化与模数化的装配集成预制建筑材料——幕墙。大面积玻璃幕墙代表作是 1952 年美国 SOM 事务所设计建造的纽约利华公司办公大厦。幕墙采用不锈钢框架，色彩雅致，尺度适宜，成为当时宣传集中装配建筑的绝佳实例。

20 世纪 50 年代后，人口大幅增长，军人复员，移民涌入，同时军队和建筑施工队也急需简易住宅，美国出现了严重的住房短缺。这种情况下，许多业主又开始购买旅行拖车作为住宅使用。于是政府又放宽了政策，允许使用汽车房屋。同时受它的启发，一些住宅生产厂家也开始生产外观更像传统住宅，但是可以用大型的汽车拉到各个地方直接安装的工业化住宅。可以说，汽车房屋是美国工业化住宅的一个雏形。这时美国的工业化住宅以低层木结构民宅为主，注重个性化和多样化。

20 世纪 60 年代后，随着生活水平的提高，美国人对住宅舒适度的要求也水涨船高。通货膨胀致使房地产领域的资金抽逃，专业工人的短缺进一步促进了建筑构件的机械化生产，这也直接促进了美国集成装配建筑进入一个新阶段，其特点就是现浇集成体系和全装配体系，从专项体系向通用体系过渡。轻质高强度的建筑材料如钢、铝、石棉板、石膏、声热绝缘材料、木材料、结构塑料等构成的轻型体系，是当时集成装配体系的先进形式。这一时期，除住宅建设外，美国的中小学校以及大学的广泛建设，使得柱子、支撑以及大跨度的楼板（7.2m/8.4m）在框架结构体系的运用中逐渐成熟。工业厂房以及体育场馆的建设使得预制柱、预应力 I 型桁架、桁条和棚顶得到了应用。由于新的结构体系比混凝土结构更加易于生产、节点制作更多样化、精度更高，从而出现了要求统一集成装配建造体系通用标准与技术规范适用范围的紧迫趋势。

2. 质量阶段

1965 年，美国的住宅与都市发展部（HUD）正式成立，职责是为美国国民建立稳固的、持续的、全面的、可负担得起的住房系统。20 世纪 70 年代后，人们对住宅要求面积更大，功能更全，外形更美观。市场需求的变化和规范的缺失迫使美国政府必须要做出改变。1976 年，美国国会通过了《国家工业化住宅建造及安全法案》（*National Manufactured Housing Construction and Safety Act*），同年开始由 HUD 负责出台一系列严格的行业规范标准，一直沿用到今天，并与后来的美国建筑体系逐步融合。其中 HUD 出台的强制性规范《装配住宅建造和安全标准》，对国家工业化住宅建设和安全标准以及所有工业化住宅的采暖、制冷、空调、热能、电能、管道系统进行了规范。至此，美国的住宅经历了从追求数量到追求质量的阶段性改变，其现浇集成体系和全装配体系也从专项体系向通用体系过渡。通用体系将定型构件进行不同的组合，从而构成不同要求的房屋，构件之间由于节点的统一可以互换通用，通用体系既体现了标准化又体现了多样化，还能够进行工业化生产，是发展建筑工业化的有效途径。

1976 年后，美国 HUD 颁布了《联邦工业化住宅安全标准》（*Federal Model Manufactured Home Installation Standards*），它是全美所有新建工业化住宅进行初始安装的最低标准，标准的条款用于审核所有生产商的安装手册和州立安装标准，要求所有工业化住宅都必须符合《联邦工业化住宅建设和安全标准》，只有达到 HUD 标准并拥有独立的第三方检查机构出具的证明，工业化住宅才能出售。

到了 1988 年，美国超过 60% 的产业化装配住宅是由 2 个以上的单元在工地用各种方法再结合到一起，大约 75% 的这些装配住宅是放置在私人土地上的，已经超过了放在装配住宅社区的数量，许多新的产业化装配住宅社区开始提供永久性混凝土基础上的高质量装配住宅。1990 年后，美国建筑产业结构在"装配式建造潮流"中进行了调整，兼并和垂直整合加剧，大型装配式住宅公司收购零售公司和金融服务公司，同时本地的金融巨头也进入装配式住宅市场。在 1991 年 PCI 年会上，预制混凝土结构的发展被视为美国乃至全球建筑业发展的新契机。

2000 年，美国通过了《装配式住宅改进法案》，明确装配住宅安装的标准和安装企业的责任。在经历了产业调整、兼并及重组之后的美国装配建筑产业初具规模，装配住宅产业化也开始向多方面多体系发展。2000 年后，在政策的推动下，美国的装配式住宅走上了快速发展的道路，产业化发展进入成熟期，解决的重点是进一步降低装配式住宅的物耗和环境负荷、发展资源循环型可持续绿色装配式住宅。

目前，美国工业化住宅占比已达到 90%，是世界上住宅装配化应用最广泛的国家，产业化发展已经进入了成熟期，其住宅用构件和部品的标准化、系列化、专业化、商品化和社会化程度也非常之高，几乎达到 100%，这不仅反映在主体结构构件的通用化上，更反映在各类制品和设备的社会化生产和商品化供应上。此后，信息时代来临，数字化语境下的集成装配发展渗透到建造技术的各个层面，诸如"数字化建构""模数协调""虚拟现实""功能仿真"等概念术语在学术界风起云涌。美国建筑界不断深化使用计算机辅助设计建筑，用数控机械建造建筑，借用数字信息定位进行机械化安装建筑。工业化住宅建造技术也将迎来信息化进程下信息范式的转变。

1.4 我国建筑工业化的发展历程及现状

1.4.1 我国建筑工业化发展历程

我国建筑工业化大致经历了发展初期、起伏波动期、恢复提升期三个发展阶段，目前正处于大力发展的阶段。以我国 13 个"五年计划"为阶段划分，我国建筑工业化的总体发展特点见表 1-3。

表1-3　新中国13个"五年计划"建筑工业化发展特点汇总表

发展阶段	五年计划	年份区间	发展特点	备　注
建筑工业化发展初期	第一个	1953~1957年	建立了工业化的初步基础;学习苏联,多层砖混	1956年提出"三化"
	第二个	1957~1965年	初步实现预制装配化	
	第三、四个	1966~1975年	短暂停滞	
建筑工业化起伏波动期	第五个	1976~1980年	震后停滞	1978年提出"四化、三改、两加强"
	第六、七个	1981~1990年	学习东欧,装配式大板结构,新一轮发展 现浇体系出现,装配式质量下滑,再次出现停滞	新型建材(部品化)诞生
	第八个	1991~1995年	预制装配式建筑前所未有的低潮 预制工厂关闭	1991年《装配式大板居住建筑设计和施工规程》(JGJ 1—1991)发布 1995年建设部印发《建筑工业化发展纲要》
建筑工业化恢复提升期	第九个	1996~2000年	"住宅产业化"代替"建筑工业化",成为建设部大力发展的方向 多样化(市场化),国家启动康居示范工程 进入新发展阶段	1996年首次提出"迈向住宅产业化新时代" 国务院办公厅72号文件出台 建设部住宅产业化促进中心成立 《住宅产业现代化试点工作大纲》出台
	第十个	2001~2005年	研究产业化技术 现浇混凝土和预制混凝土构件相结合 产品、部品发展	学习日本,吸收引进国外技术 "国家住宅产业化基地"开始试行 建立住宅性能认定制度,2005年出台《住宅性能评定技术标准》
	第十一个	2006~2010年	现浇体系占主导 企业研发装配式体系 各类试点项目	2006年下发《国家住宅产业化基地试行办法》;"国家住宅产业化基地"开始正式实施
	第十二个	2011~2015年	保障房试验田,装配式建筑快速发展 各地出台政策和标准规范 企业积极性高涨	3600万套保障房建设目标
建筑工业化大力发展期	第十三个	2016年	发展新型建造方式,大力推广装配式建筑 积极稳妥推广钢结构建筑 倡导发展现代木结构建筑	中共中央国务院《关于进一步加强城市规划建设管理工作的若干意见》(中发〔2016〕6号)

1. 发展初期

我国的建筑工业化发展起步萌芽期大体是"一五"到"四五"计划期间，大致经历了三次转变（图1-18），这一时期的主要技术来源是苏联，应用领域从工业建筑和公共建筑逐步发展到居住建筑。

图1-18　建筑工业化发展初期历程

1955年，我国面临大量工业建设任务，建工部在借鉴苏联经验的基础上第一次提出要实行建筑工业化。1956年，国务院发布了《关于加强和发展建筑工业的决定》，这是我国最早提出的走建筑工业化道路的文件，文件指出：为了从根本上改善我国的建筑工业，必须积极地、有步骤地实现机械化、工业化施工，必须完成对建筑工业的技术改造，逐步地完成向建筑工业化的过渡。这时的建筑工业化方针，基本特征是：设计标准化、构件生产工厂化、施工机械化（当时称为"三化"）。到第一个"五年计划"结束时，全国各地建立了70多家混凝土预制构件厂，楼梯、门窗等基本上采用预制装配的方法。与此同时，我国在借鉴国外经验的基础上，重点发展标准设计，国务院指定各部门编制相应标准和专业技术规范，这些标准设计和规范陆续出台，也为建筑工业化奠定了坚实的基础。

1957~1965年，我国建筑工业化初步实现预制装配化，并于1958年在北京建成我国首栋2层装配式大板实验楼。这一时期建筑工业化技术手段及建筑形式单一，技术处理简单化，作业方式逐步向机械化、半机械化和改良工具结合，工厂化和半工厂化相结合以及现场预制和现场浇筑相结合转变。

1966~1975年，我国建筑工业化发展发生了短暂的停滞，建筑工业化的标准降低。但是在1966年，江苏建科院和广西建筑科学研究所等建筑科研机构研究出了装配化程度较高的混凝土空心大板住宅工艺，为全国建筑工业化从工业项目延伸到民用项目打下基础。

在整个建筑工业化发展初期，大规模的基本建设推动建筑工业化快速发展，彰显了预制技术的优越性，尤其是早期在工业建筑和公共建筑领域应用效果明显，对钢筋、水泥以及木材的节约起到了重要的作用。

工业建筑方面，苏联帮助建设的153个项目大部分都是采用预制装配式混凝土技术建成。建筑施工时，柱、梁、屋架和屋面板都在施工现场附近的场地进行预制，并用履带式起重机安装。当时工业建筑的工业化程度已达到较高的水平，但墙体仍为小型黏土红砖手工砌筑。

居住建筑方面，城镇建设促进了预制装配式技术的应用，各种预制构件中，空心楼板标准化程度最高。当时的预制厂的投资很低，技术落后，手工操作繁多，效率和质量低下。后来多个大城市开始建设正规构件厂，用机组流水法以钢模在振动台上成型，经过蒸汽养护送往堆场，成为预制生产的示范。此时，我国混凝土预制技术发展突飞猛进，全国各地数以万计的大小预制构件厂如雨后春笋般出现，成为住宅装配化发展的物质基础。此外，东欧的预制技术也传至我国，北京市引进民主德国的预应力空心楼板制造机，实现在长线台座上，通过一台制造机完成混凝土浇筑和振捣、空心成型和抽芯等多个工序。

除了大量应用柱、梁、屋架、屋面板、空心楼板等预制构件，这一时期也特别重视墙体的工业化发展，主要代表如北京的振动砖墙板、粉煤灰矿渣混凝土内外墙板、大板和红砖结合的内板外砖体系、上海的硅酸盐密实中型砌块和哈尔滨的泡沫混凝土轻质墙板。这些技术体系从墙材革新角度入手，推动了当时的装配式建筑的发展。

2. 起伏波动期

在"五五"到"八五"计划期间，我国建筑工业化经历了停滞，低潮发展，再停滞，又重新提上日程的起伏波动（图1-19）。

图1-19　建筑工业化起伏波动期历程

1976年唐山大地震暴露了传统装配式结构抗震性能差的弊端，经过建筑工业化初期的发展，20世纪70年代我国城市主要是多层的无筋砖混结构住宅（图1-20），这种住宅的承重墙体由小型黏土砖砌成，而楼板则多采用预制空心楼板，其水平构件一般是采用砂浆简单铺贴于砌体墙上，墙上的支承面不充分，砌体墙无配筋，水平方向基本没有任何拉结，采用

图1-20　唐山大地震中无筋砖混结构建筑

无筋砖混结构形式导致震中 95% 的房屋倒塌，给我国带来了巨大损失，建筑工业化也因此迎来了一小段震后停滞阶段。

之后，北京、天津一带已有的砖混结构开始用现浇圈梁和竖向构造柱形成的框架进行结构加固（图 1-21）。同时，全国各地区开始划分抗震烈度，颁布新的《建筑抗震设计规范》并修订了建筑施工规范，规定高烈度抗震地区不可使用预制板，统一采用现浇楼板；低烈度地区则需在预制板周围加上现浇圈梁，板的缝隙还要用砂浆灌实，并添加拉结筋，以增强结构的整体性。

图 1-21　圈梁加固砖混结构住宅

改革开放后，原国家建委召开了建筑工业化规划会议，在总结前 20 年建筑工业化发展和教训的基础上进一步提出"四化、三改、两加强"，即房屋建造体系化、制品生产工厂化、施工操作机械化、组织管理科学化，改革建筑结构、改革地基基础、改革建筑设备，加强建筑材料生产、加强建筑机具生产。

与老"三化"相比，"四化、三改、两加强"更注重体系化和进行科学管理，但重点还是集中在结构、建材、设备上。随后我国建筑工业化出现了一轮高峰，为在北京地区满足高层住宅建设的发展需要，我国从东欧引入了装配式大板住宅体系，这种建筑体系的内、外墙板以及楼板都是在预制厂预制，然后现场进行装配。在施工过程中就不再需要使用模板与支架，一方面有效加快了施工速度，有效解决了当时发展高层住宅建设的需求，另一方面也对建筑材料的节约起到了很好的作用。此后，各地纷纷组建产业链条企业，标准化设计体系也快速得到建立，促进了一大批大板建筑、砌块建筑的落地。另外，随着墙体改革的深入，新型建材开始诞生。1978 年国家建材工业总局中国新型建筑材料总公司、北京新型建筑材料厂（大板厂）相继成立，在制作大型墙板的同时开始引入石膏板、岩棉等新型建材。

20 世纪 80 年代初期，现浇体系引进中国，预拌混凝土技术应运而生，建筑工业化的另一路径，也就是现浇混凝土工艺出现，结构的抗侧力得到进一步提升，这项技术解决了当时建筑界对装配式建筑抗震的忧虑。而且此后我国建筑开始向高层发展，现浇技术的出现分别孕育了内浇外砌、内浇外挂、大模板全现浇等不同体系。20 世纪 80 年代末开始，现浇结构体系得到广泛应用，首先是由于这一时期我国建筑建设规模急剧增长，装配式结构体系已难以适应新的建设规模；第二是建筑设计的平面、立面产生个性化、多样化、复杂化的需求，装配式结构体系已难以实现这一变化；第三是对房屋建筑抗震性能要求的提高，使得设计人员更倾向于采用现浇结构体系；第四是大量农民工进入城镇，为建筑行业带来了大量廉价劳动力，低成本的劳动力促使粗放的现场湿作业成为混凝土施工的首选方式；第五是胶合木模板、大钢模、小钢模应用的迅速普及，以及钢脚手架开始广泛应用，很好地解决了现浇结构体系模板与模架的使用难题；最后是由于我国钢材产量的大规模提高，使得构件中单位面积用钢量得到增加。因此，采用现浇结构体系更符合当时我国大规模建设的需求。

与之相反的是，从 20 世纪 80 年代末开始，一方面由于计划经济体制下企业缺乏技术创新的动力，另一方面由于建设规模巨大，开发企业对技术的研发、应用不再重视，我国的建筑技术一直都没有实质性的提高。加上防水、冷桥、隔声等一系列技术质量问题逐渐暴露，住宅性能问题日益突出，同时改革开放使得住宅个性化需求不断提升，装配式建筑发展再次骤然止步，装配式建筑的发展遇到了前所未有的低潮，结构设计中采用装配式体系的越来越少。

3. 恢复提升期

由于建筑能耗、建筑污染等问题的出现，建筑工业化再次被重新提出，在"九五"到"十二五"发展上呈一路高走趋势（图 1-22）。

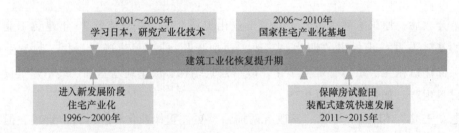

图 1-22　建筑工业化恢复提升期历程

1994 年，国家"九五"科技计划"国家 2000 年城乡小康型住宅科技产业示范工程"中系统地制定了中国住宅产业化科技工作的框架。1995 年，建设部发布了《建筑工业化发展纲要》，定义工业化建筑体系是一个完整的建筑生产过程，即把房屋作为一种工业产品，根据工业化生产原则，包括设计、生产、施工和组织管理等在内的建造房屋全过程配套的一种方式。明确工业化建筑的结构类型主要为剪力墙结构和框架结构，施工工艺的类型主要为预制装配式、工具模板式以及现浇与预制相结合式等。另外，随着商品房的大量推出，房地产市场形成，我国建筑工业化和建筑产品工厂化生产发展呈现了向大规模住宅工业化生产集团整合方向发展、住宅开发向工业化生产的集成化方向发展的趋势。"住宅产业化"代替了"建筑工业化"，成为建设部大力发展的方向。

1996 年，建设部发布了《住宅产业现代化试点工作大纲》（国务院办公厅 72 号文件），提出利用 20 年的时间，分三个阶段推进住宅产业化的实施规划。1998 年，建设部组建了住宅产业化促进中心，具体负责推进中国住宅的技术进步和住宅产业现代化工作；1999 年国务院办公厅转发建设部等部委《关于推进住宅产业现代化，提高住宅质量的若干意见》，明确了推进住宅产业现代化的指导思想、主要目标、工作重点和实施要求等。建设部依托专门成立的住宅产业化促进中心，指导全国住宅产业化工作，建筑工业化发展进入一个新的阶段。

"十五"期间，我国学习日本，吸收引进国外技术并自主研究产业化技术，推广试点项目，建筑产品、部品得到了长足的发展。2001 年，由建设部批准建立的"国家住宅产业化基地"开始试行。2005 年，我国建立住宅性能认定制度，出台了《住宅性能评定技术标准》。

"十一五"期间，建设部于 2006 年下发《国家住宅产业化基地试行办法》文件，"国家住宅产业化基地"开始正式实施，力图通过住宅产业化基地的建设来带动住宅产业化发展。以万科为代表的一批开发企业开始全面提升大板体系，2008 年万科两栋装配式剪力墙体系住宅诞生，预制装配整体式结构体系开始发展。

"十二五"期间，住建部提出 3600 万套保障房建设目标，我国保障性安居工程进入大规模建设时期，保障房建设成为住宅产业化的最佳试验田，以保障房为切入点，在保障房建设中大力推行产业化呈现规模化增长。此间，相关国家标准、行业标准、地方标准纷纷出台，各地构件厂纷纷酝酿重新上马，大量新的构件生产工厂开始建设。从 2013 年发展改革委、住房和城乡建设部发布《绿色建筑行动方案》开始，国家密集颁布关于推广装配式建筑的政策文件。在发展规划、标准体系、产业链管理、工程质量等多方面做出了明确要求。

除以上建筑工业化政策等宏观层面的转变和发展，建筑工业化建造体系在整个发展提升期内具体经历了如下历程。

2002 年，国家颁布行业标准《高层建筑混凝土结构技术规程》（JGJ 3—2002），由于预制混凝土楼板以及预制混凝土外墙板节点处理较为复杂，为进一步提高建筑整体性，我国开始逐渐采用现浇混凝土板取代预制混凝土楼板、预制混凝土承重外墙板。在近 15 年里，这种住宅体系是当时的主要选择，这段时期成为现浇混凝土和预制混凝土构件相结合的重点时期。大模板现浇混凝土建筑的兴起，推动了预拌混凝土工业发展及混凝土技术的进步。机械化现浇混凝土施工的成功实践，打破了只有混凝土预制装配才是建筑工业化的框框，证明了现浇混凝土也能实现建筑工业化，更能发挥混凝土的独特优势，提高结构整体性和抗震安全性。其后，北京的现浇混凝土施工按照建筑工业化的要求，推进建筑设计和工具式模板的标准化、多样化，推进商品混凝土及泵送技术、钢筋连接技术和建筑制品的发展，推进建筑施工全过程的机械化，大模板现浇剪力墙建筑体系成套技术日趋完善，取得更快的发展，而这也拉动了商品混凝土、工具式模板、泵送设备和相关产业的发展。

随着施工现场湿作业方式的大规模使用，现浇技术的缺点也日益彰显，传统的现场现浇的施工方式是否符合我国建筑业发展方向再次得到业内审视。人们逐渐开始意识到，长期以来以现场手工作业为主的粗放的传统现浇生产方式不能再适应当前建筑业可持续发展的要求，装配式建筑重新受到关注。从建筑业转型发展的角度出发，采用工业化方式建造建筑，实现设计标准化、构配件工厂化、施工机械化和管理科学化（四化）再次得到重视。这主要是由于：首先，随着社会发展，劳动力成本快速提升，施工企业频现"用工荒"；其次，社会开始高度重视施工现场的环境污染，采用现浇方式作业的施工现场存在大量资源浪费、噪声污染、建筑垃圾产生量大等诸多问题；再者，现浇作业的工程质量不尽如人意，建筑施工质量通病日益显现；最后，世界可持续发展主题对传统建筑业提出了产业转型升级的要求。

此时，建筑工业化再次被行业关注，中央及全国各地政府均出台相关文件，明确提出要推动装配式建筑。在各级领导的高度重视下，装配式建筑呈现快速发展的局面。突出表现为各地纷纷出台了一系列的技术与经济政策，制定了明确的发展规划和目标，涌现了大量龙头企业，并建设了一批装配式建筑试点示范项目。

1.4.2　我国建筑工业化发展现状

随着我国建筑业大型装备生产能力与建造技术的渐趋成熟，我国建筑设计与施工技术水平已接近或达到发达国家技术水平，根据建筑业可持续发展的需要，应积极探索建筑产业现代化发展，因此近年来我国建筑工业化迎来大力发展时期。

1. 在国家层面大力推广装配式建造方式

从国家层面看，为实现建筑业转型升级，提高我国建筑工业化水平，我国政府和各级建设行政主管部门相继出台大量有关政策措施，大力提倡和推动装配式建筑。2016年2月，国务院颁发《关于进一步加强城市规划建设管理工作的若干意见》（以下简称《意见》），标志着国家正式将推广装配式建筑提升到国家发展战略的高度。《意见》强调我国须大力推广装配式建筑，建设国家级装配式生产基地；加大政策支持力度，力争用10年左右时间，使装配式建筑占新建建筑的比例达到30%。《意见》正式提出了装配式建筑的发展目标，即建筑业的手工操作被工业化集成建造所取代，通过工厂化的生产操作将质量通病降至最低，运用精细化工业生产来避免手工误差，使我国建筑业真正进入可质量回溯、可规模化控制的时代。同时，《意见》指出积极稳妥推广钢结构建筑，并在具备条件的地方，倡导发展现代木结构建筑。

其实早在2015年，我国推出了《工业化建筑评价标准》（GB/T 51129—2015），定义"工业化建筑"为标准化设计、工厂化生产、装配化施工、一体化装修和信息化管理。其中的"装配化施工"遭到热议，因此几次修订会后，我国于2017年又推出《装配式建筑评价标准》（GB/T 51129—2017），并规定《工业化建筑评价标准》（GB/T 51129—2015）同时废止。从这里可以看出，我国从这一时期开始舍弃了半个世纪以来业内对工业化建筑方式的理解，明确用装配式建筑代替了工业化建筑，行业进入了单一推广装配式建筑的热潮。

2017年3月，住建部印发了《"十三五"装配式建筑行动方案》，提出了两个总目标：一是到2020年，全国装配式建筑占新建建筑的比例达到15%以上，其中重点推进地区达到20%以上，积极推进地区达到15%以上，鼓励推进地区达到10%以上；二是到2020年，培育50个以上装配式建筑示范城市，200个以上装配式建筑产业基地，500个以上装配式建筑示范工程，建设 30 个以上装配式建筑科技创新基地，充分发挥示范引领和带动作用。

2018 年全国两会的《政府工作报告》进一步强调，大力发展钢结构和装配式建筑，加快标准化建设，提高建筑技术水平和工程质量。住建部相关负责人表示，未来我国将以京津冀、长三角、珠三角三大城市群为重点，大力推广装配式建筑，再次强调要用 10 年左右时间，使装配式建筑占新建建筑面积的比例达到 30%。

从国家政策导向可以看出，政府尤其偏向于以装配式混凝土结构的形式来发展建筑工业化，同时兼顾钢结构和木结构。近年来，为响应国家政策，行业内装配式建筑呼声极高，各大房企在装配式建筑方面做出了大胆的研发和试点尝试。据住建部数据统计显示，我国装配式建筑新建面积呈逐年扩大趋势，从 2012 年新建面积 1425 万 m^2，逐步增长到 2018 年新建面积 19000 万 m^2，如图 1-23 所示。其中，2014、2015 年由于受到国家房地产政策的影响，整个房地产行业新建建筑面积下降，装配式建筑增长速度也明显下降。另外，虽然 2017、2018 年我国新建装配式建筑面积保持稳定增长，但受基数扩大的影响，同比增速逐渐放缓。

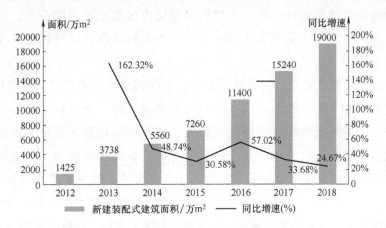

图 1-23　2012～2018 年我国新建装配式建筑面积

目前，我国在推动装配式建筑发展方面做出示范贡献的企业主要有万科集团、远大住工、浙江宝业、中建股份以及宇辉集团等知名房企，具有代表性的项目有：万科松山湖住宅产业化研究基地集合宿舍（图 1-24）、上海宝业中心（图 1-25）等。

图 1-24　万科松山湖住宅产业化研究基地集合宿舍

图 1-25　上海宝业中心

2. 在行业层面进行多种建造方式探索

近几年，一些经历过建筑工业化发展几十年的学者，为扭转国家在发展建筑工业化时似乎渐入歧途的局面，发出了反潮流而行之的声音，以金鸿祥老先生和陈振基老先生对建筑工业化的探讨影响较大，在混凝土结构的工业化建造上，双方均认为装配式建造方式和现浇的工业化建造方式均为建筑工业化的实现途径。

2016 年，北京市住总集团原副总工程师金鸿祥老先生曾向住建部领导进言，发表《刍议混凝土的预制和现浇》一文，表达了自己对把装配化当作产业化、着力推进装配化混凝土结构的导向的异议，并认为用装配式混凝土技术完全取代现浇混凝土技术肯定是片面的。他认为应当在正确认识建筑工业化的基础上，合理应用现浇混凝土和预制混凝土。这篇文章一度引起了"装配式结构"和"现浇混凝土结构"的热议。此外，陈振基老先生也在多篇文章中反复强调：工业化建造方式是指采用标准化的构件，并用通用的大型工具进行生产和施工的方式。根据住宅构件生产地点的不同，工业化建造方式可分为工厂化建造和现场建造两种。装配式建筑只是诸多建造方式中的一种，有关部门不应该引导依靠这条单腿走在建筑工业化的道路上。两人的发声对我国装配式建筑发展打了一剂镇静剂。

从我国各地在装配式建筑的实施情况来看，装配式建造方式相对于传统建造方式，在资源利用、进度控制、质量控制、成本控制等方面的优势并不明显。而且，随着建设规模的迅速发展，我国传统的现浇混凝土结构施工技术确实取得了长足的进步，不少国内相关企业通过对其进行改良，探讨基于施工现场的工业化建造技术，取消施工现场对模板与钢筋仍然采用现场加工方式等不符合建筑工业化要求、耗费大量人工并产生大量建筑垃圾的作业方式，研发并推广应用新型模板与模架技术、钢筋集中加工配送体系，以实现现浇体系的工业化建造。如采用大型集成化、机械化的施工平台，以减少现场劳动作业量和对环境的影响。

在这方面做出的具有代表性的探索有碧桂园集团研发的 SSGF 建造体系（图 1-26）、万科"5 + 2 + X"建造体系（图 1-27）以及卓越集团研发的空中造楼机（图 1-28）。最近，中建八局通过对现场施工工艺和装备进行工业化改造，也提出了一种基于"六化"策略的现浇结构工业化模式，这种现浇工业化模式与 SSGF 建造体系类似，具体的策略是指材料高强化、钢筋装配化、模架工具化、混凝土商品化、建造智慧化和部品模块化，建成的示范项目有上海浦东惠南镇民乐大型居住社区二期房建工程（图 1-29）、上海国际航空服务中心X-1 地块项目等。本质上它们均属于具有工业化属性的现浇作业方式。

此外，近十年钢结构作为一种预制化、工厂化程度高的结构形式在民用建筑和工业建筑中也得到了推广应用，应用比例已达 5% 左右。2017 年 6 月，我国首个钢结构装配式被动式超低能耗建筑——山东建筑大学教学实验综合楼竣工交付（图 1-30），该项目为中德合作被动式超低能耗建筑示范项目，同时是山东省第一批入选的被动式超低能耗绿色建筑示范工程。伴随我国钢铁产能过剩，政府鼓励使用钢材，钢结构建筑作为一种工业化建筑同样具有广阔的应用前景。

图 1-26 碧桂园 SSGF 建造体系

图 1-27 万科"5 + 2 + X"建造体系

图 1-28 空中造楼机（研发中）

图 1-29 基于"六化"策略的现浇
结构工业化模式

图 1-30 山东建筑大学教学实验综合楼

在政策的支持下，各研发单位、房地产开发企业、总承包企业、高校等都在积极研发与探索建筑工业化，国内科研院所、高校等与相关企业合作成立了多个建筑工业化创新战略联盟，共同研发、建立新的工业化建筑结构体系与相关技术，推动了我国建筑工业化的进一步发展。

1.5 我国建筑工业化的发展目标与技术路径

1.5.1 发展目标

1. 建设优质的成品建筑

以建设成品建筑为目标，将建筑生产从手工操作为主转向以工业化建设为主，并为此打造建筑成品生产的工业化基础。通过工业化的建设生产，提高建筑产品质量水平，显著减少建筑质量通病，提高建筑的保温节能、健康、适老和居住舒适性等性能，并为此建立建筑标准化体系，形成标准化、系列化的建筑构配件、设备部品和建筑成品，实现主要建筑设备、构配件和部品的标准化和工业化生产。

2. 提高效率，减少人工

通过应用先进、适用、成熟的工业化建设技术，在（相对）不提高成本的前提下加快工程进度，缩短建设周期，提高建设效率，并减少对人工（尤其是熟练的传统技术工人）的依赖。

3. 确保安全，减少对环境的影响

在工业化建设过程中，必须要保证建筑结构安全和施工安全，这是工业化推进的基本准则，为此要进行深入的前期研究开发和实验，并在工程中进行试用检验，待技术成熟后再推广应用，加强建设过程的管理，提高施工过程中的安全性；同时还要减少工程建设过程中的能源消耗、材料消耗和水资源消耗等，减少噪声、粉尘等对环境造成的不利影响。

1.5.2 发展的技术路径选择

发展建筑工业化技术要讲究适用、成熟、配套，要根据我国建筑业基本现状和特点，对建筑生产技术各领域进行优先发展排序，以便合理地分配人财物力资源，实现有限资源的合理利用。不能搞"全面开花"，或者盲目追求技术的"高大上"，影响综合效益，"欲速则不达"。应该科学地制定优先发展领域的标准，以保证选择的正确性。在制定选择标准时，应考虑如下几方面的因素：

1）我国建筑业目前人财物力、技术水平现状和今后可能提供的条件。

2）技术发展选择应由易到难、由浅入深、打好基础、循序渐进。

3）优先发展领域是严重制约我国建筑业总体技术水平的"瓶颈"，其开发的成功，将有力带动和促进其他技术的发展，并将产生较好的经济效益和社会效益。

4）优先发展技术领域应为已经具备了一定技术储备，或者能够及时充分利用相关领域最新科技成果的领域。

5）优先发展技术的开发成功，将使住宅产品的功能、质量、成本等有较大改善，并能保证建筑安全性。

考虑以上因素，加之建筑业及相关产业的基础条件和发展水平不同，建筑工业化的技术推进和应用应先从设备部品和装修这些相对简单而且产业发展水平较高的阶段入手，而不是从建筑结构体系的工业化（也就是传统意义上的建筑工业化）开始。

路径选择还可以通过技术与市场等指标进行方案实施风险的评价。比如按现有技术水平和实施难度以及社会可接受程度，可以确定某建筑产品的基础及以下施工以机械化为主；主体结构施工以现场工业化为主，辅之机械化和装配式；而内墙及以后的装修施工以装配式为主，辅之以现场工业化，如图 1-31 所示。这是现阶段一种看起来技术改进不太大，工业化水平不太高，但技术与市场风险较小的稳妥型的发展途径。

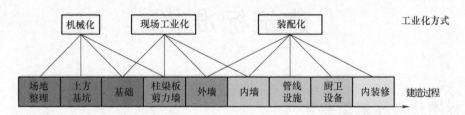

图 1-31　现阶段一种技术与市场风险较小的发展途径

而对于主体结构的工业化必须要慎重。建筑结构体系关系到成百上千万人的生命安全，因此搞建筑结构体系的工业化一定要把安全性放在首位。发展预制混凝土结构建筑工业化应该优先从非承重或承自重小构件、内隔墙、楼梯、叠合板等做起，竖向承重结构的工业化一定慎之又慎，必须严格控制施工安全与质量，规避结构安全风险。

针对各地装配式建筑发展不均衡的问题，住房和城乡建设部原某领导曾提出"三步走"战略：第一步做建筑的水平构件；第二步做建筑的竖向非承重构件；第三步做建筑的竖向承重构件，并强调"三步走"可以结合实际情况合并为"两步走"。要加快材料和技术体系研发来解决装配式钢结构的"三板"问题，要统筹兼顾发展现代木结构建筑。这是现阶段稳妥可行的主体结构建筑工业化实施路径。

复习思考题

1. 简述当前我国建筑业发展中存在的主要问题。

2. 什么是建筑工业化？它包括哪些内容？

3. 为什么要发展建筑工业化？为什么说建筑工业化是建筑业发展的必然途径？

4. 简述建筑工业化和住宅产业化的区别与联系。

5. 阐述法国、苏联、美国、日本建筑工业化的发展历程和各自的特色。

6. 阐述我国建筑工业化的发展历程。

7. 简述近年我国发展建筑工业化的主要途径和做法。

8. 简述建筑工业化发展的目标和技术路径。

第2章

建筑标准化

2.1 建筑标准化与建筑工业化

标准化是现代制造业与现代工业的基础，没有标准化的制造业要想实现现代化与工业化是不可想象的。在亚当·斯密（Adam Smith）的经济学经典著作《国富论》（*An Inquiry into the Nature and Causes of the Wealth of Nations*）中，就曾以"针"的制作过程为例来强调分工与协作的重要意义。其实，除了分工之外，从该例子中也可以发现，人们在早期工业化进程中对于"标准化"的一种粗浅理解——如果那根"针"不是标准化的，有效的分工与协作是绝对不可能得以实现的，这也是标准化对于现代制造业最为关键的意义所在，即：标准化是分工与协作的前提，标准化的普及范围就是分工与协作的实现范围。

与制造业相似，在建筑工业化的进程中，标准化也是不可缺少的环节，没有标准化，就不可能实现建筑工业化。然而由于建筑业与制造业相比，存在很多特殊性，建筑业的标准化必须秉承其自身的特点，以适应建筑业的长期有效发展。

2.1.1 建筑标准化的概念

建筑标准化是建筑标准体系在一定范围内的统一化与协调化。

1. 建筑标准

所谓建筑标准，一般是指在建筑设计与施工过程中所确立或依据的，有关建筑物的各个组成部分的尺度、模数以及所使用的材料与施工工艺的技术准则、规范与规则，即：建筑设计、施工与验收过程中的各种基本技术经济依据和相关定性与定量的指标体系。

建筑标准是建筑物设计、施工的基本前提。建筑设计必须严格按照特定的尺度标准来进行，包括满足各种使用功能的人体尺度标准；满足构件、配件、设备系统之间相互协调的尺度与模数标准；满足建筑物安全与使用功能的荷载与承载力标准以及满足建筑物具体施工和验收环节的施工验收标准等。在建筑施工过程中，必须按照设计标准与要求进行实际操作，并同时依据各种材料、设备与施工标准实施，以确保最终达到设计要求。在验收的过程中，验收方必须依据与施工方事先约定的标准进行检验，确认施工过程符合设计要求，满足验收标准，从而保证建筑物最终满足安全与使用的需要。

在某一项目的建设施工的全过程中，标准体系应该始终保持一致性和完整性。依据这些标准，在建筑设计与施工的不同阶段，相关工程技术人员通力协作，并最终为用户呈现出满足安全与使用功能的建筑物。因此，可以说，没有建筑标准，也就不会有任何建筑；而在不同的建筑标准体系之下，建筑物最终所实现的承载能力、安全等级、使用效果等也会不同。

2. 建筑标准化

假设在建筑市场中，一个建设企业可以完全独立生产、建设建筑物中的每一个组成部分、零部件、构配件，甚至机电设备管线等，其产业链覆盖了从建筑材料选择与生产、建筑设计到建筑施工的全过程，那么该企业完全可以按照其自有而独特的建筑标准体系，按照"From Chip to Ship"的模式为用户提供满足要求的建筑。

但实际上这是不可能的——任何企业均无力完成全产业链的生产过程。不论是技术水平方面还是经济效益方面，核心建设企业必须依靠与各种协作企业、分包或供应商的合作，才能实现最终产品的生产过程。因此各个相关企业在合作时，必须按照共同的"技术协议"或"管理模式"实现相互间的有效甚至是"无缝"的沟通与合作，否则最终的产品只能在零部件之间的冲突与矛盾中化为乌有。这种生产企业为了实现有效的合作而实施的，促使特定生产对象或生产过程的"技术协议""管理模式"不断通用化、协调化的过程，被称为标准化。简而言之，就是不同企业的技术标准不断地趋于一致性，并最终实现统一协调的过程。由此可见，标准化并不是仅仅局限于企业内部管理方面的相关标准的内容制定过程，更重要的是企业之间不同技术标准的协调和统一的过程。

因此，建筑标准化可以定义为，建筑相关企业之间关于各类建筑物、构筑物及其零部件、构配件、设备系统的设计、施工、材料使用与验收标准的技术协议与管理模式的统一化、协调化的过程。通过建筑标准化，可以促使不同的建筑相关企业按照共同的标准，在同一座建筑物的建造过程中，进行建筑设计、零部件的生产、建筑施工，并最终"合成"一座完整的、具有特定使用功能与效果的建筑物。

2.1.2　建筑标准化与建筑工业化的关系

通过建筑标准与建筑标准化的定义就可以看出，建筑标准以及标准化对于建筑业的意义非常重大。建筑标准保证了建设过程有据可依，建筑的质量检验有章可循；而建筑标准化则有效消除了企业之间由于技术差异、标准差异所形成的技术壁垒，促使企业之间可以在更大的范围内展开协作。"标准化"的技术协议为企业之间提供了交流的基本前提，使得不同的企业按照共同的标准实施相关工作，大大地减少了由于标准的差异导致的协作障碍。可以说，建筑标准化促进了建筑业市场化的发展，使建筑业可以在大范围内实施协作，进而促进建筑业向专业化、高质量与低成本方向的快速发展。

1）标准化促进了建筑业的专业化。如前所述，建筑标准化意味着各建筑企业操作标准的一致性，产品标准的协调性，就意味着建设企业可以通过市场选择的方式来确定符合标准的供应商和分包商，而不是必须由企业自身来实现全过程的生产。这一变化将促使供应企业专业化，使其专门从事符合特定标准的零部件、设备与材料的生产与供应，以便满足各种建设施工企业的需要。

2）标准化将促进建筑业的市场竞争，提高建筑产品质量。标准化将建筑材料与建设产品的供应与建筑物的建设过程相分离，并通过市场交易过程将其联系在一起。因此，建设项目的开发、设计和施工的主导方可以通过市场选择的方式，在各供应商中实施选择。这一过程将有效地促进供应商、分包商之间的竞争，使其必须在专业化的基础上提高产品质量，通过更好的服务和更高的质量赢得市场竞争的主动性。

3）标准化将提高建筑产品的集中度，实现规模化生产与供应并降低成本与价格。标准化的过程促进了建筑材料与零部件的专业化、单一化生产方式的发展。由于产品的单一性，扩大生产规模相对方便，随之产生规模化效应——生产成本的降低，将更加有效地促进生产企业的市场竞争力的提升。因此，对于生产企业来讲，规模化的经营几乎是不二的选择。

可以看出，标准化对于现代产业的意义，其在制造业的现代化与工业化的进程中已经得到了很好的验证，也必将成为建筑工业化的基础前提。看似简单的标准化，是建筑业从古老的手工业、低效率的劳动密集型产业，转向现代产业的基石，是建筑业现代化的基本前提和有效保证。

4）标准化将促进建设产品的多样化，满足更多的差异化的市场需求。标准化是否就意味着千篇一律？是否就是没有个性？是否就只能为用户提供令人厌烦的完全一样的商品？是否就一定会彻底扼杀建筑自身的美学价值？答案是否定的。实际上，标准化正是产品多样化的基本保证。

工业化的标准化模式，一般并不针对宏观的终端产品。尽管宏观的终端产品标准化也会带来成本的降低与生产效率的提高，但这种单一化的产品不会满足用户多样化的需求，其市场效果并不好。因此生产厂家的标准化是在生产单元、模块、配件、部品等不同微观层面上的标准化，并通过这些不同层面标准化单元的不同组合模式，构成了多姿多彩的宏观产品和世界。

建筑工业化的标准化也是在材料的选择、构成、工艺方面的标准化；是在构配件的尺度、衔接、承载能力方面的标准化；是在设备系统的功能、标准体系、安装模式方面的标准化，是微观、中观层面的标准化。基于这些微、中观层面的标准化，建筑物可以呈现出更加多样化的宏观形态，满足更加差异化的市场需求。反之而言，如果没有这些微观层面的标准化，设计师、生产商必须从微观单元的构成、功能开始构思并整合宏观建筑，其难度可以想象。尽管可以完成部分作品，也可以实现独具一格的魅力，但根本不可能满足社会大量的需求，其成本、质量也将是难以协调控制的。

因此，可以说，没有标准化就没有专业化，就没有规模化，不会实现低成本，也没有最终的工业化，更不可能满足更加广泛的社会需求。

2.1.3　我国的建筑标准化的发展历程

生产的发展必然会经历分工与合作的过程，否则产品永远会被困在小作坊中，无法满足大批量的社会需求，因此最终形成产业的标准化是任何产业发展的必然性结果。建筑标准化的产生与发展过程不仅仅存在于工业社会，也不仅仅是现代建筑业发展的需要，而是随着建筑业、建筑形态的变化与发展而逐渐发展起来的。

1. 我国古典建筑的标准化

我国最早在北宋崇宁二年（公元 1103 年）就出版了有关建设标准的图书《营造法式》，由当时的著名工程师李诫在工匠喻皓《木经》的基础上编纂而成，是官方颁布的一部建筑设计、施工的规范全书。该书以建筑材料的选用、制作为基础，详细地规定了各种材料的分类标准、选用原则；规定了建筑构成的模数体系与施工工艺的做法和标准；并在标准化的基础上对不同建筑、建筑物的不同位置的具体做法进行满足设计与使用灵活性的规定。除此之外，《营造法式》一书还对建筑生产管理的过程进行了具体的阐述，其内容与现今的工料消耗定额异曲同工。

可以说《营造法式》就是当时的建筑法规，其范围不仅涉及群体建筑的布局设计、单体建筑及构件的比例与尺度，更囊括了各工种的用工计划、工程总造价，甚至对各工种先后顺序、相互关系和质量标准都进行了具体的规范，使得建设过程有法可依、有章可循，既便于建筑设计和施工顺利进行，也便于随时质检和竣工验收。

《营造法式》全书 34 卷，357 篇，3555 条，是对当时建筑设计与施工经验的集合与总结，并对后世产生深远影响，进而奠定此后近千年的我国古典建筑的基本工程体系。

清代早期，为加强建筑业的管理，便于宫殿建设与修缮，雍正十二年（公元 1734 年）由当时的工部编纂了《工程做法》一书，作为控制官方工程的预算、做法、工料的依据。书中包括土木瓦石、搭材起重、油画裱糊等十七个专业的内容和二十七种典型建筑的设计实例。但该书与《营造法式》相比较为逊色，不尽完善，以至清政府后期组织编写了多种具体工程的做法、物料价值等有关书籍作为辅助资料。

除了《营造法式》《工程做法》这种具有全面标准化意义的建筑典籍外，一些建筑世家或建筑产品传统生产区域也专门形成了不同的标准化准则，如"样式雷"的宫廷建筑，苏州园林建筑，浙江东阳木作等。但这些建筑体系往往局限于某一类别，或仅仅依靠口传身授，（其在）具体实施过程中尚有一些差别，再未形成如《营造法式》这样的经典而完整的通用体系。

2. 我国现代建筑的标准化进程

清朝以后的民国阶段，除了特殊领域之外，我国古典建筑体系逐渐退出市场。但由于我国社会的特殊状况，建筑标准体系极为混乱，各种类建筑完全参照不同的标准体系甚至毫无原则地进行建设，尽管其中不无精品，如上海的外滩建筑群，但从整体的建筑体系和标准化体系上而言，这一阶段处于最为混乱的时期。

新中国成立以来，为了快速恢复战争的创伤，加快社会发展进程，在苏联的帮助下，我国制定了最初的建筑标准化体系。但由于技术条件、经济发展水平和产业管理体制的限制，我国当时的建筑工程、土木工程规模较小，市场化程度更低，建筑技术体系、标准化体系的发展极为缓慢。尤其是限于技术发展能力，我国当时大量的建筑技术参数指标均参照苏联，甚至直接翻译苏联标准或套用其设计图来进行建设施工。尽管该模式解决了一时之需，并且在大量的苏联援建项目的建设中起到了关键性的作用，但由于地理环境、荷载特点、使用功能和建设标准的差异，这些技术标准体系的问题也非常多。最为典型的例子莫过于我国大量城市早期排水管网的建设标准参数多源于苏联，但由于降水量的差异，当遭遇较大降雨时，城市排水困难，内涝严重。

改革开放以来，随着我国经济发展进程的加快和经济水平的提高，市场化进程加快，大型建设项目不断涌现，这促进了我国现代建设技术标准体系的逐渐建立与有效完善。目前，我国已经制定了相对完善的建筑标准体系，基本囊括了从建筑规划、建筑设计、建筑施工验收到建筑维护维修与拆除的全过程，包含了构筑物、建筑物的所有类别和木结构、钢结构、混凝土与预应力混凝土、砖石砌体结构等所有建筑体系，并同时涵盖了建筑的给水排水、供暖、通风、空调、消防、电力、通信等设备系统。

在技术领域，我国建设法律体系方面起步虽晚，但也基本构建了比较完整的建设法律法规体系。作为标准化的法律基础，早在 1988 年 12 月 29 日第七届全国人民代表大会常务委员会第 5 次会议就已经通过《中华人民共和国标准化法》，并于 2017 年 11 月 4 日第十二届全国人民代表大会常务委员会第 30 次会议实施了修订。《中华人民共和国建筑法》于 1997 年 11 月 1 日，在第八届全国人大常委会第 28 次会议上通过，并于 2011 年 4 月 22 日，在第十一届全国人大常委会第 20 次会议上进行了部分修正。现行《中华人民共和国建筑法》分总则、建筑许可、建筑工程发包与承包、建筑工程监理、建筑安全生产管理、建筑工程质量管理、法律责任、附则共 8 章 85 条，自 1998 年 3 月 1 日起至今已经实施了超过二十年时间。在《中华人民共和国建筑法》基础上，建设部以及各地方建设行政主管部门分别根据具体情况制定了各种相关的质量、安全管理条例与地方性法规，全面地规范了我国建筑市场，使其得到合理有序的发展。

同时，为了指导建设工程施工合同当事人的签约行为，维护合同当事人的合法权益，依据《中华人民共和国合同法》《中华人民共和国建筑法》《中华人民共和国招标投标法》以及相关法律法规，住房和城乡建设部、国家工商行政管理总局联合制定并颁布了用以协调工程建设过程中各参与方协作关系的合同示范文本体系，包括勘察设计合同、施工合同、总承包合同、监理合同、专业分包合同等，有效地促进了建筑业的规范化发展。

3. 我国工程建设标准化的现状与问题

从相关标准的宏观层面上看，我国工程建设领域中以国家或地方政府为制定主体的标准，过于繁杂[⊖]且较为宏观、宽泛，相互之间多有重复甚至抵触，在工程实践中难以发挥相关标准应有的指导意义和价值，反而导致一些施工的混乱[⊜]。

在微观层面上，具体企业在操作性、实施性方面的标准缺失，是我国建筑工程标准化的主要问题。在我国特有的法律环境下，企业在相关标准框架内的自由度极低，针对具体施工实践中的相关操作，由企业自身或工程的设计者根据国家、地方或行业标准来具体制定的实施性标准、操作规程（Specifications）更是少之又少，几乎没有任何针对实际施工的应变策略，无法形成内部结构齐全的技术标准体系，以保证企业之间的协作与交流，并以此形成支撑建设项目的技术协作体系[⊜]。

因此，我国建设施工企业在具体工程中，除了依据官方的限制性标准之外，很少制定本企业的相关技术规程与标准，而企业之间几乎没有共同约定的、用于实际生产与沟通的技术标准。这极大地妨碍了企业之间的技术合作与协作，阻碍了企业的社会化经营。更使得企业不能形成完整的技术体系，在市场竞争中失去技术竞争的优势，从而难以形成基于共同技术规程与标准的产业链共同体，以应对市场的变化与风险。

2.1.4　一些发达国家建筑标准化的实践

发达国家的现代化进程起步较早，市场化程度高，企业间的协作体系更加完善，因此其标准体系也相对健全。对于专业标准，多数发达国家不是采取政府直接规定的方式，而是由行业协会制定，尤其是美国更为典型。同时，发达国家的技术标准一般都是最低限制标准或推荐性标准，为具体实施企业或工程师提供较大的空间，可以根据具体施工需要和技术要求，自行设定实施性的方案，这更有助于工程技术人员个人才智的发挥，有助于企业之间根据具体生产来制定有效的协作方案。

1. Uni-Format

Uni-Format 最早由美国 AIA（The American Institute of Architects，美国建筑协会）与美国 GSA（General Services Agency，美国联邦事务服务总局）联合开发，1989 年美国 ASTM（American Society for Testing and Materials，美国试验与材料协会）基于 Uni-Format 制定了 ASTM-E-1557-05 分类标准，名称为 Uni-Format II。Uni-Format II 的定位是面向工程项目全周期的编码结构，用于描述工程、成本分析和工程管理的建筑信息分类标准。

Uni-Format 的分类方法是采用层级式分解模式（WBS，Work Breakdown Structure/Sys-

⊖　目前我国拥有建设工程技术法规 2700 多项，其中由住建部组织制定的强制性国家标准有 300 多项，由各部门组织制定的强制性行业标准有 1700 多项，由各地方组织制定的强制性地方标准有 700 多项。

⊜　潘和平. 适应新形势的我国工程建设标准化研究 [J]. 基建优化，2006（1）：1-5.

⊜　袁凤. 美国标准体系的最新发展趋势 [J]. 企业标准化，2005（10）：32-33.

tem，详见2.2.1）对建筑工程系统的构成元素实施划分，主要是按照工程元素的物理构成方式实施分解，并以此来构成设计参数体系、实施中的成本数据以及建造方法等信息和数据（图2-1）。Uni-Format Ⅱ则只要按照建设项目的功能系统，以描述和反映工程实体的功能构成对象，进而关联设计与成本数据，以此分析设计方案、价值工程、工程进度等策划、设计因素。常规而言，Uni-Format分为三个层级，分别是Level 1 Major Group Elements、Level 2 Group Elements、Level 3 Elements。

Level 1 Major Group Elements	Level 2 Group Elements	Level 3 Elements
A. SUBSTRUCTURE	A10 Foundations	A1010 Standard Foundations A1020 Special Foundations A1030 Slab on Grade
	A20 Basement Construction	A2010 Basement Excavation A2020 Basement Walls

图 2-1 Uni-Format Ⅱ 的部分子目

从我国的视角来看，Uni-Format Ⅱ分类标准是类似于按照建筑物的物理构成或者功能系统的构成模式进行分解的标准。

2. Master-Format

Master-Format由美国CSI（Construction Standard Institute，美国建筑标准学会）和加拿大CSC（Construction Standard of Canada，加拿大建筑标准学会）编制，是美加两国八个工业协会和专业学会共同倡导和努力的结果，在北美地区具有深远影响，历史悠久，应用广泛。Master-Format的定位是工程项目实施阶段信息、数据的组织和管理编码体系，同时提供工作成果的详细成本数据。

Master-Format的分类方法是采用工种/材料分类，倾向于符合建筑工程分工组织实施的方式，并以此来组织设计要求、成本数据以及施工文档等信息和数据。这种建筑信息的分解和组织更加符合工程建造阶段的信息处理习惯（图2-2）。Master-Format着眼于施工结果，可以直接阐述工程施工的方法和材料，进而关联施工工艺数据。由于Master-Format更多地用于

FACILITY CONSTRUCTION SUBGROUP
Division 02   Existing Conditions
Division 03   Concrete
Division 04   Masonry
Division 05   Metals
Division 06   Wood, Plastics, and
Composites
Division 07   Thermal and Moisture
Protection

图 2-2 Master-Format 的部分子目
资料来源：http://www.buildinggreen.com

施工图设计阶段或者最终招标与实施阶段，注重于实施计划，因此较少有如Uni-Format的分级层次。

从我国的视角来看，Master-Format分类标准则是按照施工工艺流程来实施分类的标准体系。

2.2 | 建筑标准化体系

标准化是现代工业的基本前提保证，在建筑业也不会例外。建筑工业化必然以建筑标准化为基础，没有建筑标准化就不会有建筑工业化。与此同时，随着建筑工业化的发展与推进，建筑标准化的进程也将得到不断深化，从简单的模数、尺度等几何、物理层面的标准化，不断地向技术标准、设计标准、验收标准、工艺标准方面深化。随着信息技术的发展，建筑标准化体系也将不断形成自身的数字化的标准体系、数据格式的标准体系，甚至数字与信息平台标准体系，从而适应新技术革命的变革。

建设系统的标准化，就是实现工程建设的基本工艺标准化、基本构件标准化、基本流程标准化。而标准化的前提就是将相关工作、对象与流程进行适当的分解，使其失去固有的宏观特征，同时具有独立的、固有的技术特征，从而实现在不同的项目与工作中达到通用的目的。

因此，针对复杂宏观目标对象的分解过程、分解系统，将成为标准化的基本前提。

2.2.1　建筑标准化的基本方法——目标分解系统（WBS）

1. 目标分解系统（WBS）的基本含义

目标分解或称工作分解结构/系统（WBS，Work Breakdown Structure/System）是项目管理的基础概念与理论，通过将复杂的目标或工作对象逐层分解，将其分解为相对简单的、相互联系的，同时又是相对独立的子目标（工作），从而实现简化目标完成过程的一种方法。

WBS 的核心意义在于通过对复杂工作对象的有效分解，可使之成为相互联系、相互独立并相对简单的工作对象，且可以根据具体状况继续分解，直至相对于任务完成人来说不存在任何复杂性问题，从而大幅度降低任务完成的难度。一般来说，事物的微观构成是逐步趋于标准化的，这也是自然界的基本规律之一。在工作任务的分解过程中，如果已经存在相关标准化体系，那么分解人可以依据现有的标准化体系，促使分解单元逐步趋向标准化，从而实现其通用性生产的目的。如果不存在相关标准体系，则分解人也可以按照特有的规则进行分解，促使单元逐步形成规律性的特征，并以此构建新的标准化体系。

因此可以说，WBS 过程是实现标准化生产模式的第一步，也是工业化的前提。不论是经济学家亚当·斯密，还是科学管理学之父泰勒（弗雷德里克·温斯洛·泰勒，Frederick Winslow Taylor），在其相关研究与工作中，均从目标对象的分解开始，并寻求出一般性的、简单化的规律，使之标准化，并在此基础上重新构建原有的目标生产模型，从而实现了基于标准化的生产过程。

2. WBS 与建筑工业化的相关关系

建筑工业化不仅仅是单一目标、单一项目的实现过程，更不是机械化、自动化等留存于生产技术层面的概念。建筑工业化是全新的产业组织模式，是以总承包单位为核心的社会化协作的产业组织体系。因此，建筑工业化的关键，是建筑总装与各种零部件、构配件及材料所构成的产业链的供应与协作问题。在产业链协作过程中，分工是必然的，将整体建筑拆分为不同的组成部分并由专业分包、供应商进行协作外包与加工是必由之路。这一过程中，最为关键的是 WBS，不仅可以实现对象的有效分解，并将其微观产品实现标准化，更可以将建设项目由单一的目标分解为相互有机联系的子目标集合体，进而以业务外包的方式分包给相关的协作者，实现社会化的产业组织模式（图 2-3）。

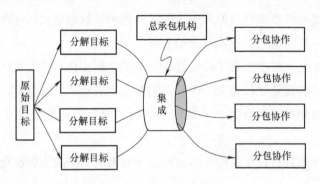

图 2-3　WBS 与建筑工业化

3. 实现 WBS 的基本方式

根据以上原则，在具体项目执行实践过程中，WBS 的分解主要采取以下方式：

（1）按产品的物理结构分解

这是一种最为简单的分解模式，在很多以实体目标为对象的项目中，以物理结构进行分解已经成为最为基本的选择，比如将建筑物分解为基础、主体、墙体、屋面等部分。

（2）按产品或项目的功能分解

这种分解方式也是比较多见的，常用于对存在多个功能系统的目标对象的分解过程之中，如：将建筑物内部的设备系统分解为供水、排水、通风、供热等。实际上，在很多建筑中，不同功能的组成部分也会在物理构成上加以区分，供水管路和供热管路就会有严格的区别；在有些特殊情况下，不同功能系统可以共用相同的对象，如通风管道可以兼作消防系统的排烟通道；各种设备设施（除消防外）统一采用一套供电系统。

以上两种分解模式一般在产品或建筑的设计过程中得以采用，从功能设定到实体设计，设计者需要从建筑物的整体构成与功能需求来策划并设计建筑物。

（3）按照实施过程分解

对于纵向持续性项目，在不同的阶段需要采用不同的策略或者生产工艺，因此就需要不同的工程技术人员、合作伙伴与分包，为了实施方便，需要按此类实施拆分。

（4）按照产品不同部位所使用的材料、零配件差异分解

复杂产品的实现需要使用多种材料，不同部位、功能的材料与零配件可能相同，也可能完全不同。在产品的生产过程中，材料与零配件的供应商也会不同，因此需要单独进行协调。

以上两种分解模式，一般在建筑的施工过程中出现较多，由于施工过程的主要核心重点是工艺与材料，而工艺与材料都与合作方、供应方关系巨大，因此按照这些原则分解可以更加有利于施工的组织。

除了以上几种主流的分解方式之外，按照项目实施过程中的不同目标分解（如质量、成本、进度）、按企业内部管控实施的部门分解、按相关管理人员的职能分解等方式也比较多见，多存在于管理模式中。在实际的操作过程中，各种分解模式可能同时或合并采用，并无严格限制，只要能够实现复杂目标的简单化与标准化即可。

2.2.2 基于 WBS 构建标准化体系的基本程序

1. 从 WBS 到实现标准化体系

如果在某产品的生产领域中不存在既有的标准化体系，则基于 WBS 模式的标准化过程可以描述为以下几个基本步骤（图 2-4）：

1）对于目标工作对象进行专业性与实施性评价，确定其几何构成、物理与材料构成、加工或实施工艺流程构成等关键性要素及特征。

2）根据可实施性对以上要素进行归纳整合，形成最初的一级单元。

3）检验单元的独立性、可实施性、标准化程度，判断重新分解还是继续分解。

4）如果需要，对于一级单元继续分解，形成二级单元。

5）对于该级单元重复上述步骤 3）。

6）如果需要，对于二级单元继续分解，并重复上述步骤 3）、5）。

7）对于体系内所有分解后的具有类似特征的单元重新评价，确定其关键性特征的允许调整范围。

8）根据关键性特征的调整范围实施归纳，简化单元构成，减少单元数量，形成初步标准化单元。

9）利用初步标准化单元重组原有宏观目标工作对象，判断微观标准化单元的可行性。

10）修正微观单元，重复上述步骤 9）并

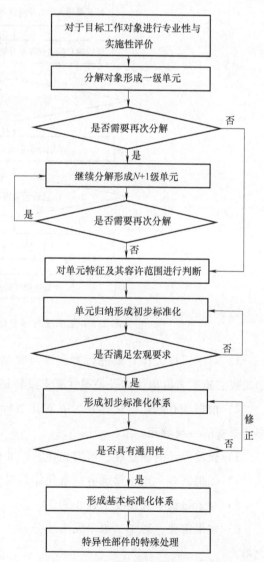

图 2-4 基于 WBS 模式的标准化过程

形成初级单项目标准化体系。

11）在其他类似项目的目标分解过程中，检验上述步骤10）的初级单项目标准化体系，判断其在不同项目上的通用性与标准性。

12）继续修正初级单项目标准化体系，使其符合不同项目的共同特征，并最终形成在一定范围内可以实施的标准化体系。

13）对无法实现标准化的特异性部件，实施专项处理。

2. 结合现有标准化体系实现 WBS

如果在某产品的生产领域存在既有的标准化体系，则基于 WBS 模式的标准化过程可以描述为以下几个基本步骤（图 2-5）：

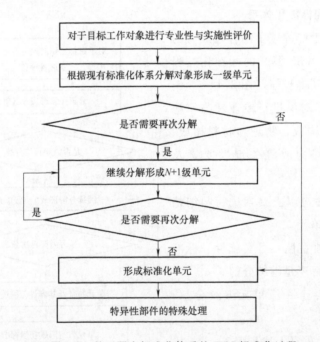

图 2-5　基于既有标准化体系的 WBS 标准化过程

1）对于目标工作对象进行专业性与实施性评价，确定其几何构成、物理与材料构成、加工或实施工艺流程构成等关键性要素及特征。

2）根据现有的标准化体系，并对比目标工作对象的关键要素与特征，对其进行分解，形成最初的一级单元。

3）检验单元的独立性、可实施性、标准化程度，判断重新分解还是继续分解。

4）如果需要，则根据现有标准化体系对于一级单元继续分解，形成二级单元。

5）对于该级单元重复上述步骤3）。

6）如果需要，对于二级单元继续分解，并重复上述步骤3）、5），并最终形成系列标准化单元。

7）对于无法按照现有标准化系统实施的部分，实施专项处理。

在我国目前的具体工程实践中，不存在任何零标准领域，然而所有的标准化系统完全实现的领域也是难以想象的。随着工程技术的进步，工程实践是不断发展的，工程师们需要在已经建立的标准基础上，不断地丰富和改进现有不完善的环节，形成更加适应于未来建设发展的标准化系统——这是目前建筑工业化进程中标准化工作的主要内容。

3. 一般工程建设项目的 WBS 的构成

对于建筑工业化，专业化的分工协作是关键环节，因此，实施 WBS 的基本原则就是保证分工协作的可实现性与可控制性，即分解后的工作单元的独立性，可以分配，可以交付；分解后的工作单元经组合后可以构成整体目标。在具体的实施过程中，一方面结合建设项目实施的需要，另一方面结合协作体系的构成状况，可以基于空间位置、基于工艺过程、基于工作周期、基于完成人、基于原材料的供应或种类等形成 WBS。更重要的是，要结合当前已经形成的常规分解模式，以不改变现有模式为前提，结合现有技术管理体系解决未来发展中的问题。

以建设工程中最为常见的房屋建筑为例，并结合现有建设管理体制，可以将一座房屋建筑的单项工程（Project）分为四个层级，单位工程、分部工程、分项工程、工艺工程，并以此构建建设项目的 WBS。其中，单位工程、分部工程、分项工程与目前建设管理制度一致，工艺工程为新提出的概念。

单位工程（Units）是指具有单独设计和独立施工条件，但不能独立发挥生产能力或效益的工程，它是单项工程的组成部分，一般以专业构成来划分。例如：常规建筑单项工程，可以细分为一般土建工程、水暖卫生工程、电气照明工程、装饰装修工程等单位工程。

分部工程（Parts）是单位工程的各个组成部分，一般以工程部位、使用与安装设备种类和型号、使用材料的不同，作为区分的基础，进行分部工程的划分。

分项工程（Elements）是分部工程的组成部分，是施工工作最基本的计算单位，是按照不同的施工方法、不同材料的不同规格等，将分部工程进一步划分的结果。在一个分项工程中，施工方法、工艺过程、使用材料与构配件趋向单一化与标准化，已经不再带有原建筑物的特点。常规而言，建筑物的分解以分项工程为最基本的组成部分，但是在具体施工过程中，为了保证分项工程的实现，施工工艺过程的控制也尤为关键。

工艺工程（Works）是分项工程的组成部分，是为了保证分项工程的具体实施而做出的进一步分解的辅助性过程。通过这一过程，使得相关工作完全呈现出单一化的材料、工艺与构配件。工艺工程是一项工程建设项目最为基本的组成部分，即工作单元，是操作人员直接面对的对象。在目前施工管理过程中，与工艺工程相对应的是"检验批"——作为工程检验与验收过程的基本单元，是质量管控的基础。

4. 基于 WBS 的一般工程建设项目的标准化体系的实施模式

通过 WBS 过程分解建筑是建筑系统标准化的开始，根据建设项目实施的全过程以及目前我国建设项目实施的惯例，可以将建筑标准化分为建筑设计标准化、建筑施工标准化、建筑部品与设备标准化、建筑材料标准化等几个组成部分。

在以上几个标准化体系中，我国目前最为成熟的是建筑材料标准化。对于建筑工程中所使用的绝大多数材料，尤其是涉及安全性和对于使用功能有较大影响的材料，诸如结构钢材、钢筋、水泥、混凝土、砂石料、防水材料、油漆与涂料、常用的装饰材料（如木材、石材、面砖）等，我国都已经颁布了各种国家标准或行业标准，其中与安全相关的内容（如结构钢材、钢筋等）还被列入了国家强制性执行标准中。这些标准囊括了材料的基本成分、生产工艺、检测检验程序与方法、合格指标、施工与使用工艺、维护维修方式等，在建筑物最微观的构成层面上实现了标准化，为建筑物宏观标准化构筑了坚实的基础。

因此，一般意义上的建筑标准化，多不涉及建筑材料层面，而以建筑部品、建筑设计、建筑施工等为主，即建筑部品标准化与模块化、建筑设计标准化、建筑施工标准化。

2.3 建筑部品标准化与模块化

通过建筑物的 WBS 过程，可以实现建筑物微观状态的功能模块与单元的系列化、族系化、标准化，该过程是建筑设计标准化与建筑施工标准化的基本保证。在建筑设计中，设计者可以直接选用标准化的模块与单元重组建筑；在施工中，施工方可以在供应市场中直接采购相关模块与单元，实现低成本、高质量和快速供应的目的；而作为供应商与生产商，标准化的模块、单元与特定建筑物并不形成固定的关系，可以独立生产、单一生产、规模化生产，并可以在满足相关尺度模数的前提下实施产品的开发，提高模块的功能。因此，建筑标准化模块或单元——一般可以统称为建筑部品，是实现建筑工业化的基础保证。

2.3.1 建筑工业化的模块化及其意义

1. 模块与模块化

工业产品的生产是从原材料开始的，将原材料加工成各种基础零件，再由基础零件组合成部件、部品，部件、部品再组合成模块，模块进而构架成系统，最终系统再构成整体产品。

但是在工业产品的生产过程中，最终产品生产者的工作流程一般不是从原材料加工开始的，而大多是通过模块的组装实现的——将标准化的模块按照特定产品的具体功能要求组装成系统，再将系统整合成最终的产品。不同宏观产品的差异性，主要在于构成其内部的功能系统的区别，但在模块层面上则趋于标准化。例如：在不同的建筑中，构成整体建筑的空调系统、供热系统、结构系统等会有所不同，但空调系统中的制冷模块、通风模块，或是结构系统中的水平承载模块、垂直承载模块等会在很大程度上趋同，甚至呈现出标准化的现象。因此，在现代生产模式中，模块是关键性的构成，模块化则是关键性的概念——按照产品的宏观功能需求，通过对于标准化或相对标准化的模块进行整合，形成不同的功能系统，并最终实现宏观产品的架构。

基于以上理解，所谓模块，又可以称之为"功能模块"，即产品中可以实现特定功能的、独立的组成部分。特定功能、独立性和可组合性是模块的几个基本特点。

特定功能，意味着模块不是零件，零件一般不存在特定的功能。模块是由零件按照特定的规则构成的，作为整体产品特定系统的组成部分，模块在该系统中承担着特定的功能；独立性，则意味着模块可以独立于整体产品、功能系统而存在，如计算机中的硬盘、内存一样，是可以独立存在、生产的单元；可组合性，则意味着模块之间可以通过特定的规则，包括几何规则、物理规则、数据传递规则等联系起来，共同实现用户所需的特定功能，并最终组成整体产品。

2. 建筑工业化进程中模块化的意义

建筑工业化所面对的工程建设项目本身就是一个由众多复杂系统构成的整体，项目建设的过程也是诸多参与者相互协调的过程。模块化模式的出现，会大大地改善原有的工程建设流程组织的模式，是建筑工业化发展的必然结果。

1）模块化将改变建筑的设计模式。模块的出现使得建筑设计的过程大大简化，建筑师不再需要从微观的细节上推敲、选择建筑的构成，尽管对于一些特殊的建筑或某些建筑的特殊组成部分，这些细节性的工作可能还是需要的，但是对于大多数普通的建筑而言，诸如办公楼、住宅等，建筑师完全可以通过选择并组合标准化模块的方式来构思设计整体建筑，满足用户的需求。这将大大简化设计程序，提高实际施工的效率，使得积木式的建筑模式有机会得以实现。

但这种标准化、模块化、积木式的建筑并非就意味着单一化、非个性化，恰恰由于可选择的模块的多样化，模块组合方式的多样化，整体建筑更能体现出丰富多彩的形态，满足更广大的需求。

2）模块化将改变建筑的施工模式。传统的建筑施工过程是以普通材料为主要工作对象，从砂石料、水泥、钢筋、木材、红砖开始，将其加工成为混凝土，并浇筑成为不同的构件，形成不同的空间。这被建筑大师梁思成先生喻为"拖泥带水"的工作过程。模块化，尤其是结构与建筑体系的模块化，将在很大程度上改变这种状况，将使得建筑施工由"土建"转向"安装"，由自主施工转向专业化分包协作，从而呈现出以管理协调为主的"干净利落"的基本状态。采用大量的成品安装，将大大缩减现场施工工艺、工序交接检查所需要占用的时间与过程，也会减少"水泥和混凝土硬化周期"这一建筑业必须面对的时间消耗，提高建筑业的效率，加快资金的周转，提高企业与行业的整体效益。

3）模块化改变了建筑的产业组织模式。模块可以独立于建筑而存在，可以在保证相关外部连接参数的前提下独立设计，可以独立地实施生产过程——这一特点将促使建筑业的产业组织发生根本性的变化。

在建设项目实施过程中，空间上的特定性所导致的"工作面"缺乏已经成为制约工程进度的根本性原因。所以建立可以并行操作的，使得相关工作可以同时进行的，并最终仅在工作面上实现总装的工作流程模式，已经成为建设工程管理的基本问题之一。模块化的生产组织模式，以模块的独立化、并行化生产为基本特征，以模块化的组装过程为形式，通过将同一工作面上的相关工艺过程以模块的方式进行整合，形成工艺模块并实现委托生产与外包，可以最大限度地实现不占有空间资源的施工方式，使得现场施工变成模块组装的过程；而这种施工向组装过程的转化，也将促使建筑业的生产组织模式由施工承包向采购总装模式转化。

4）模块化最终将可能促进建筑业以及相关产业发生重组，出现房屋制造业。对于住宅这种我国目前最为广泛的建筑类别，在传统的设计施工过程中，由于专业壁垒的限制，除了大型开发商外，多数建设方仅能提出一些简单的要求，难以深入其细节推敲建筑的构成与功能。标准化功能模块的出现，将彻底改变这种状况，使得开发方可以将建筑功能确定与模块的选择和采用环节融合在一起，这一过程将会促使建筑设计与建筑开发过程逐步重组、融合，并最终可能出现开发-设计-施工集成化的房屋制造企业，出现房地产业与建筑业相融合的房屋制造业。

2.3.2 建筑工业化的模块化的实施方式

1. 建筑工业化的模块形式

传统意义的模块大多是物理层面的、实体性的模块。但实际上，在建筑工业化体系中，模块的构成方式有很多，既包括常见的实体性模块，也包括由特定工艺或程序构成的非实体性模块。

1）实体性模块，是指将产品中的某一实体性的组成部分单独提炼出来的、固定的模块。在建筑工业化的建造模式中，实体性模块的体积与功能并非完全确定，可以体积很大且功能完备，如整体房间、卫生间、厨房等；也可以是结构构件、实体隔墙、整体外墙、设备系统、整体楼梯、整体阳台等单一功能或小型构造；甚至各种设备系统、装饰装修构造等均可以构成实体性模块。

对于实体性模块来讲，最关键的参数的特征是其尺度的标准化，包括宏观尺度与边界尺度，这样才可以与周边构造整合成为整体。除此之外，实体性模块还必须可以整合并实现特定的复合型功能，从而有效减少现场的工艺流程。

目前，国内最为常见的大型实体性模块是复合预制外墙板。由于该类构件具有尺度相对统一且非常规范，构造类似，与周边构件衔接简单的特点，因此，易于采用大规模的工业化生产模式，并可以采用集成化运输来降低成本。这类构件一般一次性集成内装修、管线、窗、结构层、保温层、防水层、外部装修等构造，其质量相比于同类现场制作构件更加可靠，其吊装安装工艺过程成熟简便，成本较低，因此受到了业界的一致好评，推广较为迅速。

2）非实体性模块，是与实体性模块相对而言的，对于那些不宜从整体系统中完全分离的，但又具有独立性、特殊性的工艺组成部分，以特定的方式实现其模块化——一般基于特定的工艺工序流程而形成的工艺模块即属于此类。

工艺模块不是物理性模块，但具有明显的独立性特征，对于诸如建筑施工这类较为复杂的工作过程尤为重要，可以将该类工艺独立化、专业化，并通过外包的方式实现外部的选择协作。在该类工艺过程中，以土方工程、混凝土工程、模板工程等最为典型。对于现浇钢筋混凝土结构来说，尽管构件不是预制的，但如果钢筋构造是预制的，模板系统是定制组合的，混凝土是供应化的，那么该构件的建造过程也同样具备了工业化的基本特征。商品混凝土是最为典型的非实体性模块。

商品混凝土采用集中制作搅拌的方式，为运输半径范围内的施工项目提供各种不同标准的流态混凝土。由于采用工业化的生产模式，商品混凝土生产场地内粉尘、废水等常见的污染可以被有效控制；同时采用人工选料、筛分、水洗等技术，有效地保证了混凝土的质量标准。商品混凝土采用封闭式运输，其运输规模化程度较高，成本低廉；现场则采用泵送技术，可以保证混凝土在各个部位的浇筑——目前我国的混凝土输送泵技术可以满足 600m 高度的作业要求。

2. 建设工程模块化的实现模式——成组技术的借鉴

在一个建设项目中，标准化的单元或模块不会是单一的存在；一个承包企业在某一区域内同时建设的项目中，符合统一标准的单元或模块也会更多。因此，将符合统一或类似标准的单元或模块进行统一的加工或采取外部协作的方式进行采购与分包，会形成较大的批量规模，不仅有助于通过专业化的方式来提高单元或模块的产品质量，更可以有效地降低成本。将同一项目属于不同部位的和分属于不同项目的，具有相同的标准化特征的单元或模块实施统一的加工，在制造业中，称之为成组技术。

成组技术是现代制造系统的基础性技术之一，其核心是将属于不同最终产品对象的，但具有共同属性或特征的零部件、模块加以编组，统一制造，从而达到增加制造批量（规模化）、提高效率（专业化）、降低成本（低廉化）的基本目的。实现了标准化与模块化的建筑业，也可以利用成组技术实现工业化的建设流程。成组技术不仅仅针对实体模块，该技术也可以将类似的工艺单元、非实体性模块进行整合，形成工艺模块组，进而实现建设流程的集成化。

2.3.3　建设项目模块成组过程的关键性环节——编码与识别

成组技术将同一项目不同部位或不同项目同类单元与模块加以集成化，进行加工或供应，因此如何在成组后的工作包中识别零部件的所属项目与位置非常关键，编码系统就是要解决这一问题。建立对于零部件与模块的识别系统，并基于零部件的特征识别实现编码，以此识别零部件与整体设备制造之间的所属关系；识别委托方与被委托方之间的关系，并集中解决大批量制造与零部件识别的问题。

建筑工业化的工作单元编码是其成组技术的基础，目的有四个，首先是对于工艺单元所属项目的具体环节加以识别的前端编码，X 码；其次是对于总承包方进行识别的 A 码；以及对于承担单元供应与加工的分包方识别码，B 码；还有对于具有共同生产特征的工艺单元进行工艺性识别的后端编码，Y 码。

1. X 码——模块或单元的位置识别码

成组化的核心在于对于同类零部件的归集并形成应有的批量，从而实现有效协作外包并降低采购价格的目的。在实施建筑拆解的过程中，必须保证对于拆解单元或模块的有效识别，才能保证在其经过成组化外包或供应后，能够准确还原到原有的位置。这一过程需要采用位置识别码 X 码对其确定。

按照目前我国建设项目组成层级及其分解的一般原则，以及 WBS 的基本规则，X 码应以分项工程或检验批（工艺工程）为基本对象，并结合企业自身的技术标准体系来构建。X 码可以分为 5 个段落，分别是项目所属码、单位工程码、分部工程码、分项工程码、工艺工程（检验批）码。在具体实施中，由于 X 码属于施工企业自身识别内容，因此一般不需要实现标准化，不同企业的编码位数、数字或字母的采用方面，可以根据需要自行确定。

2. Y 码——模块或单元的工艺技术通用标准化识别码

成组技术的另一个关键过程是对于成组后的工作包实施外包，尽管外包不是必需的，但通过专业化的协作过程，无疑可以实现优选、低价、高质量以及即时采购安装的目标。

专业化协作不是承包企业的内部系统，协作供应商或分包商也并非仅为一个总承包方供货或提供相关服务，因此总承包方成组后的模块或单元工作包，必须按照工程所在地或工作协作区域内通用的编码系统实施编码，用以识别工作包的技术特征和发包方。通用标准化编码系统应该反映单元或模块的基本技术特征指标，具有通用化的特点，需要一个地区内统一编制。

3. A 码与 B 码——总承包方与协作方的识别码

X 码与 Y 码属于技术系统识别性编码，但仅仅有这两组编码不足以识别总承包方与分包协作方，因此需要 A 码与 B 码——身份识别性编码。A 码用于供应商或分包商在供应和生产过程中识别总承包商，以便将标准化单元模块产品有效地匹配到具体项目中；B 码则用于总承包商识别分包商与供应商，确保在对外分包协作时有效区分供应商与分包商。在具体编码中，由于 A 码与 B 码均是从业企业的代码，因此具有相同的意义，其编码规则应统一。当该企业处于采购方时，该企业编码为 A 码；当其处于供货方时，则为 B 码。

A 码与 B 码宜为区域性标准化编码，即在建设项目所属的地区内，采用通用型标准化的编码模式，对于相关从业企业进行统一的编码，以便进行识别。

2.3.4 建设工程成组化建设的基本流程

按照成组技术的规则，建设工程产业组织流程可以按以下步骤实现（图 2-6）：

1）实施方将工作对象按照 Y 码规则进行拆解，形成若干标准化的单元、模块以及特殊的非标准化的构成。

2）对于拆解过程与拆解后的单元按照 X 码进行标识，确定每一分解单元的项目与位置归属。

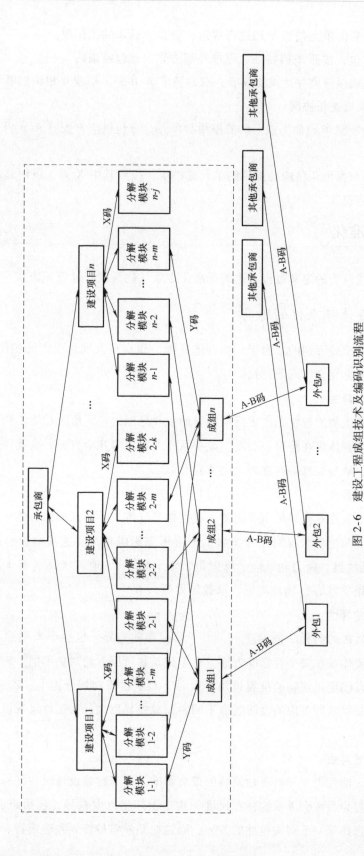

图 2-6　建设工程成组技术及编码识别流程

3）对于拆解后的单元按照 Y 码进行成组，整合为具体的工作包。

4）对于工作包，按照 Y 码特征，寻求外部协作，分包或采购。

5）确定分包或供应商并达成协议后，双方确定 A-B 码，形成互相识别系统，实施外包协作，并进行中期检查与协调。

6）对于已经按照 Y 码加工或采购的模块与单元，分包供应方按照 A-B 码，识别总承包方，进行供应。

7）总承包方根据分包供应商提供的单元或模块，按照其中 X 码，识别其在具体项目中的归属位置，实施安装。

2.4 建筑设计标准化

建筑设计是建筑物的定义过程，建筑标准化必须从建筑设计过程开始。

2.4.1 建筑设计标准化的障碍

世间的建筑是千差万别的，由于一些特殊原因，和众多大批量生产的相同型号的汽车、飞机相比，非常罕见完全相同的建筑。

1. 建筑功能差异性

功能是导致建筑物宏观状态产生巨大差异的主要原因之一。由于功能不同，建筑内部空间要求也不同，主要体现在跨度、高度、设备系统的要求等几个方面，这就使得建筑物的各种构配件、设备、装饰装修等存在较大的差异性。

2. 建筑区域差异性

区域性差异也是建筑差异的主要因素。我国幅员辽阔，不同区域的自然与人文状况差异较大，尤其是环境和地质状况对于建筑物的宏观形态影响很大。这其中影响最大的是气候（最高气温、最低气温、风力和风向、降雨量、降水量等）、地震状况（基本烈度、地震设防标准）和场地地质状态（场地类别、承载能力等）。

3. 建筑标准差异性

即使是同一地区的同种功能的建筑，由于其标准的差异，也会带来截然不同的微观构造，这种标准主要体现在安全性标准方面。由于建筑物所服务的对象不同、破坏之后产生的影响不同，我国在确定建筑物的抗震设防等级时，对于建筑物划分为甲、乙、丙、丁四级，不同建筑抗震设防级别所对应的设防烈度不同，荷载差异巨大，构配件尺度以及构造原则也会有所差异。

4. 建筑荷载差异性

从本质上说，前几类差异对于建筑物的最终影响，在于建筑设计时的结构体系和荷载选择的差异，这种差异最终会导致构件在尺度和构造上产生巨大差异，包括跨度、截面尺度、细部构造、材料选择等一系列关键性的差异。而这些差异将最终导致建筑物、构筑物各种微观构造、零部件、构配件的差异，使得标准化难以实现。

因此，在目前的建筑设计中，尽管可以在一定程度上使用标准图集，但大多数情况下，都必须由设计人员重新设计校核，不同建设项目几乎不存在相同的设计内容。没有两栋相同的建筑，这在建筑界中早已达成共识。

2.4.2 实施建筑设计标准化的策略选择

建筑业与制造业存在着巨大的差异，建筑物与构筑物的体积是制造业难以比拟的，建筑物必须和其所在的土地相联系，离开土地的房屋、建筑物是不存在的。建筑物受到其所在位置的各种因素的巨大的限制和制约，"像造汽车一样地造房子"，同种型号的汽车美国生产和中国生产基本没多少差异，可以实现标准化，但建筑物则几乎完全不可能。尽管在我国建筑史上曾有过一些完全相同的建筑（如东北地区一些苏联援建工程等），但仅是特殊历史时期的产物，且已经出现了一系列的问题。"像造汽车一样地造房子"看上去很美好，但并不适用于建筑业。实现建筑标准化，必须选择适合建筑业自身特点的模式。

1. 相对标准化原理

尽管建筑物是不一样的，但也并非没有共同特征。同一地区的基本荷载指标体系相同，同类功能的建筑荷载相同，相同等级的建筑设防标准相同，这些共同特点使得同类建筑的差异度可以缩小到最小，可称之为同类建筑。同时，对于同类建筑，除了一些特殊的材料、设备或构造之外，大多数的微观构成是相同的，所以，针对同一地区、同一类别、同一标准、同类材料与设备的建筑，其设计标准化是完全可以实现的，即"相对标准化"。

2. 建筑工程相对标准化单元/模块的可实现性

对于建筑物四大基本组成部分，建筑装饰装修工程、设备系统工程已经基本实现了零部件的标准化，建筑结构系统的标准化则是全面实现建筑工程标准化过程中所要面对的主要问题，而地基基础工程中，除了预制桩基础外，目前尚不具备实现标准化的技术基础。

目前我国传统的结构设计理论与实践仍多专注于现浇结构体系，然而在调查中发现，虽然建筑工程门类众多，每一栋建筑都具有其独特性，但大量的工程实践表明，同一地区、同一类别（甚至相近功能类别）的建筑结构的实质性差异（因力学分析所形成的内力、应力）并不十分明显，其主要体现在不同结构工程师所采用的习惯做法上，以及特殊构件的特定要求上。

在具体工程实践中，多数结构工程师也认为，对于同一地区、同一设计标准、同种功能要求的建筑物、构筑物而言，在其微观构成上，完全可以通过有效的设计过程，实现微观的标准化。对于一名具有多年工程设计经验的结构工程师而言，在短时间内（一个月甚至更短至一周的时间）仅依靠其丰富的工程经验，而不依赖于任何计算机结构分析计算软件设计，完成一栋常规建筑物的结构设计也是完全可以实现的——这一过程所依赖的，就是长期以来在结构工程师大脑中形成的强大而丰富的"建筑结构系统数据库"，利用该"数据库"，结构工程师可以迅速地凭借经验实现可靠而有效的结构设计，而无须详细的计算。实际上如果通过对现有同类建筑结构统计分析的方式，完全可以实现该"数据库"的物理化、电子化和标准化，满足不同建筑物的标准化构件的要求。

基于以上分析，实施建筑设计标准化的基本方案，不是对所有建筑、所有构配件实施标准化，而是针对地域与荷载类似的、功能类似的、设计标准类似的同类建筑实施标准化——同类建筑的相对标准化。

2.4.3 建筑设计标准化的实施方案

根据同类建筑的相对标准化原理，如果某地区存在基于相对标准化原理而形成的建筑结构数据库（或某建筑设计单位自有），在具体建筑设计时，应按照以下程序实施。

1. 基于功能空间的模块化

按照相对标准化的原则，对于同一地区、同一功能类别、同一建设设计标准的建筑物，设计师可以根据建筑中可能采用的空间与功能要求，专门设计出标准化的系列模块。

以最为常见的住宅建筑为例，对于某一地区的多层普通民用住宅来讲，其内部功能模块空间可以分为卧室、卫生间、浴室、厨房、洗衣间、衣帽间、储藏间、餐厅、客厅、门厅、走廊等部分，外部空间可分为楼梯、电梯、过厅、走廊、设备间（井）、门卫室等部分。设计者可以将这些功能空间预设为不同的大小、格局、平面形态、面积等，并使之形成特定的拼合规则与模数，从而实现不同功能要求与设计标准的模块化组合。

2. 基于相对标准化的结构构件分类、选择

按照相对标准化的原则，对于同一地区、同一功能类别、同一设计标准的建筑物，根据可能采用的空间与功能要求，确定房间可供选择的跨度、层间高度、开间、进深等关键性参数，确定荷载级别和构件的具体材料、构造与截面选择。在此基础上，结构工程师可以将水平构件、垂直构件划分为不同的类别与级别，并对于具有共同特征的同类、同样构件进行归纳成组，并与数据库中的预制构件（结构模块、构造模块、单元模块）进行匹配。

3. 基于相对标准化的设备系统标准化

在实现建筑功能模块标准化、建筑结构构件标准化基础上，根据空间与功能要求，对于各种建筑设备、设施的管路、线路、单元、机组、检修口、竖井、桥架等构造实现标准化。

建筑设施与设备系统具有"点-线"组合性的特点，即设备系统是由"点"——功能性设备和"线"——连接性管线两种构造组合而成。因此在标准化过程中，可以将功能性设备的尺度、安装方法、连接位置等关键参数标准化，或将其与功能空间模块集成化，如卫生间模块可以集成通风、供水、排水、洁具、洗浴、照明、供暖、干燥等设施；另一方面，对各种连接线路、管路可以根据其截面、基本长度、形状、固定方式、连接方式，实现相关标准化。

从目前的建筑设备发展状况来看，设备系统、线路与管路系统自身的标准化已经基本实现，设计者完全可以直接套用相关参数进行选用。但在功能空间与设备系统的集成化方面，目前尚无具体的技术标准，尽管一些建筑设备生产厂家已经推出一些诸如整体卫浴的设备，但在具体的功能需求方面，尚不能完全满足。这其中主要障碍是各功能空间的尺度与模数的混乱，不能形成标准化。在此方面，日本已经做出了很好的解决方案，其核心就是尺度与构造标准化。

4. 基于相对标准化的装饰装修标准化

如果建筑物的功能空间、结构体系和设备系统实现了模块化和标准化，装饰装修部分的标准化就较易实现。实际上，对于建筑内部的墙面、地面、顶棚、门窗等主要装饰装修构造，实现标准化的模数、尺度、构造并非十分困难，目前相关做法已经比较多见。装饰装修标准化的主要问题，在于用户对于各种材料、色彩的选择，对于装饰装修的风格与美学追求的差异性方面，不易形成统一的意愿。从我国全装修住宅（公寓）的推广速度较低的情况也可以看出广大用户对于装饰装修标准化的接受程度。

解决装饰装修标准化问题的关键在于，房屋的建设者是否可以为广大用户提供足够多的、可供选择的装饰装修方案；是否可以在装饰装修施工过程中保证工程质量与安全。如果房屋建设者在装饰装修设计施工之前，能够为广大用户提供大量的、标准化的方案、材料、设备、部品等，那么装饰装修标准化的实现并非难事。因此，装饰装修可选化是实现标准化的基本前提。

2.4.4 建筑设计标准化的实施流程

根据建筑功能空间模块化、构配件族系化、设备系统标准化和装饰装修可选化，建筑设计标准化可以总结为"按照建设目标的需求，依据有关国家标准与技术规范，对于已有的标准化微观实施重新架构与组装，并对于特殊功能或空间的要求实施独立设计的过程"，具体实施方式如下：

1. 设计对象的确定

首先，设计者需要按照发包人的需求确定建设项目的基本要求，这其中包括建筑类别、建筑规模、建筑细节的特殊要求等。这需要设计者与发包人反复协商、沟通而确定，且不仅仅对于建设项目的整体计划，更包括建筑物的各种细节性要求。

以住宅项目为例，设计者需要与发包人确定总建筑面积、建筑总高度、建筑层间高度、各种独立户型的选择及其面积、各种户型的数量与比例、建筑周边间距与采光等关键参数，以及发包人有关建筑物的特殊要求、装饰装修的类型选择等。设计者需要对这些基本目标加以整体计划，确定发包人的基本要求。

2. 建筑系统的分解

在确定设计对象的基本要求之后，设计者需要按照 WBS 的基本思想，并结合业已存在的各种标准化的同类建筑功能模块、构件族系、设备系统和装饰装修模式，对于设计对象实施分解。

分解过程是建筑设计标准化的关键性环节，分解的目的是采用标准化的单元或模块重新组合原有建筑，并实现同样的设计目标。因此分解不是任意进行的，必须依据已有的模块系统、标准化单元来实施。在分解过程中，由于不同建筑自身的差异性，分解后的单元与模块并不一定与标准化单元模块完全等同，可能存在一定的偏差。此时需要设计者与发包人进行相应的沟通，在可以调整的范围内，对于差异性模块或单元实施标准化处理。

3. 建筑系统的重组与模块单元的成组化

在确定建筑物的 WBS 及其标准化单元或模块后，设计者需要按照单元或模块之间的组合规则以及发包人的要求重组建筑系统，使其成为宏观建筑。经过与发包人沟通确定后，设计者可以将重组后的建筑中同类、同型号的标准化单元或模块按照前文所述的 X-Y 码原则进行编码、归纳并成组，形成不同的工作包提供给发包人，以便在未来的建设施工过程中，对其进行标准化的外包或采购供应。

4. 非标准化部分的专项设计

不论采取何种方式，建筑物一定存在着不能实现标准化的组成部分或分部分项工程，其中地基基础部分是最为常见的。所有建筑物的地基基础均需要根据不同的地质状况进行独立设计，有时甚至需要采取特殊的技术处理手段才可以满足最终的建设要求。同时，建筑物上部结构中的一些组成部分也可能因为特殊原因，如形状、位置、材料使用等原因无法直接使用标准化的模块或单元，此时需要设计师对相关组成部分实施专项设计。在进行专项设计的过程中，采用标准化工艺、技术或材料来实现特殊构造是基本的原则，设计者应尽量避免由于使用特殊技术或材料导致的后期施工困难。

2.5 建筑施工标准化

基于标准化系统的建筑施工过程，不能简单地被理解为仅仅是在"施工现场"的建造过程，更应该是建筑物建造的全部流程的整合或重组，包括零部件的生产模式、供应模式，整体建筑物的建造方式，零部件与构配件的安装方式，以及与之相适应的产业组织模式等。

建筑施工标准化过程是建筑工业化的核心与灵魂，是建筑物的最终实现过程，是从设计图、理论、概念等转变为具体的建筑物的过程。标准化的思维模式、零部件加工与制作、设计标准化流程等，必须依靠施工过程才能够最终形成实体建筑。因此，通过标准化的流程，促进建筑施工过程工业化，是建筑工业化的最终解决方案。

2.5.1 基于建筑零部件标准化的装配化建造模式

正如前文所述，标准化的零部件、模块是可以脱离"母体"而存在的，即其生产过程可以与具体项目没有任何关系，不从属于任何建筑物，可以独立实施其生产过程，并可以在满足基本功能要求与尺度匹配模数的前提下独自研发，实现自我完善与提升。在这一前提下，建筑零部件与构配件的生产体现出并行化、专业化、规模化与竞争化的几个特点，这与制造业更加类似。

1. 标准化零部件的生产方式 1——生产并行化

生产并行化/并行制造（Currency Manufacturing）是指在标准化基础上，符合标准化需求的零部件与整机制造流程完全独立的生产过程。在传统意义上的制造业中，零部件是根据整机的需要而进行设计的，是在整机生产过程中，依赖于整机的制造进度而实施生产的。但是在实现标准化后，由于零部件、模块的功能是确定的，尺度是符合标准化模数的，因此可以完全实现独立化的生产，并在整机制造商需要的时候，通过市场采购过程实现供应。这种模式促进了独立的零部件生产厂家的出现，并与整机制造商形成了完整的产业链，可以共同存在于某一地区，更可以基于强大的运输业而实现全球化的采购与供应。

建筑业的工业化也与之相同，在零部件、构配件实现标准化后，独立的零部件与构配件生产厂商也会大规模地出现，并围绕着大型建设项目或新建城市群落而实现其产业布局，几乎所有城市都存在的商品混凝土供应站就是最为典型的例子。可以说，混凝土是我国建筑业最早实现现代工业化的建筑材料/部品，其最基本指标——强度等级、流动性、抗渗性、最大粒径等与施工工艺有关的指标已经完全实现标准化，任何建设项目只要确定相关指标后，即可以在最近的混凝土供应站实现采购供应。

2. 标准化零部件的生产方式 2——生产专业化

如果没有标准化，不同整机的零部件之间的构成模式是不同的，因此零部件的生产必须以完整的体系来进行——相关零部件共同研发或生产，否则不仅会出现难以匹配的状况，更会出现一些零部件由于产量比例不当而形成剩余或短缺。标准化使得任何单一零部件均可以实现独立生产，供应商完全可以根据市场需求或自身的生产能力，专注于某一种零部件的研发与生产而不是所有零部件，这种基于标准化的生产过程将呈现出极度专业化的状态，甚至会出现仅生产一种零部件的供应商——这在制造业屡见不鲜，如专业的轴承生产商。

单一化的生产以及相对固定的功能和标准化的模数尺度，会促进专业化生产厂家在相关产品研发上的有效投入，有助于产品质量的快速提高，建筑业也是一样。近年来，我国快速发展商品混凝土行业就是证明。目前我国商品混凝土已经可以达到 C80 强度等级的批量化供应，并能够实现超过 500m 垂直高度的泵送运输，超过 4h 的初凝时间而实现的超过 30km 运输半径的超远距离运输，这些现代混凝土所体现出的强度等级以外的和易性、缓凝性等均是专业研发所带来的巨大成就，而与之密切相关的混凝土输送泵、大型专用运输车辆、高效混凝土外加剂等也得到了卓有成效的发展，这些都是专业化所带来的最直接的成果。

3. 标准化零部件的生产方式 3——生产规模化

专业化、单一化的生产是相对简单的生产过程，流水线不需要更换，工人不需要更换，技术标准不需要更换，更有利于迅速地扩大生产规模。规模效应是最为普遍的经济学原理之一，当产品的生产规模逐步扩大但不超出特定的规模时，其单位成本会随之逐步下降，随之而来的是产品的价格也会下降，并给企业及产品带来更加强劲的竞争力。

从目前建筑工业化的发展状况来看，预制装配式混凝土结构的主要市场发展制约因素便是价格，与现浇式混凝土结构相比，如果没有相关政府主管部门的特殊限制，高昂的价格会极大地限制该类建筑的发展——在成本控制极为严格的开发商看来，预制装配式混凝土是不值得选择的，该类建筑在发展中的主要问题，就是规模化程度不足，导致价格难以有效地降低。

4. 标准化零部件的生产方式 4——合作竞争化

标准化促使零部件的生产独立化、专业化，并通过规模化实现了成本与价格的降低，有效地促进了市场的竞争。作为建筑主体结构总承包方，在供应商的选择策略上将变得十分简单——招标，总承包方预先设定相关零部件、构配件的基本技术标准与特殊要求，通过招标的方式，在市场中寻找质量最优、服务最好或价格最低的供应商。尽管招标导致了供应商市场的激烈竞争，但招标的方式对于总承包方与供应商都非常有利，对于处于主动地位的总承包方而言，其利益是不言而喻的；但对于供应商来说，竞争促进其通过专业化的方式来提高质量，通过增加规模，降低成本，有效提高了竞争力，促进了行业的发展。

5. 基于标准化零部件的建造模式——建筑装配化

在零部件标准化的前提下，建筑物的建造过程实际上就是装配过程。

首先，承包商将建筑物按照设计图之中的零部件与模块实施拆解，并按照 X 码原则标记其具体项目与所属位置；同时按照该零部件的类别、专业等参数确定其 Y 码构成。

其次，根据 Y 码的构成，将同一建设项目中 Y 码相同的零部件实施成组，并在此基础上将本承包商在同一地区承建的所有项目中的 Y 码相同的零部件进行成组，形成工作包。

第三，根据 Y 码工作包的特征，在本地建筑市场中寻找（招标采购）供应商或分包商，确定分包供应合同，并以 A-B 码构成双方识别系统。

第四，供应商按照零部件的 Y 码，在其库存中匹配货源，或直接在生产线上实施生产，以最快的速度实施供应。

第五，供应商通过 A 码确定该批次零部件的委托方，向承包商供货。

第六，承包商接到货物后，按照 X 码确定该批次货物的项目与位置所属，实施安装。

第七，承包商完成建设项目，如果该项目在使用中出现问题需要保修，承包商或用户可以通过 B 码实现对于零部件的供应商逆向追踪。

2.5.2 基于建筑工艺标准化的异地协同模式

制造业的产业基地是固定的，并可以通过方便的运输实现产品的配送。因此其零部件供应链与产业配套体系可以围绕着产业基地进行建设。由于制造业产品的单位体积或重量的价值较高，运输成本较低，可以通过运输实现大范围、远距离的覆盖，甚至全球化供应，因此其产业基地的选址限制较少，生产规模较大，成本控制相对方便。

然而建筑业所面临的状况是完全不同的，尽管企业存在固定的注册地，但固定的产业基地几乎无法存在，建立固定的零部件供应商与协作伙伴体系也是较为困难的。

1. 建筑业的运输难题

建设项目是属地化的，必须在特定的位置上进行建设，自古以来就是这样，而且在未来也很难改变。建设项目还是一次性的过程，任何建设项目都必须在特定的地点来实施，建设施工企业必须辗转于不同的项目中，这一点自古以来就是这样，而且在未来也不会改变。

如果建筑业的总承包商与供应商、分包商之间存在着固定的、稳定的合作关系，则他们必须面对的问题就是运输——从产业基地到建设项目之间的零部件、构配件的运输。这种运输在制造业也是常见的，但与制造业不同的是建筑业的大量构配件，尤其是以混凝土为基材的大型构件的价值与运输成本并不相匹配。

混凝土构件重量大、占用体积（不仅构件自身的体积，而且在运输中所占用的空间）巨大，但其自身的价值却非常低廉，这导致单位构件价值的运输成本高昂，超远距离运输时运费甚至超过构件自身的价值。因此建筑业，尤其是混凝土主体结构施工企业必须面对"运输难题"——当企业在特定区域内的建设项目数量可以满足其构配件供应商的生产规模时，则该区域的面积过大，所形成的运输成本过高，促使企业必须选择其他建设方式；而在运输成本可以承担的运输半径范围内，总承包方可以获得的建设项目的数量又十分有限，难以满足构配件生产规模。这种"规模经济与运输经济"的矛盾是装配式混凝土结构发展中难以克服的障碍之一，因此除了房地产项目相对集中的中心大城市之外，装配式建筑在其他地区的发展并不顺利。

对于钢结构、木结构，由于其可替代性差，且结构本身特点即是装配式，因此一般此类问题不存在。

2. 工艺标准化的提出

现代的标准化体系可以将构配件的生产与建筑主体相分离，作为总承包商可以在新建项目周边寻求合适的构件生产厂商，并建立新的合作或供应关系，这在一定程度上可以解决大型构件的运输难题，但该方案未必可行——新建项目周边符合技术标准的构件生产厂商可能并不存在。

然而传统的建筑业一直是存在的，标准化商品混凝土及其相关技术在我国已经得到了最广泛的普及，而与现浇混凝土结构相适应的钢筋加工、组合模板等技术也基本实现了初级标准化。除在具体技术细节方面，不同的承包商有不同的要求外，整体上来看，现浇钢筋混凝土技术全国基本趋于相同。因此建筑施工企业，尤其是总承包企业完全可以脱离预制构件——这种物理标准化的限制，以工艺标准化实现异地建设项目的产业组织与协调。

在具体实施过程中，总承包企业首先需要根据现行的国家标准，制定出详细的标准化的操作规程，一方面用以指导现场施工，另一方面用来作为分部分项工程验收的具体依据；其次，总承包企业还需制定出分包商与供应商的选择标准，在此基础上总承包商即可通过依据相关标准优选的方式，在工程所在地确定供应商与分包商的供应链系统，快速实现其产业组织。

3. 基于工艺标准化的异地产业组织协同化

工艺标准化模式可以最终总结为：在工艺流程与实施做法标准化基础上实现的，建筑业异地产业组织的协同化模式，是建筑工业化的另一种体现。与基于标准化零部件而形成的装配化建造模式相比，基于工艺标准化而形成的异地协同化模式则按照以下步骤实施：

首先，承包商将建筑物按照设计图之中的零部件与模块实施拆解，对于可以在建设项目所在地实施采购的零部件按照装配化模式进行。

其次，对于无法实施直接采购供应的零部件，继续实施拆解，形成不同的标准化的工艺流程，并按照 X 码原则标记其具体项目与所属位置，同时按照该工艺的类别、专业等参数确定其 Y 码构成。

第三，根据 Y 码的构成，将同一建设项目中 Y 码相同的工艺实施成组，并在此基础上将本承包商在同一地区承建的所有项目中的 Y 码相同的工艺进行成组，形成工作包。

第四，根据 Y 码工作包的特征，在本地建筑市场中寻找（招标采购）分包商，确定分包合同，并以 A-B 码构成双方识别系统。

第五，分包商按照 Y 码确定的工艺、X 码确定的位置，直接在项目上实施专业化的施工流程，完成后进行实地验收。

第六，承包商完成建设项目，如果该项目在使用中出现问题需要保修，承包商或用户可以通过 B 码实现对于某项具体工艺流程的分包商逆向追踪。

2.5.3 普通钢筋混凝土结构的工艺标准化策略

工艺标准化所解决的，主要是普通钢筋混凝土结构的问题，包括钢筋工程标准化与预制化、模板系统的标准化与轻量化和混凝土的标准化与商品化。

1. 钢筋工程标准化与预制化

我国目前已经制定了建筑用钢筋的具体材料标准，包括强度等级、直径、表面状态、基本出厂长度等关键性指标，在全国范围内是统一的；同时，钢筋加工的具体技术标准，包括弯折、连接等做法也是全国统一的。现代机械加工与金属加工技术的发展，也已经完全可以做到对于各种建筑钢筋快速地、大批量地加工。即使是最为复杂的箍筋也完全可以实现全自动化的生产过程，我国台湾地区在 21 世纪初就已经出现极其复杂的自动化制作的矩形柱的箍筋——一笔箍（图 2-7）[注]。同样对于大型构件，如柱、板等的钢筋构造，也可以通过有效拆解的方式，将其钢筋构造分解为若干简单模块的组合，在外场加工后，再运抵现场实施拼装。

图 2-7 一笔箍

从目前的建筑技术发展来看，钢筋加工过程，钢筋模块的绑扎过程，钢筋模块的现场拼装过程等均属于基本的通用工艺，任何以房屋建筑为对象的施工企业均可以完成。尽管不同项目的具体实施标准会有所差异，但其基本操作流程与工艺是一致的，没有实质性的区别。因此总包施工方完全可以在工程所在地采用分包的方式解决实质性问题。钢筋工程标准化与预制化，可以实现复杂结构、大型结构的异地标准化建设，有效地减少运输成本，是实现建

⊖ 图片来源：台湾堡垒建设有限公司，http://www.fortbuild.com.tw/technology-detail-17-5.html。

筑施工标准化的有效途径。

2. 模板工程标准化、机械化、轻量化

钢筋混凝土结构必然使用模板，现浇结构、预制结构均不可避免。由于建筑功能需求的差异、结构尺度的差异等，建筑构件的差异度较大。在具体现场实施中，大型的、标准化的模板因重量、成本问题，均难以实现，主要依靠小型模板进行拼装。而模板又属于周转性设施，必须具有一定的强度、刚度才可以保证其周转次数，降低成本。因此目前普通模板（如梁、柱、楼梯等）、承载模板（如墙体）多采用钢材，自重较大；大型模板（如楼板）则多采用木材，自重轻但损耗率高。这些特点致使现场模板工程工艺烦琐，手工操作多、劳动作业强度高、劳动力需求量大，是导致现浇结构难以实现工业化的主要原因之一。

在建筑设计标准化的基础上，建筑构配件的基本尺度与模数标准化，可以使得模板构造更加简捷，有助于成套标准化模板的使用与推广，将原来仅用于特殊建筑的滑模、爬模、桌模等机械化模板技术应用到普通建筑中来，实现建筑模板系统机械化。同时近年来出现的轻质模板技术，尤其是铝合金模板技术，将成为建筑产业升级的关键因素之一（图 2-8）。铝合金模板强度、刚度、耐久性等指标与钢模板几乎等同，但重量仅为钢模板的 1/3 左右，因此能够被制作成更大的板面，不仅可以有效替代钢模板，更可以替代木模板系统，使得工作效率大幅度提高。同时尽管此类模板的采购价格稍高，但由于铝合金材料回收价值较高，因此该类模板的最终成本（在施工中产生的价值消耗）并不高。基于建筑设计标准化的标准化铝合金模板的使用，将极大地推进建筑工业化的进程，最大限度地实现建筑机械化，有效降低建筑业现场劳动力的使用，改变现浇混凝土结构的劳动密集型产业的特点。

3. 混凝土标准化、商品化

混凝土标准化制备与商品化供应是我国目前已经完全实现了的建筑工业化技术，并已经形成了完整的产业组织和技术体系，将成为构建现代建筑工业化产业体系最有效的基础。

对于混凝土的各种指标，不论是混凝土成型后的关键性指标，如强度等级、抗渗性、抗冻性、耐久性等；还是混凝土在施工过程中的工艺性指标，如坍落度（流动

图 2-8 铝合金模板系统

性）、凝结时间、配合比；以及有关材料构成的指标，如水泥种类与相关参数、骨料粒径与级配、外加剂等，我国目前的技术体系已经完全实现标准化。同时经过多年的发展，我国通过市场化发展的模式，已经建立了覆盖几乎全部大中城市各个角落的混凝土供应系统。另外我国目前已经完全掌握了各种现代化的混凝土制备、远距离运输、现场输送（泵送）设备

与技术，完全能够满足任何建设项目混凝土的商品化供应。与此同时，成熟的封闭式水泥供应系统，环保式的生产系统，封闭式的混凝土运输系统等，也可以保证商品混凝土在生产、运输与浇筑过程中不会产生超标的污染。如果不考虑大型载重车辆影响的话，混凝土搅拌站（图2-9）甚至也可以设在市区。

图2-9 现代化的混凝土搅拌站

2.5.4 SI建筑——建筑工业化的基本选择

SI是一种特殊模式的建筑，最早由荷兰学者哈布拉肯（N. John Habraken）基于开放建筑的思想而提出，是支撑结构体系"S"（Skeleton）和内部功能体系"I"（Infill）有效分离的建筑模式。开放建筑的最初设想，是在不影响建筑的结构体系前提下，对其内部空间与功能加以拓展，从而实现建筑自身的"空间无限可能"的思想。但如果在最初的设计与建设过程中引入SI体系的思想，则建设项目的实施过程也将产生深远的影响。同时由于该模式将主体结构有效地独立出来（图2-10），使之能够独立实施，因此，更能够与原有的建设模式相适应，实现建筑工业化的"无缝升级"过程。

（1）SI建筑模式与现有建设模式的有效衔接

SI体系的建筑中，主体结构是建设者按照特定地区、特定功能、特定标准的原则设计建造的，具有足够适应度的支撑体系，内部功能体系则是由各种功能模块所组成的，可以实现任意组合、更换，从而满足不同用户的特定功能要求。如果主体结构与内部模块均按照固定的标准化尺度或模数来设计，则可以实现内部功能模块的"乐高"化模式。

从我国目前建筑工业化的发展来看，非结构体系的零部件工厂化生产、社会化采购、标准化安装较易实现，并且在设备系统、装饰装修、内隔墙、非承重外墙板、楼梯、阳台、窗台（飘窗）等构造中，均已经得到很好的使用。而在主体结构体系中，除钢结构这种特定的必须实施预制拼装的结构体系外，普通钢筋混凝土结构的预制化、装配化存在着相关基础研究不足、安全性与抗震性被质疑等严重问题。尽管结构体系标准化可以在一定程度上解决相关问题，但仍受到诸如产业规模拓展困难、生产成本较高、技术推广不易等方面的限制。

而利用成熟的现浇钢筋混凝土技术，并结合预制钢筋模块、轻型机械化模板、商品混凝土技术，完全可以采用现浇钢筋混凝土来实现标准化结构体系，并结合内部设备系统与功能空间的标准化模块，实现新型建筑工业化。

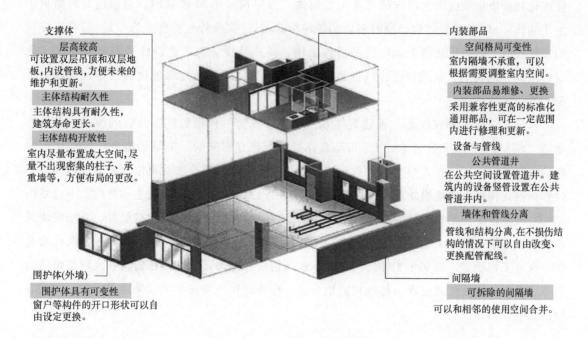

支撑体

层高较高
可设置双层吊顶和双层地板，内设管线，方便未来的维护和更新。

主体结构耐久性
主体结构具有耐久性，建筑寿命更长。

主体结构开放性
室内尽量布置成大空间，尽量不出现密集的柱子、承重墙等，方便布局的更改。

围护体（外墙）

围护体具有可变性
窗户等构件的开口形状可以自由设定更换。

内装部品

空间格局可变性
室内隔墙不承重，可以根据需要调整室内空间。

内装部品易维修、更换
采用兼容性更高的标准化通用部品，可在一定范围内进行修理和更新。

设备与管线

公共管道井
在公共空间设置管道井。建筑内的设备竖管设置在公共管道井内。

墙体和管线分离
管线和结构分离，在不损伤结构的情况下可以自由改变、更换配管配线。

间隔墙

可拆除的间隔墙
可以和相邻的使用空间合并。

图 2-10　日本的 SI 建筑

（图片来源：浅谈我国建筑产业化发展之路，陈自明）

同时，SI 体系的建筑中，建筑的结构体系"S"并无特殊的限制，根据具体情况可以采用现浇钢筋混凝土结构、预制钢筋混凝土结构、钢结构甚至木结构，只要满足安全、适用、耐久的结构设计要求以及标准化的尺度要求，其内部各种构造均可采用各标准化的集成模块来实现，从而在最大限度上，结合现有的各种成熟建筑技术产业模式与技术体系，实现建筑工业化。

因此可以最终总结为——在零部件标准化与工艺标准化的基础上，承包商可以根据分部分项工程的具体特征，实现不同模式的产业组织，但其核心均是生产的标准化和社会协作化，可以称为建筑业的新型工业化。新型建筑工业化模式，可以最大限度地与现有技术体系相衔接，几乎没有特殊的技术壁垒或障碍，从而有效避免仅采用预制装配式结构而产生的与原有技术体系、产业组织体系的衔接与普及问题。

（2）SI 建筑模式可以促进建筑产业组织的发展，实现工业化

机械化、自动化或是电子信息化，这些仅仅是工业化的外在表现，仅仅是技术与生产方式层面的表现，而产业组织模式的工业化才是真正的工业化，制造业如此，建筑业也不例外。

产业组织模式工业化的最核心的表现，就是产品的生产是以大范围的社会协作为基础的，即以整机的生产企业为核心，以大量的社会化的供应商、外包协作为支撑的产业组织模式。建筑工业化的产业组织模式就是以总承包项目建设为核心的，以各种零部件、构配件、标准化功能模块供应方为协作的产业组织模式。当建筑采用 SI 模式时，总承包商需要承担主体结构"S"的建设过程，同时将内部各种构造"I"实施外包协作，当"I"符合标准化构造模式时，则可以获得更加广泛的协作范围，其产品供应与工艺协作过程将呈现出"随时、随地"的特点，从而促使建筑企业最大限度地摆脱建设项目属地化的桎梏，实现大范围、低成本的拓展。

可见，SI 模式不仅仅是一种建筑体系，也可以成为一种新的施工组织的模式，是核心企业"S"与标准化协作外包"I"相互合作过程所建立起来的，能够适应各种异地建设项目的施工组织模式。在该模式中，只要核心承包商所承担的建设项目可以分解为主体结构与内部标准化构件、功能模块或系统的集合体，就可以由核心承包商承建主体结构，不论是钢结构、现浇混凝土结构、预制钢筋混凝土结构或是木结构，其他标准化构配件、功能模块或系统则采用就地外包采购的方式来解决，既节约成本，又提高效率，并可以通过采购优选过程，保证工程质量。而对于主体结构，总承包商仍可以在保证总体技术协调和流程组织的前提下，采用标准化工艺过程、标准化模块构造、标准化构件委托加工或采购等方式，实现有效的社会化协作。

2.5.5 非标准化工艺与构配件的解决——WBS 模式

任何建筑都存在非标准化的组成部分，其原因可能是多方面的，特殊的功能要求，或是特殊的尺度限制等。这些特殊的非标准化的部分，在标准化设计体系与过程中也会有明确的说明，施工承包方要根据其特点采用相关方案。

一般来说，尽管建筑中存在这些非标准化的构成部分，但这些构成绝大多数仅在整体尺度上属于非标准化，而在微观构造、材料、工艺或零部件构成方面，依旧可以实现标准化，仍可以采用现有标准技术体系和建筑材料满足相关要求。因此从这一意义上讲，建筑物或建设项目，从设计的角度上，从宏观的尺度与构造上，可能存在一些非标准化的构造或组成；但从施工流程与工艺过程方面看来，只要遵从"WBS"的原则，将工作对象适当实施分解，一定可以通过现有的标准化的工艺、零部件、材料来实现各种非标准化整体构造的施工。但应注意的是，如果以上非标准构造标准化的过程中，WBS 的层级过多，则会导致技术构成复杂、工艺流程增加，并最终致使成本的增加。

2.5.6 建造流程标准化的过程与模型

综上所述，不论是零部件的标准化所形成的装配化建造，还是工艺标准化所形成的异地协同化建造，现代化的建造流程均可以通过以下流程图（图 2-11）表示。

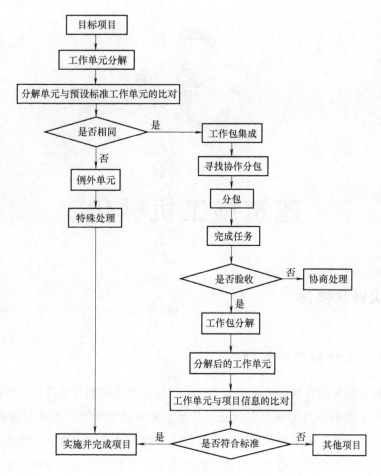

图 2-11 建造流程标准化

复习思考题

1. 建设"标准"与"标准化"之间的关系是什么？为什么说建设标准不是标准化但却是标准化不可缺少的前提条件？

2. 为什么 WBS 原理是建筑标准化的基本前提？一般建筑物或建设施工过程如何实现 WBS？

3. 建筑业如何通过成组技术来实现标准化生产流程？

4. 什么是建筑设计标准化？为什么说建筑设计标准化是建筑业标准化的基础与前提？

5. 建筑设计标准化的实施困境是什么，应如何解决？

6. 建筑施工标准化与建筑设计标准化之间的关系是什么？

7. 为什么实体构件标准化会成为建筑施工标准化的障碍，应如何解决？

8. 什么是 SI 建筑，SI 建筑的意义是什么？

9. 标准化与建筑多样性之间是否存在矛盾，为什么？

10. 建筑物中的非标准化构件或零部件在标准化体系下是否可以存在？为什么？应如何解决相关问题？

第 **3** 章

建筑施工机械化

3.1 建筑施工机械化概述

3.1.1 建筑施工机械化的概念

建筑施工机械化是指在建筑施工中将手工操作转变为机器操作的过程，即利用机械或机具来代替烦琐和笨重的体力劳动以完成施工任务，它是建筑业生产技术进步的一个重要标志，是衡量施工技术水平的重要指标，也是建筑工业化的重要内容之一。建筑施工机械化既是经济社会发展的客观要求，也是建筑施工提高效率、解放劳动力、建筑产业升级的必由之路。施工机械化涉及诸多领域，如土方工程机械化施工、隧道工程机械化施工、桥梁机械化施工、混凝土机械化施工、钢结构机械化施工、钢筋工程机械化施工、预制装配工程机械化施工、大型构配件和装配吊装机械化施工等。

施工机械化包括建筑施工设备和建筑施工技术两部分工作内容，二者互为依存、相互促进，机械设备为施工机械化提供硬件支撑，施工技术为施工机械化提供软件支持。施工机械化为改变建筑生产手工操作为主的施工方式提供了物质基础。实现施工机械化有利于提高劳动生产率，节约劳动量，有效地代替人的繁重体力劳动，并完成一些使用人力无法完成的工程任务，加快工程进度，缩短建设工期，保证和提高工程质量，提高工程综合效益。

建筑工程施工走机械化的道路是建筑产品固定性、个性化、高、大、重和生产流动性等特点决定的。建筑施工机械化发展过程从低到高一般要经历三个阶段：第一阶段是部分机械化，主要作业采用机器操作，其他相联系的作业仍用手工；第二阶段是综合机械化，各种作业都用机器来完成，工人只操作机器；第三阶段是机械自动化，各种机器的运行由专门的仪表来控制，不需人来操作。

施工机械化除使用施工机械来安装大型构配件外，还可以脱离构配件标准化、工厂化独立存在。如 2000 年以后大量的施工机械逐步进入施工现场，用在挖土、运输、打桩、成孔、回填、压实等工程上，大大提高了生产效率，减轻了工人的体力劳动和用工数量，这也是工业化的重要体现形式，是先进技术设备在工程中的典型应用，而且即使在没有标准化和工厂化构配件生产的条件下就可以在土方、基础、运输、安装等工程上实现的。可以说：施工机械化是工业化的第一步，是进一步发展装配式等工业化生产的重要基础。此外，一些适合手工操作的工种如木工、瓦工、模板工、架子工等通过使用先进的工具器具使得施工效率提高（可称为"工具器具化"），体力劳动减少，对工人手艺要求不高，也是机械化的一种表现形式。

3.1.2　建筑施工机械化的内涵

建筑施工机械化是一门综合性的技术，它综合了建筑机械、施工技术、施工组织管理各项内容。从我国具体情况出发，建筑施工机械化大体应包括以下内涵：

1. 发展建筑施工机械化的主旨

发展建筑施工机械化并不是简单地用机械来取代人工。应用机械首先是提高效率，提高完成工程的速度、数量和质量，在工程建设任务大量增加时不增加对人工的大量投入；其次是用机械完成人工所不能完成或者人工操作苦、脏、累、险的工作，从而大幅度地降低操作工人的疲劳程度，把工人从繁重、危险的体力劳动中解放出来；第三是应用机械后应能够最大限度发挥人工的主动性、积极性和创造性，完成机械尚不能完成的更高级的工作，而不是简单地取而代之；第四是机械施工可以为工人操作提供良好的工作条件与环境，确保工人的安全与健康，消除各种潜在伤害。

2. 针对具体工种工程，选用合适的施工机械

1）建筑机械化要求用最少量的机械去完成尽可能多的任务。在相同的机械装备水平下，在一定的时间内完成一定的任务，使用的机械越少，说明机械化水平越高。

2）首先选择主导工程的施工机械。如地下工程的土方机械，主体结构工程的垂直、水平运输机械，结构吊装工程的起重机械等。

3）在选择辅助施工机械时，必须充分发挥主导施工机械的生产率，要使两者的台班生产能力协调一致，并确定出辅助施工机械的类型、型号和台数。例如，土方工程中自卸汽车的载重量应为挖土机斗容量的整数倍，汽车的数量应保证挖土机连续工作，使挖土机的效率充分发挥。

4）为便于施工机械化管理，同一施工现场的机械型号尽可能少，当工程量大而且集中时，应选用专业化施工机械；当工程量小而分散时，要选择多用途施工机械。

5）尽量选用施工单位的现有机械，以减少施工的投资额，提高现有机械的利用率，降低成本。不能满足工程需要时，则购置或租赁所需新型机械。

6）建筑机械化是施工技术和施工机械之间的一条纽带。随着施工技术的不断发展，要求开发新的机械；同时，施工机械的日益改进和新型机械的出现，反过来推动施工技术的发展，产生一些新的施工技术。

7）要保持机械的经常完好。为此，必须认真做到科学管理，正确使用，及时保养，认真检修。

3. 建筑施工机械化的技术经济效果

建筑施工机械化要求能获得良好的技术经济效果，要求节省人力，减轻劳动强度，降低造价，加快进度和提高质量。当采用机械化施工方式所产生的经济效果与进度、质量、节省人工出现矛盾时，需要根据工程具体情况来科学决策采取何种施工方式。

在以综合经济效益为目标的建筑施工生产活动中，机械化施工是提高施工生产过程经济效益的一种有效手段，但这个指标本身并不是经济效益指标，机械化程度的高低与经济效益的好坏并无内在的对应关系。人工费用上涨和用工难通常是机械化的推广应用的重要前提，但选择人工操作还是机械施工，或者是二者组合，要根据工程具体情况，通过全面细致的技术经济分析比较来确定。如果某些不适于机械化施工的项目强行采用机械化施工，那么机械化程度越高，经济效益反而是越低。没有良好的经济效益，任何工作都不可能长久持续下去。

3.1.3 建筑施工机械化水平的衡量指标

1. 实物工程量表示法

机械化施工所完成的实物工程量在总的工程量中所占的比重。

工种工程机械化程度 =（机械化完成的实物工程量/工种工程全部实物工程量）×100%

2. 工作量表示法

以货币为单位来表示的工程数量称为工作量。这种表示方法实质上还是工程量表示法，不过由于采用货币来计量，不必经过折算就可以直接计算综合机械化程度。其计算公式为：

机械化程度 =（使用机械化手段完成的工作量/该工程的全部造价）×100%

对一些施工内容错综复杂的大型项目，如港口，电站等，往往都采用这种方法来表示整体工程的施工机械化程度。

3. 劳动力结构表示法

采用机械化操作人员数量与总用工数量之间的比例来表示施工机械化程度，其计算公式为：

机械化程度 =［（驾驶、操纵机械工人数 + 为机械服务工人数）/全部施工工人数］×100%

用这种方法，既可以用来表示一个工程项目的机械化程度，也可以用来表示一个企业施工能力的机械化程度，它也是一种综合机械化程度的表示方法。

3.2 主要施工过程的机械化施工

施工过程的机械化是指在整个施工过程中，合理地选用施工机械，采用正确的施工工艺，经科学地组织施工，依靠机械设备来完成工程作业的全过程。如果配套合理，能够大大提高劳动生产率，降低用工数量，加快施工进度，降低材料消耗，确保工程质量，是建筑施工工业化的重要标志。

由于服务对象、施工要求各异，所以施工机械的种类繁多、型号复杂，名称也不一致。根据国家标准的规定，施工机械可分为土方机械、石方机械、起重运输机械、桩工机械、钢筋及预应力机械、混凝土机械、路面机械、装修机械、市政工程机械、园林机械和环卫机械11 种类型。本节讨论主要建筑施工过程中的机械，其根据施工主体的不同分为土石方与基础工程机械化施工、主体结构机械化施工和装修工程机械化施工三大类。

3.2.1 土石方与基础工程机械化施工

在各类基本建设施工中，土石方与基础工程是最基本，也是工程量和劳动强度最大、施工期限长、施工条件复杂的工程之一，其所应用的机械设备，具有功率大、机型大、机动性大、生产效率高和类型复杂等特点。根据在施工中所起的作用不同，可将土石方与基础工程机械分为土石方机械（包括挖掘机械、铲运机械、压实机械及其他辅助性土方机械等）和桩工机械（包括打桩机械、沉桩机、压装机、成孔机等）。

1. 土石方机械

土石方机械是指对土方、石方或其他材料进行切削、挖掘、凿岩、铲运（短距离运输）、回填、平整及压实等施工作业的机械和设备。目前，土石方工程施工的大部分工序都可由土石方施工机械来完成。有关资料表明，土石方工程机械施工是人力施工生产率的15 ~20 倍。它不仅可以节省劳动力，减轻繁重的体力劳动，而且施工质量好，作业效率高，工程造价低，经济效益好，深受施工企业和工程业主的欢迎。

根据施工作业的要求，土石方机械按工作性质和用途的不同，可分为挖掘机械（如单斗挖掘机、多斗挖掘机等）；铲运机械（如推土机、铲运机、装载机等）；压实机械（如夯实机械，冲击式、振动式和碾压式压实机等）；其他辅助性土方机械（如松土机、平地机等）。

（1）挖掘机械

挖掘机是土石方工程机械中一种用斗状工作装置开挖和装载土石方的主要机械之一。它可以配备各种不同的工作装置，进行各种形式的土方或石方作业。它可以挖Ⅳ级以下的土壤和爆破后Ⅴ～Ⅵ级的岩石，并且挖掘力较大，在现代施工中，所有的土石方工作量有55% ~60% 是由它完成的，广泛应用于建筑、铁路、公路、水利和军事等工程。

据统计，一台斗容量为 $1m^3$ 的单斗挖掘机，在挖掘Ⅳ级以下土时，每个台班生产率大约相当于300 ~400 工人一天的工作量；而一台日产20 万 m^3 的大型斗轮挖掘机，则可替代5 万 ~6 万人的劳动。可见挖掘机的作用在建筑工业化的现代化建设中是十分重要的。

挖掘机的种类很多，如果与载重汽车等运输工具配合进行远距离的土石方转移，具有很高的生产效率。建筑工程上用的挖掘机按工作装置特点分为正铲挖掘机（图3-1a）、反铲挖掘机（图3-1b）、刨铲挖掘机、刮铲挖掘机、拉铲挖掘机、抓斗挖掘机、吊钩挖掘机、打桩器和拔根器；按作业方式分为单斗挖掘机（循环作业）和多斗挖掘机（连续作业）；按行走方式分为履带式挖掘机、轮胎式挖掘机和拖挂式挖掘机。一般根据施工土方位置、土壤性质、土方运距、土方量大小等选择合理机型，此外还要考虑优先选择先进新型机种，以提高挖掘生产率，缩短施工期，降低施工成本。

a) 正铲挖掘机   b) 反铲挖掘机

图 3-1 挖掘机

（2）铲运机械

推土机是一种既能浅挖又能短距离推运的土方机械，在平整场地时具有独特的优势，被广泛用于基坑开挖、管沟回填、工地现场清除、场地平整等作业中。它结构简单，操作灵活，生产效率高，既能独立完成拖、拉、铲、运、压、装、填等多种作业，又能多台集体作业，或配合挖掘机、装载机等其他机械联合施工，提高机械作业效率。采用推土机推运土石方工程的经济距离在100m以内，一般不超过120m，尤其是75m以内短距离转运土方时最为经济。

推土机的类型很多，按行走装置可分为轮胎式推土机和履带式推土机（图3-2）；按工作装置的操纵系统可分为机械式推土机和液压式推土机，前者已趋淘汰，后者作业效率高、质量好，应用较广泛。

a) 轮胎式推土机   b) 履带式推土机

图 3-2 推土机

铲运机是一种多功能机械，能独立完成铲装、运输、卸土各工序，还兼有一定的压实和平地性能，它又是土方工程中最主要和应用最广泛的土方工程机械之一（图3-3）。据统计，在工业发达的国家中，每年由铲运机完成的土方量约占总土方量的40%。

铲运机的斗容量较大，最大可达30m³；运距较远，自行式铲运机可达5000m，操作人员少，一般铲运机仅需一名驾驶员。它主要用于大量轻质土方的填挖和运输工作，特别是地形起伏不大、坡度在 20° 以内的大面积场地平整。场地含水量不超过 27%、平均运距在 800m 左右以铲运机施工将可获得最高的经济效益。

a) 自行式铲运机　　　　　　　　　　　　b) 拖运式铲运机

图 3-3　铲运机

装载机是一种作业效率较高的铲运机械，它不仅对松散的堆积物料可进行装、运、卸作业，还可对岩石、硬土进行轻度铲掘工作，并能用来清理、刮平场地及做牵引作业。如果换装相应的工作装置后，还可完成推土、挖土、松土、起重等作业。

国产装载机 ZL 系列（图 3-4）的产品，其外形相似，零部件通用性强，如 ZL50 与 ZL40、ZL30 与 ZL20 装载机的通用件均达 70% 左右，给大批量专业化生产创造了有利条件。目前，我国的 ZL 系列装载机铲斗容积有 $1m^3$、$2m^3$、$3m^3$、$5m^3$ 等数种。

图 3-4　国产装载机 ZL 系列

（3）压实机械

土壤压实的目的在于减小土壤的间隙，增加土壤密实度，提高抗压强度和稳定性，使之具有一定的承载能力，这一功能需要压实机械来完成。压实机械主要包括夯实机械和压路机（图 3-5）。前者由于体积小、质量轻、操作简单、机动灵活，常用于狭窄的沟槽回填及大型碾压机械不能到达的场地进行压实作业；后者可用于压实建筑物基础、公路路基和路面、铁路路基等各类工程的地基，以提高基础强度、不透水性及稳定性，使之达到足够的承载力和平整的表面。

国外的压实机械（如静力式压路机、振动压路机等）发展较早，未来将朝着系列化、标准化、管理现代化的方向发展，国内目前已初步形成手扶系列、拖式系列、自行系列等产品系列。

a) 液压夯实机   b) 轮胎压路机

图 3-5　压实机械

还有一些辅助性土方机械，例如，平地机是指利用刮土铲进行土壤切削、刮送和整平作业的土方机械，它既可独立完成材料的推移、混合、回填、铺平作业，还可配置其他工作装置进一步提高其工作能力，扩大使用范围。此外，在城市建筑市政工程中还会常因翻修路面或拆毁构筑物等进行石方工程施工，其中石料凿岩爆破和加工机械，如凿岩机、岩石破碎机和冲击器等，都是必不可少的。

2. 桩工机械

桩工机械是一种用于完成预制桩的打入、沉入、压入、拔出或灌注桩的成孔等作业的施工机械。根据桩基础现场施工工艺及桩机动作原理的不同，桩工机械可分为锤击打桩机、振动式沉桩机、静力式压桩机和灌注桩成孔机四大类（图 3-6）。

a) 锤击打桩机   b) 振动式沉桩机   c) 静力式压桩机   d) 灌注桩成孔机

图 3-6　桩工机械

3.2.2　主体结构机械化施工

1. 起重运输机械

起重运输机械是一种用做垂直运输并做短距离水平运输的机械设备，是现代化工程建设的重要机械设备，它对减轻劳动强度，提高劳动生产率，降低建设成本，加快建设进度，实现施工现代化起着十分重要的作用。因此，广泛运用起重运输机械是施工企业现代化生产的主要标志。

（1）起重机械

起重机械主要用于建筑构件、建筑材料和各类设备的提升、安装、搬运和装卸等作业，随着建筑工业水平的提高，施工技术的不断创新和发展，以及超高层建筑、现代化大型工业基地等施工工程的日益增多，起重机械在机械化施工中起到决定性作用，为工程的高速度、高质量、高效率创造了必备的条件。根据规定，起重机械分塔式起重机、汽车起重机、轮胎起重机、履带起重机、管道起重机、桅杆起重机、缆索起重机、卷扬机等 9 大类型 31 种。施工中主要应用的起重机械有卷扬机、自行式起重机和塔式起重机等（图 3-7）。

a) 卷扬机　　　　　　　　　b) 自行式起重机　　　　　　　c) 塔式起重机

图 3-7　起重机械

（2）运输机械

运输机械主要包括自卸卡车、输送机和装卸机械等，主要用于工程预制构件、工程材料、土石方、水泥、砂、石、砂浆、混凝土等的搬运。运输机械的基本类型有连续输送机、搬运车辆、装载机械、附属装置 4 大类型 22 种。其中，带式运输机（图 3-8a）发展很快，目前带宽已达 3m，带速达 6m/s，输送量达 2 万 m³/h 以上；搬运车辆（图 3-8b）随着施工企业机械化程度不断提高，对缩短工程施工期限、提高工程质量、降低工程成本起着巨大的作用。

a) 带式运输机　　　　　　　　　　　　b) 搬运车辆

图 3-8　运输机械

2. 钢筋加工机械

现代化建筑工程中，广泛地采用钢筋混凝土结构，因此钢筋的加工已成为各类工程施工中很重要且工作量较大的生产环节。为了满足大量的钢筋加工需要，并做到节省材料、减轻体力劳动，保证加工质量，钢筋加工过程必须实现机械化，并逐步实现自动化。

钢筋的加工和处理有的是处于结构上的需要，如剪切、弯曲、焊接；有的是出于工艺方面的要求，如除锈、调直、墩头等；有的是出于强化或节约材料的目的，如冷拉和冷拔。细钢筋（直径小于 14mm）大都以盘圆方式出厂，在制成骨架前要经过除锈、调直、冷拉、冷拔、剪切、弯曲和电焊等工序；粗钢筋大都是以 8～9mm 长的线材出厂的，在制成骨架前要经过调直、除锈、剪切、对接、弯曲、绑扎等工序。钢筋加工机械就是完成这一系列工艺过程的机械设备，主要包括钢筋强化机械、钢筋成型机械、钢筋连接机械和钢筋预应力机械。

（1）钢筋强化机械

钢筋强化机械是对钢筋进行冷加工的专用设备，冷加工后的钢筋长度延长，大幅提高钢筋的强度和硬度，节省钢材，在建筑施工中广泛应用。常用的钢筋强化机械主要有冷拉机、冷拔机等。

经过冷拉后的钢筋，屈服极限可以提高 20%～25%，钢材可以节约 10%～20%，长度可以增长 3%～8%，此外还可起到平直钢筋及去掉钢筋表面氧化皮的作用，一般以冷拉细钢筋为主。冷拉设备的类型有卷扬机式、阻力轮式、液压缸式等数种，其中卷扬机式（图 3-9）最为常用。

冷拔钢筋需要多次完成，可以提高强度 40%～60%，相比冷拉钢筋提高 15%～40%。按卷筒布置的方式，钢筋冷拔机有立式和卧式两种，每种又有单卷筒和双卷筒之分。

（2）钢筋成型机械

钢筋成型机械是把原料钢筋按照各种混凝土结构物所用钢筋制品的要求进行成型加工，是钢筋混凝土预制构件生产及施工现场不可缺少的机械设备，常见的有钢筋调直机和弯曲机。

钢筋调直机可以自动地将盘圆的细钢筋和经冷拔处理后的低碳钢筋除锈、调直和切断，常用的调直切断机有 GT4-8 型和 GT4-14 型两种。钢筋弯曲机是指把钢筋弯成各种形状（如钩形、箍形等）以适应钢筋混凝土构件需要的专用机械，目前主要使用的钢筋弯曲机有 GC40 型和 GW40 型两种。钢筋成型机械如图 3-10 所示。

（3）钢筋连接机械

在钢筋混凝土结构中，现代新型的钢筋连接机械代替传统的钢筋连接方法，目前应用较成熟的钢筋连接技术包括钢筋焊接连接和钢筋机械连接。为保证钢筋接头质量，充分利用钢材以及提高钢筋成型加工生产率和机械化水平，对钢筋、钢筋网和骨架等的加工，已广泛采用焊接方法来完成。

图 3-9 卷扬机式钢筋冷拉机

（4）钢筋预应力机械

钢筋预应力机械是指生产预应力混凝土构件的专用设备，常用的主要设备有预应力钢筋张拉机、预应力千斤顶、预应力液压泵、预应力钢筋墩头机、预应力锚具等。

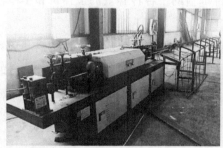

a) 钢筋调直机 b) 钢筋弯曲机

图 3-10　钢筋成型机械

3. 混凝土工程机械

用于骨料的破碎、筛分、运输和混凝土的搅拌、运输、浇筑、密实等作业的机械与设备称为混凝土工程机械。混凝土工程机械用机械化或自动化的方法完成原料的进仓、储存、称量配比、进机搅拌、成料卸出、运输、浇灌、振捣成型等工艺过程。按照用途不同，混凝土工程机械一般可以分为：混凝土搅拌机械、混凝土搅拌楼（站）、混凝土输送机械、混凝土振动机械（图 3-11）。

a) 混凝土搅拌机械 b) 混凝土搅拌楼(站)

c) 混凝土输送机械 d) 混凝土振动机械

图 3-11　混凝土工程机械

混凝土搅拌机是指把具有一定配合比的砂、石、水泥和水等物料搅拌成均匀的质量符合要求的混凝土的机械。混凝土搅拌楼（站）是用来集中搅拌混凝土的联合装置，由搅拌机及供料、储料、配料、出料、控制等系统及结构部件组成，其机械化、自动化程度很高，生产率也很高，并能保证混凝土的质量和节省水泥。施工现场所用的现浇混凝土，除了大体积混凝土构件使用商品混凝土外，其余构件都借助于各种容量的搅拌机和小型移动式的混凝土搅拌站来加工。

混凝土输送机械用来把拌制好的新鲜混凝土及时、保质地输送到浇灌现场。对于集中搅拌的混凝土或商品混凝土，由于输送距离较长且运输量较大，为保证被输送的混凝土不产生初凝和离析，常应用混凝土搅拌输送车、混凝土泵或混凝土输送泵车等专用输送机械；而对于采用分散搅拌或自设混凝土搅拌点的工地，由于输送距离短且量少，一般可采用手推车、机动翻斗车、自卸汽车、架空索道、提升机等通用设备。

混凝土振动机械是一种借助于动力，以一定的装置为振动源，产生频率振动，并把这种频率振动传给混凝土使之密实的机械。

3.2.3　装修工程机械化施工

装修工程机械化施工是建筑机械化施工中的重要一环，在实现建筑工业化方面起到了一定的作用。装修机械是指对建筑物结构的面层进行装修施工的机械，主要用于房屋内外墙面和顶棚的装修，地面、屋面的铺设及修整，是提高工程质量、作业效率、减轻劳动强度的机械化施工机具。它的种类繁多，按用途划分有灰浆制备机械、灰浆喷涂机械、涂料喷刷机械、地面修整机械等。

1. 灰浆制备机械

灰浆制备机械是指装修工程的抹灰施工中用于加工抹灰用的原材料和制备灰浆用的机械。它包括筛砂机、打灰机、灰浆搅拌机、灰浆搅灌机等（图 3-12）。除一些属非定型产品外，主要使用灰浆搅拌机。

　　a) 筛砂机　　　　　　　　b) 打灰机　　　　　　　　c) 灰浆搅拌机

图 3-12　灰浆制备机械

2. 灰浆喷涂机械

灰浆喷涂机械是指对建筑物的内外墙及顶棚进行喷涂抹灰的机械，包括灰浆输送泵（图 3-13）以及输送管道、喷枪、喷枪机械手等辅助设备。灰浆输送泵按结构划分为柱塞泵、挤压泵、隔膜泵等。

此外，将灰浆搅拌机、灰浆输送泵和喷浆机等机械配装成抹灰机（图 3-14），用于制备灰浆并将灰浆输送和喷涂到墙面或顶棚，可整体拖运，使用方便。

图 3-13 灰浆输送泵

图 3-14 抹灰机

3. 涂料喷刷机械

涂料喷刷机械是指对建筑物内外墙表面进行喷涂装饰施工的机械，其种类很多，常用的为喷浆泵、涂料喷涂机（图 3-15）、高压无气喷涂机等。

图 3-15 涂料喷涂机

4. 地面修整机械

地面修整机械是指对混凝土和水磨石地面进行磨平、磨光的地面修整机械，常用的有混凝土抹光机（图 3-16）、地坪磨光机、地板刨平机、地板磨光机和打蜡机等。

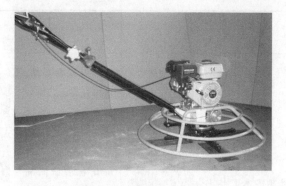
图 3-16 混凝土抹光机

此外，还有裱糊机，它是指用于将贴墙纸裱糊到室内墙面的机械，如墙纸裁剪机、墙纸涂胶机和墙纸粘贴机等；屋面机，它是指用于铺设屋面防水和隔热保护层的机械，如铺设卷材地面常用的油毡铺筑机和油毡粘贴机，铺设无卷材屋面常用的沥青油膏输送泵；擦窗机，它是指用于墙面的清洗、墙面设施及幕墙的维护和检查以及墙面的装饰装修等施工。

3.3 建筑施工操作的工具器具化

建筑机械是建筑工程中关键的技术装备，它对施工效率的提高，工程质量的保证，工程人员劳动强度的降低和安全性保障都有极大作用。因此，施工机械化对建筑业发展有实质性的影响。除了以上主要施工过程的机械化，施工操作工具逐渐走向专业化、小型化、智能化，改变了工人作业方式，实现了施工操作工具器具化，这也是施工机械化不可或缺的一部分。

施工操作工具器具化是指在一些需要现场手工操作的工种工程中，各工种工人如木工、瓦工、钢筋工、电工等通过使用先进的工具器具，提高施工效率，降低操作难度，使得施工作业简便易行的手段，而不是简单地用机械代替人工。

3.3.1 建筑施工操作的工具化

施工工具是指各工种在施工作业中，为完成某一特定施工任务而使用的某种小型施工机械或工具，强调的是工人可以借助这一手段提高该项施工操作的作业水平。可以理解为，施工工具是将手工生产的方式变成半机械化生产方式的一种手段。

工程现场对施工工具依赖较高的工种主要有：木工、瓦工、模板工、架子工、混凝土工、装修工等，这些工种常用到的工具包括一些手持施工操作工具、新型测量工具和手持起重工具等，其中手持施工操作工具主要是指基于自动化原理，降低工人劳动强度、提高施工作业质量，并实现工人难以完成的工作的设备；新型测量工具多应用红外线原理代替人工测量，简化测量工作、提高测量精度；起重工具则是利用力学原理，实现降低工人劳动负荷的效果。各工种施工作业中用到的主要施工工具的机械化原理及其用途、特点、效用分析见表3-1。

表 3-1 主要施工工具的机械化原理及其用途、特点、效用分析

工具类型	工具名称	原 理	用 途	特点及效用分析	施工工具操作图
手持施工操作工具	电锯/切割机	电圆锯	它是一种以电动机为动力带动齿轮，然后通过齿轮驱动圆锯片进行锯割作业的工具 采用锯片为高碳钢、合金钢等木工锯片	可用于对木材、纤维板和软电缆以及类似材料等软质材料的锯割作业	具有安全可靠、结构合理、工作效率高等特点，极大地节省了木工、电工等工种切割材料所耗费的时间和人力	

（续）

工具类型	工具名称	原理	用途	特点及效用分析	施工工具操作图
电锯/切割机	云石机	它是指石材切割机，其工作原理与电圆锯相同，区别主要在于锯片材质不同及转速不同。采用的锯片为金刚石锯片	可用于对水磨石、大理石、石棉水泥板及玻璃等非金属硬脆性材料的切割加工	具有切割效率高、加工质量好等特点。解决了石材切割难度大、精度差的问题，可提高瓦工、装修工的作业效率	
手持施工操作工具	手电钻	它是以交流电源或直流电池为动力，携带方便的小型钻孔用工具，由小电动机、控制开关、钻夹头和钻头几部分组成	木工或装修工可使用手电钻对金属材料、木材、塑料等材料进行开孔或洞穿作业	具有安全可靠、结构合理工艺先进、转速快、效率高、维修方便等优点	
	冲击钻	依靠旋转和冲击来工作，虽然单一的冲击非常轻微，但每分钟可达40000多次的冲击频率能够产生连续的力	适用于对混凝土地板、墙壁、砖块、石料、木板、金属和多层材料进行冲击打孔	动力足、功能多、精度控制好、使用方便	
电钻	角钻	又称为角向钻，其工作头短、角边距小，可在一般电钻难以作业的位置轻松操作	在空间狭窄的施工部位完成钻孔作业	即使在难以操作的区域也能精确钻孔，解决了施工操作时，在空间狭小的空间拧螺栓或钻孔操作困难的问题	
	电锤	它是附有气动锤击机构的一种带安全离合器的电动式旋转锤钻，是利用活塞运动的原理，压缩气体冲击钻头产生动力	主要用来在混凝土、楼板、砖墙和石材上钻孔或破拆	孔径大，钻进深度长，开孔效率较高。不仅能钻，还有较高锤击效果，非常适合在混凝土上进行打孔作业。相比普通锤头，坚固耐用、快速省力，且安全舒适，改善了工人操作体验	

（续）

工具 类型	工具 名称	原 理	用 途	特点及效用分析	施工工具操作图
手持施工操作工具	电动扳手	它是指拧紧和旋松螺栓及螺母的电动工具 对于可以更换批头的设备，只需更换批头即可实现一机多用	可用于架子工起、拧螺栓的施工操作 一机多用的设备，还可用作电钻	具有调节灵活、能自动停机、转矩稳定、使用方便等优点，相对于人工起拧螺栓而言，提高了架子工的工作效率 它还具有体积小、重量轻、便于携带的特点	
	砂磨机、电刨	它是由单相串励电动机经传动带驱动刨刀进行刨削作业的手持式电动工具	可用于进行木材的平面刨削、倒棱和裁口等作业	具有生产效率高、刨削表面平整、光滑等特点 体积小，便于携带和操作	
	射钉枪或气钉枪	它是利用空包弹、燃气或压缩空气作为动力，将射钉打入建筑体的紧固工具	可用于将射钉打入钢铁、混凝土和砖砌体或岩石等基体中，从而将需要固定的构件，如门窗、保温板、隔声层、装饰物、管道、钢铁件、木制品等和基体牢固地连接在一起	与传统预埋固定、打洞浇筑、螺栓连接，焊接等方法相比具有许多优越性：自带能源，摆脱了电线的累赘，便于现场和高处作业；操作快速、工期短，能大大减轻工人劳动强度；可靠安全，甚至能解决一些过去难于解决的施工难题	
	手提式搅拌机	通过搅拌浆的高速运转，对物料进行高速强烈的剪切、撞击、粉碎、分散，达到迅速混合、溶解、分散、细化的功能	用于灰泥混凝土、石膏、地板胶、水泥浆、装饰涂料等其他的建筑材料搅拌	提高了材料的搅拌质量，相较于传统手工搅拌作业，大大提高了工作效率	

（续）

工具类型	工具名称	原　理	用　途	特点及效用分析	施工工具操作图
手持施工操作工具	便携水泥砂浆抹平机	配备三种抹盘，海绵抹盘适用于粗砂，硬抹盘适用于细砂，砂纸则适用于细砂	用于水泥砂浆表面抹平机压实、提浆、找平、修光	相比传统墙面砂浆表面层施工采用人工反复涂刷，费时费力的情况，使用便携水泥砂浆抹平机手持操作使用轻松省力，且效果更优	
	水电开槽机	采用流体力学原理、螺旋推进技术，能根据施工不同需求一次性开出不同角度、宽度、深度的线槽	适应不同材料的墙体如红砖、砂砖、空心砖、加气砖、水泥覆盖墙体、墙柱等	环保、降噪、降尘　一次成型，无须使用辅助工具，就可开出美观实用的线槽，且不会损害墙体	
	电动清缝机/开槽器	清缝机配有切缝片和各种大小不一的清缝刀头，适用于各种宽度、形状的瓷缝清理	主要用于水泥填缝物的清理，适用于各种宽度、形状的瓷缝清理	与清缝锥、勾缝刀、开缝刀相比，省时省力，效率高，且可以清理水泥等高硬度材料，施工品质更有保证	
	美缝胶枪	美缝施工时将美缝材料注入胶枪中，在需要部位打胶即可	它是水性美缝剂和真瓷胶必备的工具	通过美缝胶枪可有效弥补材料缝隙过大的问题，还可以在一定程度上提高产品的后期使用效果；能使施工方便快捷	
测量工具（利用激光测量技术）	红外线激光水平仪	它是以水准器作为测量和读数原件的一种量具；关闭调平功能可打斜线	可用于地砖、壁砖敷设及门窗安装等装修工程中，检验砌筑、装修等施工作业是否水平	相比普通水平仪，红外线激光水平仪小巧，方便携带　自动安平、打线精准，避免了传统测量操作过程繁复、误差大的问题	

（续）

工具类型	工具名称	原 理	用 途	特点及效用分析	施工工具操作图
测量工具（利用激光测量技术）	激光测距仪	它是利用激光对目标的距离进行准确测定的仪器	能进行距离、面积、体积的测量	一人即可完成高精度测量，测量距离远，测量误差小 简化了工人的测量工作，提高了测量精度	
起重工具	手拉葫芦/倒链/电动葫芦	通过拽动手动链条、手链轮转动，将摩擦片棘轮、制动器座压成一体共同旋转，齿长轴便转动片齿轮、齿短轴和花键孔齿轮，这样装置在花键孔齿轮上的起重链轮就带动起重链条，从而平稳地提升重物	适用于工地上小型设备和货物的短距离吊运	具有安全可靠、维护简便、机械效率高、手链拉力小、自重较轻、便于携带、经久耐用的特点 对于露天和无电源作业更显示出其优越性	

　　可见，上文中提到的施工工具的出现，以不同的机械化原理和作业方式提高了工人的施工效率，将人们从繁重的体力劳动中解放出来，减少了对工人体力劳动的依赖，提高了施工作业的安全性；还通过工具本身的特性实现施工作业水平的精准可控，克服了工人手工作业困难的施工操作问题，降低了工人直接施工操作的不确定性影响，使得工程质量得到更好的保证。

3.3.2　建筑施工操作的器具化

　　施工器具是指能辅助工人完成某一特定施工作业的器具。施工器具与施工工具的主要差别在于：在特定施工作业的完成上，该器具无法通过发挥工人的主观能动性对该项工作的作业效果产生直接影响，强调的是该器具对工人完成该项施工作业的协助作用。工具化是工人直接进行施工操作的手段，但仅仅通过工具化还不能解决施工过程中临空作业和重型物料垂直运输等问题，因此施工升降机等高处作业平台设备器具成为工人完成施工操作不可缺少的一部分。如图3-17所示为工人临空清洗幕墙，如图3-18所示为工人利用施工升降车清洗幕墙。

图 3-17　工人临空清洗幕墙

图 3-18　工人利用施工升降车清洗幕墙

　　人字升降梯、电动施工吊篮、施工升降机（图 3-19～图 3-21）等均可为工人提供临空作业空间。其中，人字升降梯多用于室内装修作业中顶棚或墙体的施工作业，如在工人自身触摸不到的墙体部位的粉刷作业，顶棚的打孔及灯带安装等。电动施工吊篮、施工升降机等器具可为工人室外施工操作辅助所用，具有快捷、经济、安全的特点。施工吊篮和固定式施工升降机可用于钢筋、混凝土等物料提升工作，也可用于运送施工人员；施工吊篮和车载式施工升降机等设备可为工人提供室外施工作业平台，极大地方便了工人的施工操作，降低了工人的劳动强度，提高了工人施工的安全性。

图 3-19　人字升降梯

图 3-20　施工吊篮

　　可见，高处作业平台器具的出现，为工人搭建了更高、更平稳的操作平台，不仅使得工人的施工操作范围扩大、放大了施工工具的作业范围，也保证了工人施工的安全。

综上所述，随着工程机械不断发展，人们为了提高施工作业生产力、减轻体力劳动、减少对人工技能的依赖，提升整个施工的效率和效益，改进和创新形成了各种可用于施工操作的工具、器具，实现施工操作的工具器具化，改善了工人作业条件和施工水平，提高了工人作业的安全性和工程质量，有助于实现安全文明施工。因此，施工操作工具器具化也是建筑工业化的一种体现。

当前，随着信息化的不断发展，施工智慧化成为建筑业的未来走向之一，这成为对施工机械化的一种提升和赋能。例如，目前已经发明的整平机器人、砌砖机器人和铺地砖机器人等，将有可能替代一些重复，却对施工作业精准度要求较高的工作（如砌砖、铺地砖和壁砖），或是一些纯粹的繁重的体力作业（如工程物资搬运等）。可以预见，未来

图 3-21　施工升降机

的施工机械化将很大程度上与施工智能化挂钩，逐步走向机械自动化阶段。

复习思考题

1. 什么是建筑施工机械化？它包括哪些内容？
2. 为什么说建筑施工机械化也是建筑工业化的重要内容之一？
3. 建筑施工机械化的主旨是什么？
4. 如何选用合适的施工机械？
5. 土石方工程施工中主要用到哪些机械？它们各有哪些优势？
6. 试述起重运输机械有哪些优势。
7. 常用混凝土搅拌机的类型有哪些？其型号如何表示？
8. 什么是施工的工具器具化？为什么说工具器具化也是建筑机械化的内容之一？
9. 如何理解认识建筑施工机械化与人口就业的矛盾问题？

第4章

装配式建筑工业化

4.1 装配式建筑工业化概述

　　根据国家标准《装配式建筑评价标准》，装配式建筑是指由预制部品部件在工地装配而成的建筑。预制装配的范围包括结构、外围护、内装和设备管线等。装配式建筑自古有之，并随着近代工业化的发展而发扬光大。

　　装配式建筑按材料可分为装配式混凝土建筑、装配式钢结构建筑、装配式木结构建筑以及装配式组合建筑；按高度有低层、中层、高层和超高层装配式建筑；按预制装配率可分为局部装配建筑（5%以下）、低装配建筑（5%~20%）、中等装配建筑（20%~50%）、高装配建筑（50%~70%）、超高装配建筑（70%~95%）和全装配建筑（95%以上）。

　　装配式建筑将一部分建造工作由现场转移到工厂，有助于提升建筑质量和效率，改善建筑施工条件与环境，对节能减排、节省劳动力等具有重要作用。但装配式建筑改变了原有的生产流程，对整个建造过程的技术与管理提出了更严格的要求。理论上各种材料结构都可以装配，但还要考虑成本、安全、质量、可操作性、材料结构特性和风险等因素来确定是否适合装配。装配式是建筑工业化的途径之一而不是全部。

4.2 装配式混凝土结构

　　我国装配式混凝土结构的应用起源于20世纪50年代，借鉴苏联的经验，在全国建筑生产企业推行标准化、工厂化和机械化，发展预制构件和装配式建筑。较为典型的建筑体系有装配式单层工业厂房建筑体系（图4-1a）、装配式多层框架建筑体系（图4-1b）、装配式大板住宅建筑体系（图4-1c）等。从20世纪60年代初到20世纪80年代中期，预制构件生产经历了研究、快速发展、使用、发展停滞等阶段，到20世纪80年代中期，全国许多地方都形成了设计、制作和施工安装一体化的装配式建筑建造模式。装配式建筑和采用预制空心楼板的砌体建筑成为两种最主要的建筑体系，应用普及率达70%以上。20世纪80年代初期，建筑业曾经开发了一系列新工艺，如大板、升板体系、预应力板柱体系、预制装配式框架体系等。但在进行了这些有益的实践之后，受当时经济条件和技术水平的限制，上述装配式建筑的功能和物理性能等逐渐显露出许多缺陷和不足，我国有关装配式建筑的设计和施工技术的研发工作又没有跟上社会需求及技术的发展和变化，致使到20世纪80年代末，装配式建筑的比例开始迅速下降，但是随着21世纪建筑工业化的需求，装配式混凝土建筑的比例正逐年上升。

a) 装配式单层工业厂房建筑体系

b) 装配式多层框架建筑体系

c) 装配式大板住宅建筑体系

图 4-1　经典的装配式混凝土建筑体系

4.2.1　装配式混凝土建筑设计

1. 建筑设计

装配式混凝土建筑的设计高度不同于普通现浇混凝土建筑，由于结构整体性相对较差，部分装配式混凝土结构建筑适用高度要进行折减。按照现行国家标准规定，框架结构、框剪结构装配式建筑最大适用高度与现浇混凝土建筑一样；剪力墙结构装配式比现浇降低 10 ~ 20m；框架-核心筒结构装配式比现浇低 10m；对于仅楼盖采用叠合梁、叠合板的剪力墙结构和部分框支剪力墙结构，装配式和现浇一样。

国家标准对装配式混凝土结构平面形状的规定和现浇混凝土结构一样，宜符合《高层建筑混凝土结构技术规程》（JGJ 3—2010）中的规定：平面形状宜简单、规则、对称，质量、刚度分布宜均匀；不应采用严重不规则的平面布置；平面长度不宜过长（图4-2），长宽比（L/B）宜按表4-1采用；平面凸出部分的长度 l 不宜过大、宽度 b 不宜过小（图4-2），l/B_{max}、l/b 宜按表4-1采用；平面不宜采用角部重叠或细腰形平面布置。

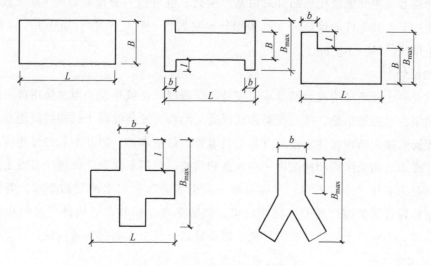

图 4-2　平面尺寸凸出部位示意

表 4-1　平面尺寸及凸出部位尺寸的比值限值

抗震设防烈度	L/B	l/B_{max}	l/b
6、7 度	≤6.0	≤0.35	≤2.0
8 度	≤5.0	≤0.30	≤1.5

装配式结构竖向布置应连续、均匀，应避免抗侧力结构的侧向刚度和承载力沿竖向突变，并应符合现行国家标准《建筑抗震设计规范》（2016 年版）的有关规定。抗震设计的高层装配整体式结构，当其房屋高度、规则性、结构类型等超过该规程的规定或者抗震设防标准有特殊要求时，可按现行行业标准《高层建筑混凝土结构技术规程》的有关规定进行结构抗震性能设计。

长期以来，建筑业的粗放式发展造成标准化设计思维的严重缺失，目前也有很多建筑设计人员正在探索利用模数协调原则整合开间、进深尺寸，将功能空间做成模块，从而践行少规格、多组合的设计原则，类似于搭积木，只利用少数的基本单元，通过组合形成多样化的建筑平面。同时将建筑的各种构配件、部品和构造连接技术实行标准化、可互换通用，形成建筑通用体系，从而实现建筑的装配式建造方式。只有设计、生产、安装一体化，做到主体结构与建筑部品之间、部品与部品之间的模数协调，才能真正实现建筑的装配化。

遵循模数协调原则，可以在功能、质量、技术和经济等方面促进房屋建设从粗放型生产转化为集约型的社会化协作生产。这里模数协调有两层含义，一是尺寸和安装位置各自的模数协调，二是尺寸与安装位置之间的模数协调。

装配式混凝土建筑的开间与柱距、进深与跨度、门窗洞口宽度等宜采用水平扩大模数数列 2nM、3nM（n 为自然数）。层高和门窗洞口高度等宜采用竖向扩大模数数列 nM。梁、柱、墙等部件的截面尺寸宜采用竖向扩大模数数列 nM。内装系统中的装配式隔墙、整体收纳空间和管道井等单元模块化部品宜采用基本模数，也可插入分模数数列 nM/2 或 nM/5 进行调整。构件节点和部件的接口尺寸宜采用分模数数列 nM/2、nM/5、nM/10。（M 是模数协调的最小单位，1M = 100mm）

2. 结构设计

装配式混凝土建筑结构设计的基本原理是等同原理。也就是说，通过采用可靠的连接技术和必要的结构和构造措施，使装配整体式混凝土结构与现浇混凝土结构的效能基本等同。

实现等同效能，结构构件的连接方式是最重要、最根本的。但并不是仅仅连接方式可靠就安全了，必须对相关结构和构造做一些加强和调整，应用条件也会比现浇混凝土结构限制得更严。同时为实现"小震不坏、中震可修、大震不倒"的三水准设防要求，需要从多方面进行对结构设计的把控，其中"强柱弱梁、强剪弱弯、强节点弱构件"是结构设计必须要遵守的原则。为实现上述结构抗震性能，需要从以下几个方面进行结构设计：

（1）结构整体性

建筑不可避免地会出现不规则的特殊楼层以及特殊部位。遇到这种情况，需要从概念上采取措施保证结构的整体性要求。如：平面存在凹凸以及特殊部位出现楼板高度差形成的弱连接部位；薄弱层的位置；梁柱截面突变造成抗侧力刚度突然下降的楼层。

（2）"强柱弱梁"设计

"强柱弱梁"是为了保证地震发生时，梁的破坏要先于柱子的破坏。梁的破坏属于结构构件局部破坏，一般不会造成结构的突然倒塌而引发严重的次生灾害。柱子是结构的主要受力构件，承担着竖向荷载并提供水平抗侧力，结构柱子的破坏很容易导致结构发生整体倒塌，造成严重的生命、财产损失。

（3）"强剪弱弯"设计

"强剪弱弯"设计是指保证构件的抗剪承载力高于其抗弯承载力，使得抗弯承载力起控制作用。构件的抗弯破坏是延性破坏，而抗剪破坏为脆性破坏。当地震作用发生时，构件发生延性的抗弯破坏能避免结构的突然倒塌，消耗更多的地震能量，为人员逃生提供时间。

预制梁、预制柱、预制剪力墙等结构构件的设计都应以实现"强剪弱弯"为目标。比如：将附加筋加在梁顶现浇叠合区内，会带来框架梁受弯承载力的增强，可能改变原设计的弯剪关系。

（4）"强节点弱构件"设计

"强节点弱构件"设计是保证构件的破坏要先于节点的破坏。构件的破坏是整体结构的局部破坏，一般不会导致结构的整体破坏，但是节点是框架柱、梁的受力集中点，节点破坏会导致框架柱、梁同时失效，从而可能导致结构出现整体倒塌。由于节点构造形式复杂，设计时应合理考虑节点梁柱的截面尺寸，确保核心区域箍筋的设置合理，节点区域混凝土的浇筑质量也极为重要。

为保证装配式混凝土结构连接节点的受力性能，预制构件节点及接缝处后浇混凝土强度等级不应低于预制构件的混凝土强度等级；多层剪力墙结构中墙板水平接缝用砂浆材料的强度等级值应大于被连接构件的混凝土强度等级值。预埋件和连接件等外露金属件应按不同环境类别进行封闭或防腐、防锈、防火处理，并应符合耐久性要求。

（5）连接节点避开塑性铰

梁端、柱端是塑性铰容易出现的部位，为避免该部位的各类钢筋接头干扰或削弱钢筋在该部位所应具有的较大的屈服后伸长率，钢筋连接接头宜尽量避开梁端、柱端箍筋加密区。对于装配式柱梁体系来说，套筒连接节点也应避开塑性铰的位置。具体地说，柱、梁结构的一层柱脚、最高层柱顶、梁端部和受拉边柱和角柱，不应采用套筒连接。装配式建筑行业标准规定装配式框架结构一层宜现浇、顶层楼盖现浇，避免了柱塑性铰位置有连接节点。为了避开梁端塑性铰位置，梁的连接节点不应设在梁端塑性铰范围内。

（6）结构计算原则

在各种设计状况下，装配式整体结构可采用与现浇混凝土结构相同的方法进行结构分析。当同一层内既有预制又有现浇抗侧力构件时，地震设计状况下宜对现浇抗侧力构件在地震作用下的弯矩和剪力适当放大。装配式整体结构承载能力极限状态及正常使用极限状态的作用效应分析可采用弹性方法。在结构内力与位移计算时，对于现浇楼盖和叠合楼盖，均可假定楼盖在其自身平面内为无限刚性；楼面梁的刚度可计入翼缘作用予以增大。

3. 水电设计

（1）一般规定

水电设计是指由给水排水、暖通、电气、燃气等设备与管线组合而成，满足建筑使用功能的整体设计。

目前的建筑，尤其是住宅建筑，一般均将设备管线埋在现浇混凝土楼板或墙体中，把使用年限不同的主体结构和设备管线混在一起建造。若干年后，大量的建筑虽然主体结构尚可，但是装修和设备等早已老化，改造更新困难，甚至不得不拆除重建，缩短了建筑的使用寿命。因此，装配式混凝土建筑的设备与管线宜与主体结构分离，应方便维修更换，且不影响主体结构安全。这种设备与管线设置在结构系统之外的方式称为管线分离。

装配式混凝土建筑的设备与管线宜采用集成化技术，标准化设计。当采用集成化新技术、新产品时应有可靠依据。设备与管线应合理选型，准确定位。设备和管线设计应与建筑设计同步进行，预留预埋应满足结构专业相关要求。装配式混凝土建筑的设备与管线设计宜采用建筑信息模型（BIM）技术。在结构深化设计之前，可以采用包含 BIM 在内的多种技术手段开展三维管线综合设计，对各专业管线在预制构件上预留的套筒、开孔、开槽位置尺寸进行综合设计及优化，形成标准化设计方案，并做好精细化设计以及定位，避免"错漏碰缺"，降低生产及施工成本，减少现场返工。不得在安装完成后的预制构件上剔凿沟槽、开洞打孔。穿越楼板管线较多且集中的区域可采用现浇楼板。

装配式混凝土建筑的部品与配管连接、配管与主管道连接及部品间连接应采用标准化接口，且应方便安装、使用、维护。

装配式混凝土建筑的设备与管线宜在架空层或吊顶内设置。公共管线、阀门、检修口、计量仪表、电表箱、配电箱、智能化配线箱等，应统一集中设置在公共区域。设备与管线穿越楼板和墙体时，应采用防水、防火、隔声、密封等措施。

（2）给水排水设计

装配式混凝土建筑冲厕宜采用非传统水源。当市政中水条件不完善时，居住建筑冲厕用水可采用模块化户内中水集成系统，同时应做好防水处理。

装配式混凝土建筑给水系统设计应符合下列规定：

给水系统配水管道与部品的接口形式及位置应便于检修更换，并应采取措施避免结构或温度变形对给水管道接口产生影响。

给水分水器与用水器具的管道接口应一对一连接，在架空层或吊顶内敷设时，中间不得有连接配件，分水器设置位置应便于检修，并宜有排水措施。

宜采用装配式的管线及配件连接。

敷设在吊顶或楼地面架空层的给水管道应采取防腐蚀、隔声减噪和防结露等措施。

在建筑给水排水系统中，器具排水管及排水支管不穿越本层结构楼板到下层空间、与卫生器具同层敷设并接入排水立管的排水方式，称为同层排水。装配式混凝土建筑的排水系统宜采用同层排水技术，同层排水管道敷设在架空层时，宜设积水排除措施。

（3）电气及智能化设计

装配式混凝土建筑的电气和智能化设备与管线的设计，应满足预制构件工厂化生产、施工安装及使用维护的要求。

装配式混凝土建筑的电气和智能化设备与管线设置及安装应符合下列规定：

1）电气和智能化系统的竖向主干线应在公共区域的电气竖井内设置。

2）配电箱、智能化配线箱不宜安装在预制构件上。

3）当大型灯具、桥架、母线、配电设备等安装在预制构件上时，应采用预留埋件固定。

4）设置在预制构件上的接线盒、连接管等应做预留，出线口和接线盒应准确定位。

5）不应在预制构件受力部位和节点连接区域设置孔洞及接线盒，隔墙两侧的电气和智能化设备不应直接连通设备。

（4）供暖、通风、空调及燃气设计

装配式混凝土建筑应采用适宜的节能技术，维持良好的热舒适性，降低建筑能耗，减少环境污染，并充分利用自然通风。其通风、供暖和空调等设备均应选用能效比高的节能型产品，以降低能耗。

供暖系统宜采用适于干式工法施工的低温地板辐射供暖产品，但集成式卫浴和同层排水的架空地板下面由于有很多给水和排水管道，为了方便管道检修，不建议采用地板辐射供暖方式，宜采用散热器供暖。

当墙板或楼板上安装供暖与空调设备时，其连接处应采取加强措施。当采用散热器供暖系统时，散热器安装应牢固可靠。安装在轻钢龙骨隔墙上时，应采用隐形支架固定在结构受力件上；安装在预制复合墙体上时，其挂件应预埋在实体结构上，挂件应满足刚度要求；当采用预留孔洞安装散热器挂件时，预留孔洞的深度应不小于120mm。

4.2.2　装配式混凝土结构节点设计

装配式混凝土结构常见结构体系包括装配整体式框架结构及装配整体式框架-现浇剪力墙结构和装配整体式剪力墙结构。

1. 装配整体式框架结构及装配整体式框架-现浇剪力墙结构

装配整体式框架结构节点类型主要包括两种：框架式梁柱节点、建筑墙板连接节点。装配整体式框架结构及装配整体式框架-现浇剪力墙结构中的框架部分，预制梁柱节点及接缝按照等同现浇结构要求，并采用与现浇结构相同的整体分析方法来设计。装配整体式框架结构中，当房屋高度不大于12m或层数不超过3层时，可采用套筒灌浆、浆锚搭接、焊接等连接方式；当房屋高度大于12m或层数超过3层时，预制柱的纵向钢筋应采用套筒灌浆连接。装配整体式框架结构中，预制柱水平接缝处不宜出现拉力。

对一、二、三级抗震等级的装配整体式框架结构，应进行梁柱节点核心区抗震受剪承载力验算；对四级抗震等级可不验算。梁柱节点核心区抗震受剪承载力验算和构造应符合现行国家标准《混凝土结构设计规范》和《建筑抗震设计规范》2016年版中的有关规定。

由于装配式结构连接节点数量多且构造复杂，节点的构造措施及制作安装的质量对结构的整体抗震性能影响较大，因此需重点针对预制构件的连接节点进行设计。

（1）预制柱节点连接

试验研究表明，预制柱的水平接缝处受剪承载力受柱轴力影响较大。当柱受拉时，水平接缝的抗剪能力较差，易发生接缝的滑移错动。因此，在整体结构布置时，应通过合理的结构布局，避免柱的水平接缝出现拉力。

目前常用的预制柱节点连接包括：①浆锚连接；②套筒灌浆连接；③榫式连接；④插入式连接等。其中，套筒灌浆连接为最常用的连接方法。

预制柱采用灌浆套筒连接，连接套筒采用球墨铸铁制作；套筒内水泥基灌浆料采用无收缩砂浆；预制柱底设20mm厚水平缝；柱的纵筋只有一种规格（25mm），采用长320mm、外径64mm的灌浆套筒，钢筋插入口的宽口直径47mm，窄口直径31mm，现场插入端允许偏差为±20mm。通常套筒区箍筋应加强，套筒内至少放置5组规定箍筋，除套筒的头尾第一箍须尽量向外放置外，其余均匀布置。除套筒外，柱主筋最靠近套筒的第一组箍筋须紧靠套筒放置，图4-3为预制柱节点连接示意图。

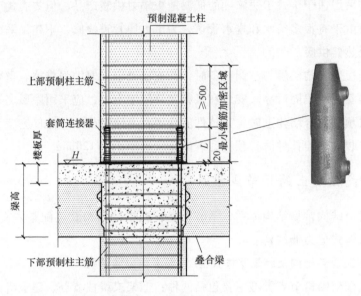

图 4-3 预制柱节点连接

预制柱受力钢筋的套筒灌浆连接接头应采用同一供应商配套提供并由专业工厂生产的灌浆套筒和灌浆料，其性能应满足现行《钢筋机械连接技术规程》中Ⅰ级接头的要求，并应满足国家现行相关标准的要求。预制柱中钢筋接头处套筒外侧箍筋的混凝土保护层厚度不小于20mm，因此计算中框架柱的混凝土保护层厚度应按实际取值。套筒之间的净距不小于25mm（柱纵向钢筋的净间距要求不小于50mm），同时为减少套筒数量，钢筋适当采用较大直径。

预制柱底接缝灌浆与套筒灌浆可同时进行，采用同样的灌浆料一次完成。预制柱底部应有键槽，键槽应均匀布置，深度不宜小于30mm，端部斜面倾角不宜大于30°。键槽的形式应考虑灌浆填缝时气体排出的问题，采取可靠且经过实践检验的施工方法，保证柱底接缝灌浆的密实性。后浇节点上表面设置粗糙面，增加与灌浆层的黏结力与摩擦系数，粗糙面凹凸深度不应小于6mm。

当柱纵筋采用套筒灌浆连接时，套筒连接区域柱截面刚度及承载力较大，柱的塑性铰区可能会上移到套筒区域以上，因此至少应将套筒连接区域以上500mm高度区域内的箍筋加密。预制柱箍筋加密要求如图4-4所示。

（2）预制梁-柱节点连接

框架梁-柱节点采用现浇。梁下部纵筋采用弯折锚固形式，钢筋交错分布，钢筋弯折要求同现浇节点。这种节点的优点是：梁、柱构件外形简单，制作和吊装方便，节点整体性好，节点核心区的箍筋可采用预制焊接骨架或用螺旋箍筋，梁吊装后即可放入，便于施工又能满足抗震箍筋的要求；梁底纵筋深入柱内后采用搭接或焊接，保证了梁下部钢筋的可靠

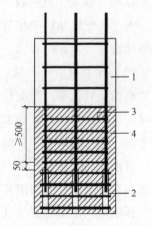

图 4-4 预制柱箍筋加密要求

1—预制柱　2—柱钢筋连接
3—加密区箍筋　4—箍筋加密区

锚固。

在整浇式框架节点中，梁钢筋在节点中的锚固及连接方式是决定施工可行性以及节点受力性能的关键。梁、柱构件尽量采用较粗直径、较大间距的钢筋布置方式，节点区的主梁钢筋较少，有利于节点的装配施工，保证施工质量。设计过程中，应充分考虑到施工装配的可行性，合理确定梁、柱截面尺寸及钢筋的数量、间距及位置等。对框架中间层端节点，当柱截面尺寸不满足梁纵向受力钢筋的直线锚固要求时，宜采用锚固板锚固，也可采用90°弯折锚固。

（3）预制叠合楼板连接

根据叠合板尺寸及接缝构造，叠合板可按照单向叠合板或者双向叠合板进行设计。预制叠合板形式如图4-5所示。

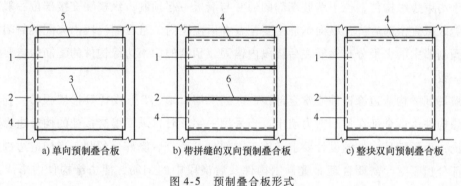

a) 单向预制叠合板   b) 带拼缝的双向预制叠合板   c) 整块双向预制叠合板

图 4-5 预制叠合板形式

1—预制叠合板 2—梁或墙 3—板侧分离式拼缝 4—板端支座

5—板侧支座 6—板侧整体式拼缝

装配整体式框架结构中，当采用叠合梁时，框架梁的后浇混凝土叠合层厚度不宜小于150mm，如图4-6a所示，次梁的后浇混凝土叠合层厚度不宜小于120mm；当采用凹口截面预制梁时，如图4-6b所示，凹口深度不宜小于50mm，凹口边厚度不宜小于60mm。抗震等级为一、二级的框架叠合梁的梁端箍筋加密区宜采用整体封闭箍筋。采用组合封闭箍筋的形式时，开口箍筋上方应做成135°弯钩；非抗震设计时，弯钩端头平直段长度不应小于5d（d为箍筋直径）；抗震设计时，平直段长度不应小于10d。现场应采用箍筋帽封闭开口箍，箍筋帽末端应做成135°弯钩；非抗震设计时，弯钩端头平直段长度不应小于5d；抗震设计时，平直段长度不应小于10d。叠合楼板为单向板，其在预制梁上的搁置长度不小于15mm，在主受力方向，下部分布钢筋伸入梁中的长度大于5d且不小于100mm。在与主受力方向垂直的方向，下部受力钢筋可不伸入梁中，但在板端需增加相同直径及相同间距的补强钢筋。

2. 装配整体式剪力墙结构

装配整体式剪力墙结构预制墙板的连接可分为墙体水平连接、墙体竖向连接以及墙梁连接。

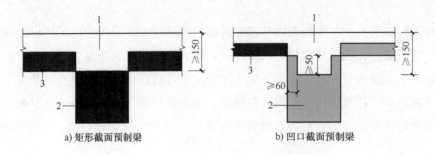

a) 矩形截面预制梁   b) 凹口截面预制梁

图 4-6 叠合框架梁截面示意图

1—后浇混凝土叠合层 2—预制梁 3—预制板

（1）墙体水平连接

对于约束边缘构件，位于墙肢端部的通常与墙板一起预制；纵横墙交接部位一般存在接缝，接缝区域宜全部后浇，纵向钢筋主要配置在后浇段内，且在后浇段内应配置封闭箍筋及拉筋，预制墙中的水平分布钢筋在后浇段内锚固。预制的约束边缘构件的配筋构造要求与现浇结构一致。

墙肢端部的构造边缘构件通常全部预制。当采用 L 形、T 形或者 U 形墙板时，拐角处的构造边缘构件也可全部在预制剪力墙中。当采用一字形时，纵横墙交接处的构造边缘构件可全部后浇；为了满足构件的设计要求或施工方便也可部分后浇部分预制。当构造边缘构件部分后浇部分预制时，需要合理布置预制构件及后浇段中的钢筋，使边缘构件内形成封闭箍筋。对于非边缘构件区域，剪力墙水平钢筋在后浇段内可采用锚环的形式锚固，两侧伸出的锚环宜相互搭接。

一字形预制墙板进行 L 形、T 形拼接时，其约束边缘、构造边缘应现浇拼接。而对于一字形预制墙板端部、L 形和 T 形预制墙板边缘构件通常与预制墙板一起预制，但边缘构件竖向连接应采用套筒灌浆或浆锚连接。对部分现浇部分预制边缘构件，应合理布置预制构件及后浇构件中的钢筋，使边缘构件中的箍筋在预制构件与现浇构件中形成完整的封闭箍；非边缘构件位置相邻的预制剪力墙段应设后浇段进行连接。L 形、T 形构造边缘构件与翼缘内边尺寸为 200mm，而《高层建筑混凝土结构技术规程》（JGJ 3—2010）中规定为 300mm，建议高层建筑采用 300mm。

楼层内相邻预制剪力墙之间应采用整体式接缝连接，且应符合下列规定：

当接缝位于纵横墙交接处的约束边缘构件区域时，约束边缘构件的阴影区域宜全部采用后浇混凝土，并应在后浇段内设置封闭箍筋如图 4-7 所示。

当接缝位于纵横墙交接处的构造边缘构件区域时，构造边缘构件宜全部采用后浇混凝土（图 4-8）；当仅在一面墙上设置后浇段时，后浇段的长度不宜小于 300mm（图 4-9）。

边缘构件内的配筋及构造要求应符合现行《建筑抗震设计规范》的有关规定；预制剪力墙的水平分布钢筋在后浇段内的锚固、连接应符合现行《混凝土结构设计规范》的有关规定。

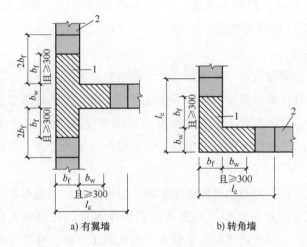

图 4-7　约束边缘构件标斜线区域全部后浇

1—后浇段　2—预制剪力墙

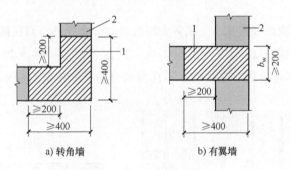

图 4-8　构造边缘构件标斜线区域全部后浇

1—后浇段　2—预制剪力墙

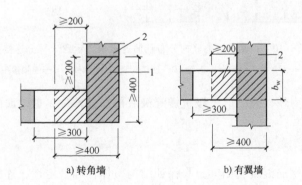

图 4-9　构造边缘构件标斜线区域部分后浇

1—后浇段　2—预制剪力墙

　　非边缘构件位置，相邻预制剪力墙之间应设置后浇段，后浇段的宽度不应小于墙厚，且不宜小于 200mm；后浇段内应设置不少于 4 根竖向钢筋，钢筋直径不应小于墙体竖向分布筋直径，且不应小于8mm；两侧墙体的水平分布筋在后浇段内的锚固、连接应符合现行《混凝土结构设计规范》的有关规定。

（2）墙体竖向连接

预制剪力墙底部接缝宜设置在楼面标高处，预制剪力墙竖向钢筋一般采用套筒灌浆或浆锚搭接连接，在灌浆时宜采用灌浆料将水平接缝同时灌满。灌浆料强度较高且流动性好，有利于保证接缝承载力，后浇混凝土上表面应设置6mm左右的粗糙面。灌浆时，预制剪力墙构件下表面与楼面之间的缝隙周围可采用封边砂浆进行封堵和分仓，以保证水平接缝中灌浆料填充饱满。

预制剪力墙墙身分布筋间距超过规范限制的，应采用符合规范要求的钢筋补足，连接钢筋错开布置。剪力墙竖向钢筋连接采用套筒灌浆单排连接，连接钢筋间距不大于400mm，受拉承载力不小于上、下层被连接钢筋承载力较大值的1.1倍，并通过合理的结构布置，避免剪力墙平面外受力。采用单排连接剪力墙应有楼板约束。

上下层预制剪力墙的竖向钢筋，当采用套筒灌浆连接和浆锚搭接连接时，应符合下列规定：

边缘构件竖向钢筋应逐根连接。预制剪力墙的竖向分布钢筋，当仅部分连接时，如图4-10所示，被连接的同侧钢筋间距不应大于600mm，且在剪力墙构件承载力设计和分布钢筋配筋率计算中不得计入不连接的分布钢筋；不连接的竖向分布钢筋直径不应小于6mm。

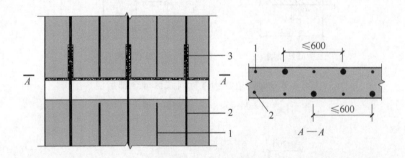

图4-10 预制剪力墙竖向分布钢筋连接构造示意（部分连接）
1—不连接的竖向分布钢筋 2—连接的竖向分布钢筋 3—连接接头

一级抗震等级剪力墙以及二、三级抗震等级底部加强部位，剪力墙的边缘构件竖向钢筋宜采用套筒灌浆连接。

（3）墙梁连接

封闭连续的后浇钢筋混凝土圈梁，是保证结构整体性和稳定性，连接楼盖结构与预制剪力墙的关键构件（图4-11），应在屋面处设置，并应符合下列规定：

圈梁截面宽度不应小于剪力墙的厚度，截面高度不宜小于楼板厚度及250mm的较大值；圈梁应现浇或者与叠合楼、屋盖浇筑成整体。圈梁内配置的纵向钢筋不应少于4Φ12，且按全截面计算的配筋率不应小于0.5%和水平分布筋配筋率的较大值，纵向钢筋竖向间距不应大于200mm；箍筋间距不应大于200mm，且直径不应小于8mm。

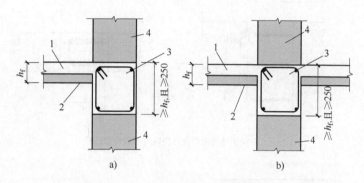

图 4-11　后浇钢筋混凝土圈梁构造示意

1—后浇混凝土叠合层　2—预制楼板　3—后浇圈梁　4—预制剪力墙

在不设置圈梁的楼面处，水平后浇带及在其内设置的纵向钢筋也可起到保证结构整体性和稳定性、连接楼盖结构与预制剪力墙的作用。因此，各层楼面位置，预制剪力墙顶部无后浇圈梁时，应设置连续的水平后浇带，如图4-12所示。水平后浇带应符合下列规定：

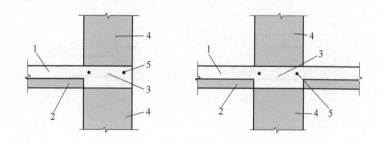

图 4-12　水平后浇带构造示意

1—后浇混凝土叠合层　2—预制楼板　3—水平后浇带　4—预制墙板　5—纵向钢筋

水平后浇带宽度应取剪力墙的厚度，高度不应小于楼板厚度；水平后浇带应与现浇或者叠合楼板、屋盖浇筑成整体。水平后浇带内应配置不少于2根连续纵向钢筋，其直径不宜小于12mm。

楼面梁不宜与预制剪力墙在剪力墙平面外单侧连接。当楼面梁与剪力墙在平面外单侧连接时，宜采用铰接。当预制叠合连梁端部与预制剪力墙在平面内拼接时，接缝构造应符合下列规定：

当墙端边缘构件采用后浇混凝土时，连梁纵向钢筋应在后浇段内可靠锚固（图4-13a）或与预制剪力墙预留钢筋连接（图4-13b）；当预制剪力墙端部上角预留局部后浇节点区时，连梁的纵向钢筋应在预制剪力墙局部后浇节点区内可靠锚固（图4-13c）或与墙板预留钢筋连接（图4-13d）。

采用后浇连梁时，宜在墙端伸出纵向钢筋，并与后浇连梁纵向钢筋可靠连接，如图4-14所示。

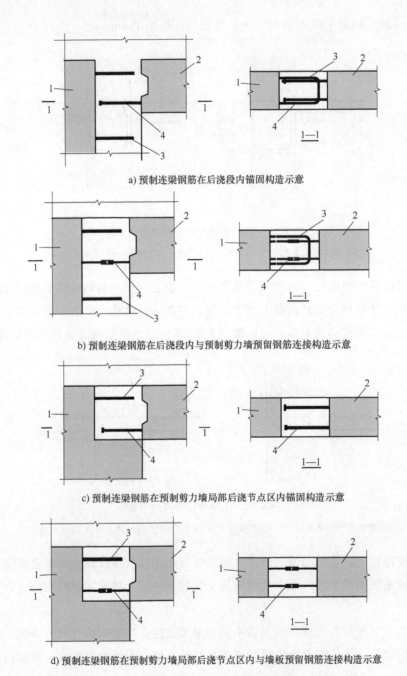

a) 预制连梁钢筋在后浇段内锚固构造示意

b) 预制连梁钢筋在后浇段内与预制剪力墙预留钢筋连接构造示意

c) 预制连梁钢筋在预制剪力墙局部后浇节点区内锚固构造示意

d) 预制连梁钢筋在预制剪力墙局部后浇节点区内与墙板预留钢筋连接构造示意

图 4-13 同一平面内预制连梁与预制剪力墙连接构造示意

1—预制剪力墙 2—预制连梁 3—边缘构件箍筋 4—连梁下部纵向受力钢筋锚固或连接

当预制剪力墙洞口下方有墙时，宜将洞口下墙作为单独的连梁进行设计。预制剪力墙洞口下墙与叠合连梁的关系示意如图 4-15 所示。

当需要洞口下墙参与计算以增加结构刚度时，洞口下墙设置纵筋与箍筋作为单独连梁设计，下方的后浇混凝土与预制连梁形成叠合连梁，两连梁之间设置少量的连接钢筋以防止接

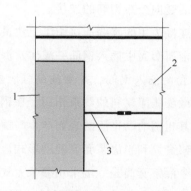

图 4-14 后浇连梁与预制剪力墙连接构造示意

1—预制墙板 2—后浇连梁 3—预制剪力墙伸出纵向受力钢筋

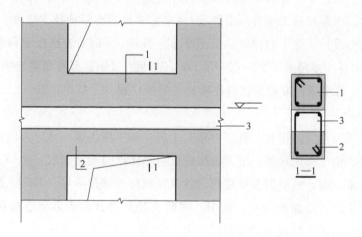

图 4-15 预制剪力墙洞口下墙与叠合连梁的关系示意

1—洞口下墙 2—预制连梁 3—后浇圈梁或水平后浇带

缝开裂并抵抗必要的面外荷载，可设成双连梁的方式实现。当计算中不需要窗下墙时，可采用轻质填充墙或采用混凝土墙，但与结构主体应采用柔性材料隔离，在计算中可仅作为荷载；洞口下墙与下方的后浇混凝土及预制连梁之间不连接，墙内设置水平构造钢筋作为窗下墙的面筋，竖向设置构造分布短筋。

3. 连接方式

装配式混凝土结构的连接方式按是否存在现场湿作业分为整体式连接和干式连接。

（1）整体式连接

整体式连接也可称为等同现浇连接、湿式连接，目前有多种施工工法，形式多样，如浆锚连接、键槽链接、灌浆拼接、型钢辅助连接等。整体式连接的整体性好，性能往往等同甚至优于现浇整体式结构。钢筋浆锚连接是在预制构件中预留孔洞，受力钢筋分别在孔洞内外通过间接搭接实现钢筋间应力的传递。此项技术的关键在于孔洞的成型方式、灌浆的质量以及对搭接钢筋的约束等方面。目前整体式连接主要采用约束浆锚搭接连接和金属波纹管搭接连接两种方式，主要用于剪力墙竖向分布钢筋的连接。

在我国，以钢筋套筒灌浆连接为主的浆锚连接施工工法最为常用。钢筋套筒灌浆连接是指在预制混凝土构件内预埋的金属套筒中插入钢筋并灌注水泥基灌浆料而实现的钢筋连接方式。钢筋套筒灌浆连接由金属套筒插入钢筋，并灌注高强、早强、可微膨胀的水泥基灌浆料，通过刚度很大的套筒对可微膨胀灌浆料的约束作用，在钢筋表面和套筒内侧间产生正向作用力，钢筋借助该正向力在其粗糙的、带肋的表面产生摩擦力，从而实现受力钢筋之间应力的传递。套筒可以分为全灌浆套筒和半灌浆套筒两种形式。全灌浆套筒是在接头两端均采用灌浆方式连接钢筋的套筒；半灌浆套筒是一端采用灌浆方式连接，另一端采用螺纹连接的套筒。钢筋套筒灌浆连接技术在欧美国家及日本等国的应用已有 40 多年历史，经历了大地震的考验，已有成熟的标准，得到普遍的应用。国内也已有大量的试验数据支持，主要用于柱、剪力墙等竖向构件中。套筒灌浆连接中构件制作精度、材料质量、操作工艺等对保证连接质量影响巨大，因而在施工中有严格要求。《装配式混凝土结构技术规程》（JCJ 1—2014）对套筒灌浆连接的设计、施工和验收提出了要求。另外，《钢筋连接用套筒灌浆料》（JG/T 408—2013）、《钢筋连接用灌浆套》（JG/T 398—2019）、《钢筋套筒灌浆连接应用技术规程》（JGJ 355—2015）等专项标准都为该项连接技术的推广提供了技术依据。

（2）干式连接

干式连接不采用现场湿作业，有多种施工工法，如牛腿连接、预应力压接、预埋螺栓连接、预埋件焊接、钢吊架连接等。干式连接广泛应用于欧美发达国家，比如通过型钢进行构件之间连接的技术，用于低层和多层建筑的各类预埋件连接技术等。其施工简便、人力成本低、现场施工产生的污染相对较小。其中，牛腿连接又可分为明牛腿连接和暗牛腿连接两种，目前在我国应用于装配式单层或多层厂房。

4.2.3 装配式混凝土构件制作

1. 生产工艺

预制混凝土构件生产工艺分为固定生产方式和流动生产方式两种。固定生产方式是模具固定不动，包括固定模台工艺、独立模具工艺、集约式立模工艺、先张法预应力工艺等。流动生产方式是模具在流水线上移动，包括流动模台工艺、自动化流水线工艺和流动式集约组合立模工艺。

（1）固定生产方式

1）固定模台工艺。固定模台是用大面积钢平台作为预制构件底模，在模台上支构件侧模，利用紧固件将模具固定，组成一套完整的生产模具。固定模台工艺的模具固定不动，组模、放置钢筋、预埋件、浇筑振捣混凝土、养护、拆模都是在模台上进行。钢筋骨架提前绑扎好，用起重机运送到模台上，将钢筋骨架定位、固定好，之后放置预埋件。混凝土通过送料车或者送料吊斗送至模台处，工人在模台上进行浇筑、搅拌混凝土。固定模台下有蒸汽管道，构件混凝土浇筑完毕后可就地进行覆盖养护。养护完成后，构件脱模吊至构件存放区。

图 4-16 为国内某预制构件厂的固定模台生产线。

图 4-16 国内某预制构件厂的固定模台生产线

固定模台可以生产柱、梁、楼板、墙板、楼梯、飘窗、阳台板、转角构件等各类预制构件。固定模台工艺具有适用范围广、灵活方便、适应性强、启动资金较少、见效快的特点，因此固定模台工艺是应用最广泛的预制构件生产工艺。

2）独立模具工艺。独立模具是指自带底部模板的模具，不需要在模台上组模，包括水平独立模具和立式独立模具。水平独立模具是指"躺着"的构件模具，例如制作梁、柱的 U 形模具。立式独立模具是"立着"的构件模具，如立着的柱子、T 形板、楼梯等模具。立模工艺具有占地面积小、构件表面光洁、可垂直脱模、不用翻转的特点。隧道管片就是采用这种模具生产的。

3）集约式立模工艺。集约式立模工艺是指将多个模具并列组合在一起制作构件的工艺，可用来生产规格标准、形状规则、配筋简单且不出筋的板式构件，如轻质混凝土空心板、混凝土内墙板等。

4）先张法预应力工艺。装配式混凝土建筑用的预应力构件主要是预应力楼板，采用先张法预应力工艺生产。此种工艺先将钢筋在张拉台上张拉，之后浇筑混凝土，经养护达到强度后拆卸模板，放张并切断预应力钢筋，切割预应力楼板。预应力混凝土构件生产工艺简单、效率高、质量易控制、成本低。先张法预应力生产工艺适合生产预应力叠合楼板、空心楼板以及双 T 板等。

（2）流动生产方式

1）流动模台工艺。目前国内的预制构件流水生产线属于流动模台工艺。流动模台工艺是将标准定制的钢平台放置在滚轴上移动，先在组模区组模；然后移到钢筋入模区段，进行钢筋和预埋件入模作业；再移到浇筑振捣平台上进行混凝土浇筑，完成浇筑后模台开始振动，进行振捣；之后模台移到养护窑进行养护；养护结束出窑后，进行脱模；最后将制作完成的构件吊装到相应区域存放。

目前，流动模台工艺在清理模具、画线、喷涂脱模剂、振捣、翻转环节实现或部分实现了自动化，但是最重要的模具组装、钢筋骨架入模等环节没有实现自动化。流动模台工艺只适用于生产板式构件。如果大批量制作同类构件，可以提高生产效率、节约能源、降低人工劳动强度。但生产不同类型构件，特别是出筋较多的构件时，没有以上优势。

2）自动化流水线工艺。自动化流水线由混凝土成型流水线和自动钢筋加工流水线两部分组成，通过计算机编程软件控制，将这两部分设备自动衔接起来。此种工艺较流动模台工艺自动化程度高，它实现了设计信息输入，模板自动化清理，机械手画线，机械手组模，自动喷涂脱模剂，钢筋自动加工，钢筋机械手入模，混凝土自动浇筑，机械自动振捣，计算机控制自动养护，翻转机、机械手抓取边模入库等全部工序的自动完成，是真正意义上的自动化流水线。

自动化流水线一般用来生产叠合楼板和叠合墙板以及不出筋的实心墙板。法国巴黎和德国慕尼黑各有一家预制构件工厂采用智能化的全自动流水线，这种流水线上一般只安排 6 个工人，年产 110 万 m^2 叠合楼板和双层叠合墙板。图 4-17 是德国某自动化混凝土构件生产线上的机械手进行模板布放。

图 4-17 德国某自动化混凝土构件生产线上的机械手进行模板布放

3）流动式集约组合立模工艺。流动式集约组合立模工艺主要生产内隔墙板。组合立模通过轨道被移送到各个工位，浇筑混凝土后入窑养护。流动式集约组合立模的主要优点是可以集中养护。

2. 模具制作

所有的预制构件都是在模具中制作的。使用最广泛的模具材料是钢模具，虽然一次性成本较高，但是构件的质量优良；也有部分采用木模具制作预制构件，虽然成本低，但是构件制作的质量得不到保证。模具设计和制作要求如下：

1）形状尺寸准确。

2）有足够的强度和刚度，不易变形。

3）立模和较高模具有可靠的稳定性。

4）便于安放钢筋骨架。

5）穿过模具的伸出钢筋孔位准确。

6）固定灌浆套筒、预埋件、孔眼内模的定位装置定位准确。

7）模具各部位之间连接牢固，接缝紧密，不漏浆。

8）拆装方便，容易脱模，脱模时不易损坏构件。

9）模具转角处平滑。

10）便于清理和涂刷脱模剂。

11）便于混凝土入模。

12）钢模具既要避免焊缝不足导致连接强度过弱，又要避免焊缝过多导致模具变形，造型和质感表面模具与衬模结合牢固。

13）满足周转次数要求。

3. 生产流程

混凝土预制构件的制作都是在生产线上完成的，因此其生产流程是以生产线为基础运作的。以混凝土外墙板为例，其生产流程如图 4-18 所示。

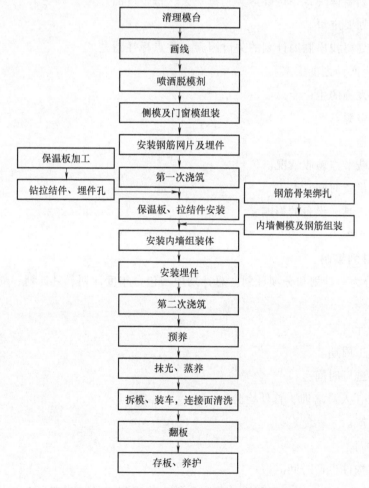

图 4-18　某构件厂混凝土外墙板的生产流程

4. 生产计划与控制

完善的生产计划是保证项目履约的关键，在生产开始前一定要编制详细的生产计划。生产计划主要包括以下内容。

（1）生产计划依据

1）设计图汇总的构件清单。

2）合同约定交货期。

3）合同的附件、构件施工现场的施工计划、落实到日的计划。

（2）生产计划要求

1）保证按时交付。

2）要有确保产品质量的生产试件，还要有富余量（防止突发事件的出现）。

3）要尽可能降低生产成本。

4）尽可能做到生产均衡。

5）生产计划要详细，一定要落实到每一天、每个产品。

6）生产计划要定量。

7）生产计划要找出制约计划的关键因素，重点标注清楚。

（3）影响生产计划的因素

1）设备与设施的生产能力。

2）劳动力资源。

3）生产场地。

4）工厂隐蔽节点验收情况。

5）原材料供货时间。

6）模具、工具、设备的影响。

7）生产技术能力。

（4）生产计划编制

生产计划分为总计划和分项计划。总计划应当包含年度计划、月计划、周计划，主要包括以下项目：

1）制作设计时间。

2）模具加工周期。

3）原材料进厂时间。

4）试生产（人员培训、首件检验）。

5）正式生产。

6）出货时间。

7）每一层构件生产时间。

分项计划要根据总计划落实到天、落实到件、落实到模具、落实到人员。分项计划主要包含以下项目：

1）编制模具计划，组织模具设计与制作，对模具制作图及模具进行验收。

2）编制材料计划，选用和组织材料进厂并检验。

3）编制劳动力计划，根据生产均衡或流水线合理流速安排各个环节的劳动力。

4）编制设备、工具计划。

5）编制能源使用计划。

6）编制安全设施、护具计划。

4.2.4 装配式混凝土构件运输

1. 预制构件运输

（1）预制构件吊运规定

1）应根据预制构件的形状、尺寸、质量和作业半径等要求选择吊具和起重设备，所采用的吊具和起重设备及其操作，应符合国家现行有关标准及产品应用技术手册的规定。

2）吊点的数量、位置应经计算确定，应有保证吊具连接可靠，应采取保证起重设备的主钩位置、吊具及构件重心在竖直方向上重合的措施。

3）吊索夹角不宜小于 60°，不应小于 45°。

4）应采用慢起、稳升、缓放的操作方式，吊运过程应保持稳定，不得偏斜、摇摆和扭转，严禁吊装构件长时间悬停在空中。

5）吊装大型构件、薄壁构件或形状复杂的构件时，应使用分配梁或分配桁架类吊具，并应采取避免构件变形和损伤的临时加固措施。

（2）构件的运输方式

预制构件的运输宜采用专用运输车，并根据构件的种类不同而采取不同的固定方式。

楼板可采用平面堆放式运输，墙板采用靠放式（也称斜卧式）运输或立式运输（图4-19），异形构件采用立式运输。

a) 平面堆放式运输   b) 靠放式运输

图 4-19 构件运输方式

（3）预制构件运输规定

预制构件在运输过程中应做好安全和成品防护，并应符合下列规定：

1）应根据预制构件种类采取可靠的固定措施。

2）对于超高、超宽、形状特殊的大型预制构件的运输和存放，应制定专门的质量安全保证措施。

运输时宜采取以下防护措施：设置柔性垫片避免预制构件边角部位或链索接触处的混凝土损伤；用塑料薄膜包裹垫块避免预制构件外观污染；墙板门窗框、装饰表面和棱角采用塑料贴膜或其他措施防护；竖向薄壁构件设置临时防护支架；装箱运输时，箱内四周采用木材或柔性垫片填实，支撑牢固。构件运输时需要根据构件特点采用不同的运输方式，托架、靠放架、插放架应进行专门设计，进行强度、刚度、稳定性验算，具体如下：

1）外墙板宜采用立式运输，外饰面层应朝外，梁、板、楼梯、阳台宜采用水平运输。

2）采用靠放架立式运输时，构件与地面倾斜角度宜大于80°，构件应对称靠放，每侧不大于2层，构件层间上部采用木垫块隔离。

3）采用插放架直立运输时，应采取防止构件倾倒措施，构件之间应设置隔离垫块。

4）水平运输时，预制梁、柱构件叠放不宜超过3层，板类构件叠放不宜超过6层。

（4）运输安全管理

由于城市桥梁、隧道、道路的限制，加之建筑预制构件尺寸、形状、重心不一，在吊装运输前，要充分做好准备，设计切实可行的吊装运输方案。

大型构件在实际运输前应踏勘运输路线，确认运输道路的承载力（含桥梁和地下设施）、宽度、转弯半径和穿越桥梁、隧道的净空与架空线路的净高满足运输要求，确认运输机械与电子架空线路的最小距离必须符合要求，路线选择应该尽量避开桥涵和闹市区，应设计备选方案。明确运输路线后，根据构件运输超高、超宽、超长情况，及时向交通管理部门申报，经批准后，方可在指定路线和指定时间段上行驶。根据大型构件特点选用预制构件专用运输车或对常规运输车进行改装，降低车辆装载重心高度并设置车辆运输稳定专用固定支架。

构件在运输过程中一定要采取一定的措施保证运输的安全，具体包括以下内容：

驾驶员在构件运输过程中一定要匀速行驶，严禁超速、猛拐和急刹车。构件运输车应按交通管理部门的要求悬挂安全标志，超高的部件有专人照看并配备适当器具，保证在有障碍物的情况下安全通过。

预制叠合板、预制阳台和预制楼梯宜采用平放运输。预制外墙板宜采用专用支架竖直靠放运输。运输薄壁构件应设专用固定架，采用竖直或微倾放置方式。为确保构件表面或装饰面不被损伤，放置时插筋向内，装饰面向外，与地面倾斜角度宜大于80°，以防倾覆。为防止运输过程中车辆颠簸对构件产生损伤，构件与刚性支架应加设橡胶垫等柔性材料，且应采取防止构件移动、倾倒、变形等固定措施。

构件运输时的支撑点应与吊点位置在同一竖直线上，支撑必须牢固。运输T形梁、工字形梁、桁架梁等易倾覆的大型构件，必须用斜撑牢固地支撑在梁腹上。构件装车后应用紧线器紧固于车体上，长距离运输途中应检查紧线器的牢固状况，发现松动必须停车紧固，确认牢固后方可继续运行。搬运托架、车厢板和预制混凝土构件间应放入柔性材料，构件应用钢丝绳或夹具与托架绑扎，构件边角与锁链接触部位的混凝土应采用柔性垫衬材料保护（图4-20）。

图 4-20　预制构件用柔性垫衬保护

2. 预制构件存放

（1）预制构件存放规定

预制构件存放应符合下列规定：

1）存放场地应平整、坚实，并应有排水措施。

2）存放库区宜实行分区管理和信息化台账管理。

3）应按照产品品种、规格型号、检验状态分类存放，产品标识应明确、耐久，预埋吊件应朝上，标识应向外。

4）应合理设置垫块支点位置，确保预制构件存放稳定，支点宜与起吊点位置一致。

5）与清水混凝土面接触的垫块应采取防污染措施。

6）预制构件多层叠放时，每层构件间的垫块应上下对齐；预制楼板、叠合板、阳台板和空调板等构件宜平放，叠放层数不宜超过 6 层；长期存放时，应采取措施控制预应力构件起拱值和叠合板翘曲变形。

7）预制柱、梁等细长构件宜平放且用两条垫木支撑。

8）预制内外墙板、挂板宜采用专用支架直立存放，支架应有足够的强度和刚度，薄弱构件、构件薄弱部位和门窗洞口应采取防止变形开裂的临时加固措施。

（2）预制构件堆放方式

预制构件堆放存储通常可采用平面堆放或竖向固定两种方式。楼板、楼梯、梁和柱通常采用平面堆放的方式（图 4-21a），墙板构件一般采用竖向固定方式（图 4-21b）。

a）平面堆放　　　　　　　　　　　b）竖向固定

图 4-21　预制构件堆放方式

4.2.5 装配式混凝土构件施工

装配式混凝土建筑的结构可分为竖向受力构件和水平受力构件，竖向受力构件主要包括框架柱和剪力墙，水平受力构件主要包括叠合楼板和楼梯。

1. 竖向受力构件施工

预制混凝土框架柱构件、预制混凝土剪力墙构件安装工艺中，上下层构件间混凝土的连接有坐浆法和注浆法两种方式。预制混凝土剪力墙构件安装常采用注浆法，预制混凝土框架柱构件安装采用坐浆法和注浆法都比较常见。本节将以坐浆法为例介绍预制柱构件安装施工工艺，以注浆法为例介绍预制混凝土剪力墙构件安装施工工艺。

（1）预制混凝土柱构件安装施工

预制混凝土柱构件的安装施工工序为：测量放线、铺设坐浆料、柱构件吊装、定位校正和临时固定、钢筋套筒灌浆施工。

1）测量放线。安装施工前，应在构件和已完成结构上测量放线，设置安装定位标志，主要包括以下内容：

① 每层楼面轴线垂直控制点不应小于 4 个，楼层上的控制轴线应使用经纬仪由底层原始点直接向上引测。

② 每个楼层应设置 1 个引程控制点。

③ 预制构件控制线应由轴线引出。

④ 应准确弹出预制构件安装位置的外轮廓线。预制柱的就位以轴线和外轮廓线为控制线，对于边柱和角柱，应以外轮廓线控制为准。

2）铺设坐浆料。预制柱构件底部与下层楼板上表面不能直接相连，应有 20mm 厚的坐浆层，以保证两者混凝土能够可靠协同工作。坐浆层应在构件吊装前铺设，且不宜铺设太早，以避免坐浆层凝结硬化失去黏结能力。一般而言，应在坐浆层铺设后 1h 内完成预制构件安装工作，天气炎热或者气候干燥时应缩短安装作业时间。坐浆料必须满足以下技术要求：

① 坐浆料坍落度不宜过高，一般在市场购买 40 ~ 60MPa 的坐浆料，使用小型搅拌机（容积可容纳一包料即可）加适当的水搅拌而成，不宜调制过稀，必须保证坐浆料完成后呈中间高、两端低的形状。

② 在坐浆料采购前需要与厂家约定浆料内粗骨料的最大粒径为 4 ~ 5mm，且坐浆料必须具备微膨胀性。

③ 坐浆料的强度等级应比相应的预制墙板混凝土的强度高一个等级。

④ 坐浆料强度应满足设计要求。

铺设坐浆料前应清理铺设面的杂物。铺设时应保证坐浆料在预制柱安装范围内铺设饱满。为防止坐浆料向四周流散造成坐浆层厚度不足，应在柱安装位置四周连续用 50mm × 20mm 的密封材料封堵，并在坐浆层内预设 20mm 高的垫块。

3）柱构件吊装。柱构件吊装宜按照角柱、边柱、中柱顺序进行，与现浇部分相连接的柱宜先行吊装。

吊装工作应连续进行。吊装前应对待吊装构件进行核对，同时对起重设备进行安全检查，重点检查预制构件预留螺栓孔螺纹是否完好，杜绝吊装过程中滑丝脱落现象。对吊装难度大的部件必须进行空载实际演练。操作人员对操作工具进行清点，填写施工准备情况登记表，施工现场负责人检查核对签字后方可开始吊装。

预制构件在吊装过程中应保持稳定，不得偏斜、摇摆和扭转。吊装时一定采用扁担式吊具吊装。

4）定位校正和临时固定。

① 构件定位校正。构件底部若局部套筒未对准时，可使用倒链将构件手动微调、对孔。垂直坐落在准确的位置后拉线复核水平是否有偏差。无偏差后，利用预制构件上的预埋螺栓和地面后置膨胀螺栓安装斜支撑杆，复测柱顶标高后方可松开吊钩。利用斜支撑杆调节好构件的垂直度，刮平底部坐浆。在调节斜支撑杆时必须两名工人同时、同方向，分别调节两根斜撑杆。

安装施工应根据结构特点按合理顺序进行，需考虑平面运输、结构体系转换、测量校正、精度调整及系统构成等因素，及时形成稳定的空间刚度单元。必要时应增加临时支撑结构或临时措施。单个混凝土构件的连接施工应一次性完成。

预制构件安装后，应对安装位置、安装标高、垂直度、累计垂直度进行校核与调整。构件安装就位后，可通过临时支撑对构件的位置和垂直度进行微调（图4-22）。

图 4-22　预制柱的安装

② 构件临时固定。安装阶段的结构稳定性对保证施工安全和安装精度非常重要，构件在安装就位后，应采取临时措施进行固定。临时支撑结构或临时措施应能承受结构自重、施工荷载、风荷载、吊装产生的冲击荷载等的作用，并且不至于使结构产生永久变形。

5）钢筋套筒灌浆施工。钢筋套筒的灌浆施工是装配式混凝土结构工程的关键环节之一。在实际工程中，连接的质量很大程度取决于施工过程控制。因此，套筒灌浆连接施工应满足下列要求：

① 套筒灌浆连接施工应编制专项施工方案。这里提到的专项施工方案并不要求一定单独编制，而是强调应在相应的施工方案中包括套筒灌浆连接施工的相应内容。施工方案应包

括灌浆套筒在预制生产中的定位、构件安装定位与支撑、灌浆料拌和、灌浆施工、检查与修补等内容。施工方案编制应以接头提供单位的相关技术资料、操作规程为基础。

② 灌浆施工的操作人员应经专业培训后上岗。培训一般宜由接头提供单位的专业技术人员组织。灌浆施工应由专人完成，施工单位应根据工程量配备足够的合格操作人员。

③ 对于首次施工，宜选择有代表性的单元或部位进行试制作、试安装、试灌浆。这里提到的"首次施工"，包括施工单位或施工队伍没有钢筋套筒灌浆连接的施工经验，或对某种灌浆施工类型（剪力墙、柱、水平构件等）没有经验，此时为保证工程质量，宜在正式施工前通过试制作、试安装、试灌浆验证施工方案和施工措施的可行性。

④ 套筒灌浆连接应采用由接头形式验证确定的相匹配的灌浆套筒和灌浆料。施工中不宜更换灌浆套筒或灌浆料，如果确需更换，应按更换后的灌浆套筒和灌浆料提供接头型式检验报告，并重新进行工艺检验及材料进场检验。

⑤ 灌浆料以水泥为基本材料，对温度和湿度均具有一定敏感性。因此，在储存中应注意干燥、通风并采取防晒措施，防止其形态发生改变。灌浆料宜储存在室内。

钢筋套筒灌浆连接施工的工艺要求如下：

① 预制构件在吊装前，应检查构件的类型和编号。当灌浆套筒内有杂物时，应清理干净。

② 应保证外露连接钢筋的表面不粘连混凝土、砂浆，不发生锈蚀；当外露连接钢筋倾斜时，应进行校正。连接钢筋的外露长度应符合设计要求，其外表面宜标记出插入灌浆套筒最小锚固长度的位置标志，且应清晰准确。

③ 竖向构件宜采用连通腔灌浆。钢筋水平连接时灌浆套筒应各自独立灌浆。

④ 灌浆料拌合物应采用电动设备搅拌充分、均匀，并静置2min后使用。其加水量应按灌浆料使用说明的要求确定，并应按质量计量。搅拌完成后，不得再次加水。灌浆料搅拌如图4-23a所示。

a) 灌浆料搅拌　　　　　　　　　　　b) 灌浆与封堵出浆孔

图4-23　钢筋套筒灌浆

⑤ 灌浆施工时，环境温度应符合灌浆料产品使用说明书的要求。一般环境温度低于5℃时不宜施工，低于0℃时不得施工；当温度高于30℃时，应采取降低灌浆料拌合物温度的

措施。

⑥ 竖向钢筋灌浆套筒连接采用连通腔灌浆时，宜采用一点灌浆的方式。当一点灌浆遇到问题而需要改变灌浆点时，各灌浆套筒已封堵的灌浆孔、出浆孔应重新打开，待灌浆料拌合物再次流出后进行封堵（图 4-23b）。

⑦ 灌浆料宜在加水后 30min 内用完。散落的灌浆料拌合物不得二次使用；剩余的拌合物不得再次添加灌浆料或加水后混合使用。

⑧ 灌浆料同条件养护试件抗压强度达到 35N/mm² 后，方可进行对接头有扰动的后续施工。临时固定措施的拆除应在灌浆料抗压强度能够确保结构达到后续施工承载要求后进行。

⑨ 灌浆作业应及时形成施工质量检查记录和影像资料。

（2）预制混凝土剪力墙构件安装施工

预制混凝土剪力墙构件的安装施工工序为：测量放线、封堵分仓、构件吊装、定位校正和临时固定、钢筋套筒灌浆施工。其中测量放线、定位校正和临时固定的施工工艺可参见预制柱安装的施工工艺。

1）封堵分仓。采用注浆法实现构件之间的可靠连接，是通过灌浆料从套筒流入原坐浆层充当坐浆料而实现的。相对于坐浆法，注浆法无须担心吊装作业前坐浆料失水凝固，并且先使预制构件落位后再注浆也易于确定坐浆层的厚度。

构件吊装前，应预先在构件安装位置预设 20mm 厚垫片，以保证构件下方注浆层厚度满足要求。然后沿预制构件外边线用密封材料进行封堵。当预制构件长度过长时，注浆层也随之过长，不利于控制注浆层的施工质量。这时可将注浆层分成若干段，各段之间用坐浆材料分隔，注浆时逐段进行。这种注浆方法称为分仓法。连通区内任意两个灌浆套筒间距不超过 1.5m。

2）构件吊装。与现浇部分连接的墙板宜先行吊装，其他宜按照外墙先行吊装的原则进行吊装。就位前应设置底部调平装置，控制构件安装标高。剪力墙吊装如图 4-24 所示。

3）钢筋套筒灌浆施工。灌浆前应合理选择灌浆孔。一般来说，宜选择从位于每个分仓中部的灌浆孔灌浆，灌浆前将其他灌浆孔严密封堵。灌浆操作要求与坐浆法相同。直到该分仓各个出浆孔分别有连续的浆液流出时，注浆作业完毕，将注浆孔和所有出浆孔封堵。套筒灌浆如图 4-25 所示。

2. 水平受力构件施工

（1）预制混凝土叠合楼板安装施工

预制混凝土叠合楼板的现场施工工序：定位放线、安装底板支撑并调整、安装叠合楼板的预制部分、安装侧模板和底模板及支架、绑扎叠合层钢筋并敷设管线及预埋件、浇筑叠合层混凝土、拆除模板。其安装施工均应符合下列规定：

1）叠合构件的支撑应根据设计要求或施工方案设置，支撑标高除应符合设计规定外，还应考虑支撑本身的施工变形（图 4-26）。

图 4-24　剪力墙吊装　　　　　　　　　　图 4-25　套筒灌浆

2）控制施工荷载不应超过设计规定，并应避免单个预制构件承受较大的集中荷载与冲击荷载。

3）叠合构件的搁置长度应满足设计要求，宜设置厚度不大于 20mm 的坐浆或垫片。

4）叠合构件混凝土浇筑前应检查接合面粗糙度，及检查校正预制构件的外露钢筋。浇筑前的叠合楼板如图 4-27 所示。

图 4-26　叠合楼板底部支撑　　　　　　　图 4-27　浇筑前的叠合楼板

5）预制底板吊装完后应对板底接缝高差进行校核；当叠合板板底接缝高差不满足设计要求时，应将构件重新起吊，通过可调托座进行调节。

6）预制底板的接缝宽度应满足设计要求。

叠合构件应在后浇混凝土强度达到设计要求后，方可拆除支撑或承受施工荷载。

（2）装配式混凝土叠合梁安装施工

装配式混凝土叠合梁的安装施工工艺与叠合楼板工艺类似。现场施工时应将相邻的叠合梁与叠合楼板协同安装，两者的叠合层混凝土同时浇筑，以保证建筑的整体性能。

安装顺序遵循先主梁后次梁、先低后高的原则。安装前，应测量并修正临时支撑标高，确保与梁底标高一致，并在柱上弹出梁边控制线；安装后根据控制线进行精密调整。安装时梁伸入支座的长度与搁置长度应符合设计要求。

装配式混凝土建筑梁柱节点处作业面狭小且钢筋交错密集，施工难度极大。因此，在拆分设计时即要考虑好各种钢筋的关系，直接设计出必要的弯折。此外，吊装方案要按拆分设计考虑吊装顺序，吊装时则必须严格按吊装方案控制先后顺序。安装前，应复核柱钢筋与梁钢筋的位置和尺寸，对梁钢筋与柱钢筋位置有冲突的，应按经设计单位确认的技术方案调整。

叠合楼板、叠合梁等叠合构件应在后浇混凝土强度达到设计要求后方可拆除底模和支撑。模板与支撑拆除时的后浇混凝土强度要求见表4-2。

表4-2 模板与支撑拆除时的后浇混凝土强度要求

构件类型	构件跨度/m	达到设计混凝土强度等级值的百分率（%）
板	≤2	≥50
	2~8	≥75
	>8	≥100
梁	≤8	≥75
	>8	≥100
悬臂构件		≥100

（3）预制混凝土楼梯的安装施工

为提高楼梯抗震性能，参照传统现浇结构的施工经验，结合装配式混凝土建筑施工特点，楼梯构件与主体结构多采用滑动式支座连接。

预制楼梯的现场施工工序：定位放线、清理安装面和设置垫片及铺设砂浆、预制楼梯吊装、楼梯端支座固定。预制楼梯安装如图4-28所示。其安装施工均应符合下列规定：

图4-28 预制楼梯安装

1）吊装前应检查核对构件编号，确定安装位置，弹出楼梯安装控制线，对控制线及标高进行复核。

2）滑动式楼梯上部与主体结构连接多采用固定式连接，下部与主体结构连接多采用滑动式连接。施工时应先固定上部固定端，后固定下部滑动端。

3）楼梯侧面距结构墙体预留 30mm 空隙，为后续初装的抹灰层预留空间；梯井之间根据楼梯栏杆安装要求预留 40mm 空隙。在楼梯段上下口梯梁处铺 20mm 厚 C25 细石混凝土找平灰饼，找平层灰饼标高要控制准确。

4）预制楼梯采用水平吊装，用螺栓将通用吊耳与楼梯板预埋吊装内螺母连接，起吊前检查卸扣卡环，确认牢固后方可继续缓慢起吊。调整索具链长度，使楼梯段休息平台处于水平位置。试吊预制楼梯板，检查吊点位置是否准确，吊索受力是否均匀等；试起吊高度不应超过 1m。

5）楼梯吊至梁上方 30～50cm 后，调整楼梯位置至板边线基本与控制线吻合。就位时要求缓慢操作，严禁快速猛放，以免造成楼梯板振折损坏。楼梯板基本就位后，根据控制线，利用撬棍微调、校正，先保证楼梯两侧准确就位，再使用水平尺和倒链调节楼梯至水平。

4.2.6 装配式混凝土结构质量保证措施

对于装配式混凝土建筑，影响到结构安全和重要使用功能的关键部位质量必须要格外重视。装配式混凝土结构的质量保证包括两方面内容：预制构件制作和现场施工。

1. 预制构件制作质量保证措施

在预制构件生产之前，应对各工序进行技术交底，上道工序未经检查验收合格，不得进行下道工序。混凝土浇筑前，应对模具组装、钢筋及网片安装、预留及预埋件布置等内容进行检查验收。工序检查由各工序班组自行检查，检查数量为全数检查，应做好相应的检查记录。

（1）模具组装的质量检查

预制构件生产应根据生产工艺、产品类型等制定模具方案，应建立健全模具验收、使用制度。同时模具应具有足够的强度、刚度和整体稳定性，并应符合下列规定：

1）模具应装拆方便，并应满足预制构件的质量、生产工艺和周转次数要求。

2）结构造型复杂、外形有特殊要求的模具应制作样板，经检验合格后方可批量制作。

3）模具各部件之间应连接牢固，接缝应紧密，附带预埋件或工装应定位准确，安装牢固。

4）用作底模的台模等应平整光滑，不得有下沉、裂缝、起砂和起鼓。

5）模具应保持清洁，涂刷脱模剂、表面缓凝剂时应均匀、无漏刷、无堆积，且不得沾污钢筋，不得影响预制构件外观效果。

6）应定期检查侧模、预埋件和预留孔洞定位措施的有效性；应采取防止模具变形和锈蚀的措施；重新启用的模具应检验合格后方可使用。

7）模具平台模之间的螺栓、定位销、磁盒等固定方式应可靠，防止混凝土振捣成型时造成模具偏移和漏浆。

模具组装前，首先需根据构件制作图校核模板尺寸是否满足设计要求，然后对模板孔的几何尺寸进行检查，包括模板与混凝土接触面的平整度、板面弯曲、拼装接缝等，再次对模具的观感进行检查，接触面不得有划痕、锈渍和氧化层脱落等现象。

（2）钢筋成品、钢筋桁架的质量检查

钢筋连接除应符合现行国家规范《混凝土结构工程施工规范》的有关规定外，尚应符合下列规定：

1）钢筋接头的方式、位置、同一截面受力钢筋的接头百分率、钢筋的搭接长度及锚固长度等应符合设计要求或国家现行有关标准的规定。

2）钢筋焊接接头、机械连接接头和套筒灌浆连接接头均应进行工艺检验，检验结果合格后方可进行预制构件生产。

3）螺纹接头和半灌浆套筒连接接头应使用专用扭力扳手拧紧至规定扭力值。

4）钢筋焊接接头和机械连接接头应全数检查外观质量。

5）焊接接头、钢筋机械连接接头、钢筋套筒灌浆连接接头的力学性能应符合现行相关标准的规定。

6）钢筋半成品、钢筋网片、钢筋骨架和钢筋桁架应检查合格后方可进行安装。

2. 现场施工质量保证措施

1）避免现浇混凝土伸出的钢筋位置与长度误差过大。

2）避免灌浆孔被堵塞。

3）竖向构件斜支撑地锚与叠合板桁架筋连接，避免现浇叠合层时混凝土强度不足，地锚被拔起。

4）构件安装误差在允许范围内；竖向构件控制好垂直度。

5）按设计要求进行临时支撑。

6）竖向构件安装后及时灌浆，避免隔层灌浆。

7）确保灌浆质量，避免出现灌浆料配置错误，延时使用，灌浆料不饱满、不到位的情况。

8）剪力墙结构水平现浇带浇筑混凝土后，安装上层构件前，须探测混凝土强度，如果强度较低，须采取必要的措施。

9）后浇混凝土模具牢固，避免胀模和夹心保温板外叶板探出部分被混凝土挤压外胀。

10）后浇混凝土的钢筋连接正确，外观质量好，同时采取可靠的养护措施。

11）防雷引下线连接部位防腐处理符合设计要求。

12）避免外挂墙板活动支座被锁紧变成固定支座。

13）做好外挂墙板和夹心保温剪力墙外叶板的接缝防水措施。

14）做好成品保护工作。

4.3 | 装配式钢结构

钢结构是主要的建筑结构类型之一，一般是由钢构件通过焊接或机械连接装配而成，因而装配式是钢结构建筑的自然特征。

装配式钢结构建筑是建筑的结构系统由钢构件或部件构成的装配式建筑，与普通钢结构建筑相比，更强调建筑各个系统的集成化和一体化设计，强调预制部品部件的采用。装配式钢结构建筑既具有安全、轻质高强、施工高效简便、环保、可循环利用等钢结构本身的优势（尤其是具有良好的抗震性能），又能通过标准化、集成化的设计以及集成化的预制部品部件的应用来保证结构安全性，更好地提高质量和控制成本。但相对地，装配式钢结构建筑在没有采取防护措施时，钢构件的耐火性能、耐腐蚀性能都比较差，同时装配式钢结构建筑对于建造技术水平和管理水平的要求也更高。

4.3.1 装配式钢结构建筑的类型与适用范围

1. 装配式钢结构建筑的类型

装配式钢结构建筑按不同的分类方法可分为不同类型，具体有：①按建筑高度分类，有单层装配式钢结构工业厂房，以及低层、多层、高层和超高层装配式钢结构建筑；②按结构体系分类，有钢框架结构、钢框架-支撑结构、钢框架-延性墙板结构、交错桁架结构、门式刚架结构、低层冷弯薄壁型钢结构、筒体结构、巨型结构等；③按结构材料分类，有钢结构、钢—混凝土组合结构等。

装配式钢结构的应用领域较为广泛，在工业建筑和民用建筑中均有应用。在工业建筑领域内，装配式钢结构的应用主要有大跨度工业厂房、单层和多层厂房、仓储库房等。钢结构工业厂房（图4-29）主要由钢构件作为承重构件，具有质量轻、跨度大、整体性能好以及施工周期短等优点。

图 4-29 钢结构工业厂房

（图片来源：http://www.hxss.com.cn/project_domestic_detail/productId=49.html）

在民用建筑领域内，装配式钢结构既可用于学校、体育场、商场、机场、会展中心、超高层建筑等公共建筑（图4-30）；又可用于低层轻钢体系住宅和多高层钢结构住宅等居住建筑（图4-31）。

图 4-30 中央电视台总部大楼

图 4-31 钱江世纪城人才专项用房项目

2. 装配式钢结构建筑的结构体系及其适用范围

一般对于低层和多层钢结构民用建筑，3层以下采用钢框架、冷弯薄壁轻钢体系，4～6层采用钢框架结构体系，7～10层（28m以下）采用钢框架或钢框架-支撑体系；对于高层钢结构建筑，多采用钢框架体系、钢框架-支撑体系以及钢框架-筒体结构体系。下面简述装配式钢结构建筑的几类结构体系。

（1）钢框架结构

钢框架结构的竖向承载体系与水平承载体系均由钢构件（钢梁和钢柱）组成，该结构具有大开间的特点，使用布置灵活；受力明确，抗震性能良好；结构简单，施工速度较快。但钢框架结构在强震作用下，会因抵抗侧向力的需要而增加用钢量。钢框架结构多用于多层住宅及低抗震设防烈度区的小高层住宅，以及医院、商业、办公等公共建筑（图4-32）。

图 4-32 钢框架结构
（图片来源：《装配式钢结构建筑的发展与产业化实践》）

（2）钢框架-支撑结构

钢框架-支撑结构是由钢框架和钢支撑组成的双重抗侧力结构体系，该结构能在水平地震作用及较大风荷载作用下提供两道受力防线（图4-33）。设置在钢框架体系中的钢支撑能提高结构的承载力和侧向刚度，故建筑适用高度比钢框架结构更高，适用于高层及超高层的办公楼、酒店等建筑。钢支撑可选用中心支撑、偏心支撑和屈曲约束支撑等，不同的支撑布置方式会产生不同的效果。钢框架-中心支撑结构的特点是支撑杆件的轴线与梁柱节点的轴线相汇交于一点；钢框架-偏心支撑结构的特点是支撑杆件的轴线与梁柱节点的轴线未相交于一点，而是偏离一段距离，构成先于支撑构件屈服的耗能梁段；钢框架-屈曲约束支撑结构的特点则是将支撑杆件设计成约束屈曲消能杆件来减少地震对建筑的影响。

图4-33　钢框架-支撑结构

（图片来源：http://m.sohu.com/a/252616754_818976）

（3）钢框架-延性墙板结构

钢框架-延性墙板结构是由钢框架和延性墙板组成的能共同承受竖向和水平作用的结构。延性墙板是指具有良好延性和抗震性能的墙板，有带加劲肋的钢板剪力墙、带竖缝混凝土剪力墙等。钢框架-延性墙板结构的适用范围与钢框架-支撑结构相同。

（4）钢框架-核心筒结构

钢框架-核心筒结构是由钢框架和钢筋混凝土核心筒组成的双重抗侧力结构，核心筒承担地震等水平作用，外围钢框架承担竖向作用，一般在核心筒内部布置电梯间、楼梯间等公共设施空间。钢框架-核心筒结构的侧向刚度大于钢框架结构，结构造价介于钢结构和钢筋混凝土结构之间，施工速度则优于钢筋混凝土结构。钢框架-核心筒结构主要用于超高层办公楼、酒店、综合楼等建筑。

（5）交错桁架结构

交错桁架结构主要由框架柱、横向平面桁架和楼面板组成。柱布置在房屋外围而不布置中柱，桁架的高度与楼层高度相同，长度与房屋结构宽度相同，桁架沿高度方向在相邻框架柱上为上、下层交错布置（图4-34）。该结构可获得更大开间和进深，适用于结构平面为矩形或弧形的多高层住宅、办公楼等钢结构建筑。

（6）门式刚架结构

门式刚架结构是承重结构采用变截面或等截面实腹刚架的单层房屋结构，具有受力简单、传力路径明确、构件制作快捷、便于工厂化加工、施工周期短等特点，广泛应用于单层工业厂房、超级市场和展览馆、库房以及各种不同类型仓储式工业及民用建筑中。

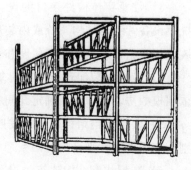

图 4-34 交错桁架结构

（7）低层冷弯薄壁型钢结构

低层冷弯薄壁型钢结构采用冷弯薄壁型钢为主要承重构件，主要适用于 3 层以下的低层住宅、别墅等。目前广泛应用的冷弯薄壁型钢结构是由复合墙板、楼板与屋架组成的"盒子"式结构（图 4-35），水平荷载由抗剪墙体承担，竖向荷载由承重墙体中的立柱承担。该结构采用的构件尺寸较小，有利于室内布置，自重较轻；结构所用的部品和构件全由工厂生产制造，施工安装快，在功能和经济上具有明显优势。

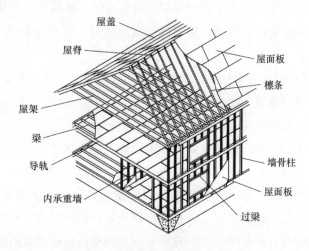

图 4-35 冷弯薄壁型钢结构体系组成

（图片来源：*Prescriptive method for residential cold-formed steel framing*）

4.3.2 装配式钢结构建筑设计

1. 装配式钢结构建筑的建筑设计要点

1）装配式钢结构建筑比普通钢结构建筑更强调整个建筑的部品与技术系统的集成化，需要采用系统集成的方法统筹装配式钢结构建筑的设计、生产运输、施工安装和使用维护整个过程的协同。

2）装配式钢结构在设计时，除考虑钢结构系统外，还要考虑外围护系统、内装系统、设备管线系统的协同设计，不同专业（建筑、结构、给水排水、暖通空调、电气、智能化和燃气等）之间也需要进行协同设计。

3）注意实体构件接口的设计和管理，包括围护部品与结构系统、内装部品与结构系统、设备管线与结构系统或内装部品之间的预留、预埋和连接，应采用标准化的接口以提高装配式钢结构建筑的施工精度和效率。

4）应根据装配式钢结构建筑的建筑类型、使用功能、部品构件的生产与装配要求等，依照模数协调的原则，确定开间、进深、层高、洞口的优先尺寸。

5）装配式钢结构建筑应按照通用化、模数化、标准化的要求和少规格、多组合的原则，实现建筑及部品构件的系列化、多样化。

6）装配式钢结构建筑的设计应满足国家标准对建筑适用性能、安全性能、环境性能、经济性能、耐久性能等性能的规定，尤其注意耐火、耐腐蚀、隔声、保温、舒适度等性能。装配式钢结构建筑应采用绿色环保的建材和性能优良的部品构件，保证整体性能和品质。

7）装配式钢结构建筑的平面设计和空间设计应满足结构构件布置、立面基本元素组合及可实施性的要求，应采用大开间、大进深的设计，以实现空间的灵活布置。

8）装配式钢结构建筑的平面几何形状应当规则平整。在平面设计时应在模数协调的基础上将功能空间进行组合设计，对于公共建筑应将电梯间、楼梯间、公共管井等模块进行组合优选；对于居住建筑则应将电梯间、楼梯间、集成式卫生间（或整体卫浴）、集成式厨房等模块进行组合优选。

9）在进行装配式钢结构建筑的立面设计时，应注意简洁、上下贯通，立面元素要标准化、通用化，立面效果要美观、多样。

2. 装配式钢结构建筑的结构设计要点

装配式钢结构建筑的结构设计所依据的国家标准与行业标准、结构设计的基本原则、计算方法、结构选型、构件设计、钢材选用等内容与普通钢结构的结构设计都相同。

1）对于钢构件的钢材牌号、质量等级及其性能要求，应根据构件的重要性和荷载特征、结构形式和连接方法、应力状态、工作环境以及钢材品种和板件厚度等因素确定，并应在设计文件中完整注明钢材的技术要求。低层装配式钢结构建筑可采用冷弯薄壁型钢；多层和高层建筑的梁、柱、支撑则宜选用能高效利用截面刚度、代替焊接截面的各类高效率结构型钢（冷弯或热轧各类型钢）。

2）装配式钢结构建筑应根据建筑功能、建筑高度以及抗震设防烈度等选择本书 4.3.1 节所述的相应结构体系，同时结构体系需符合如下规定：应具有明确的计算简图和合理的传力路径；应具有适宜的承载能力、刚度及耗能能力；应避免因部分结构或构件的破坏而导致整个结构丧失承受重力荷载、风荷载和地震作用的能力；对薄弱部位应采取有效的加强措施。当有可靠依据并通过相关论证时，也可采用新型结构体系，包括新型构件和节点。

3）在结构布置方面，装配式钢结构建筑的结构平面布置宜规则、对称，竖向布置宜保持刚度、质量变化均匀，同时考虑温度作用、地震作用或不均匀沉降等效应的不利影响。

4）《装配式钢结构建筑技术标准》（GB/T 51232—2016）规定了多高层装配式钢结构建筑适用的最大高度，见表 4-3。

表 4-3　多高层装配式钢结构建筑适用的最大高度　（单位：m）

抗震设防烈度　　　　结构体系	6 度 (0.05g)	7 度		8 度		9 度 (0.40g)
		(0.10g)	(0.15g)	(0.20g)	(0.30g)	
钢框架结构	110	110	90	90	70	50
钢框架—中心支撑结构	220	220	200	180	150	120
钢框架—偏心支撑结构 钢框架—屈曲约束支撑结构 钢框架—延性墙板结构	240	240	220	200	180	160
简体（框筒、筒中筒、桁架筒、束筒）结构、巨型结构	300	300	280	260	240	180
交错桁架结构	90	60	60	40	40	—

注：1. 本表来自《装配式钢结构建筑技术标准》（GB/T 51232—2016）的 5.2.6 条。

　　2. 房屋高度是指室外地面到主要屋面板板顶的高度（不包括局部凸出屋顶部分）。

　　3. 超过表内高度的房屋，应进行专门研究和论证，采取有效的加强措施。

　　4. 交错桁架结构不得用于 9 度抗震设防烈度区。

　　5. 柱子可采用钢柱或钢管混凝土柱。

　　6. 特殊设防类，6～8 度时宜按本地区抗震设防烈度提高一度后符合本表要求，9 度时应做专门研究。

5）多高层装配式钢结构建筑适用的最大高宽比与普通钢结构建筑相同，具体见表 4-4，注意计算高宽比的高度从室外地面算起。

表 4-4　多高层装配式钢结构建筑适用的最大高宽比

抗震设防烈度	6 度	7 度	8 度	9 度
最大高宽比	6.5	6.5	6.0	5.5

注：本表来自《装配式钢结构建筑技术标准》（GB/T 51232—2016）的 5.2.7 条。

6）《装配式钢结构建筑技术标准》（GB/T 51232—2016）规定，在风荷载或多遇地震标准值作用下，弹性层间位移角不宜大于 1/250，采用钢管混凝土柱时不宜大于 1/300。对于装配式钢结构住宅，在风荷载标准值作用下的弹性层间位移角不应大于 1/300，屋顶水平位移与建筑高度之比不宜大于 1/450。

7）对于装配式钢结构建筑构件之间的连接设计，应符合抗震设计的构造要求，并应按弹塑性设计，连接的极限承载力应大于构件的全塑性承载力。装配式钢结构建筑构件的连接宜采用螺栓连接，也可采用焊接。有可靠依据时，梁柱可采用全螺栓的半刚性连接，此时结构计算应计算节点转动对刚度的影响。

8）对于高度不小于 80m 的装配式钢结构住宅以及高度不小于 150m 的其他装配式钢结构建筑，应依据国家现行有关标准进行风振舒适度验算。

9）钢结构应按国家现行有关标准进行防火和防腐设计。钢结构构件防火主要可通过涂刷防火涂料和用防火材料干法被覆。国内应用较多的是涂刷防火涂料的方法，但装配式钢结构建筑提倡采用干法施工，故用防火材料干法被覆的方式将会得到进一步发展。此外，研发应用耐火钢也是解决钢结构防火问题的有效途径。

10）当抗震设防烈度为8度及以上时，装配式钢结构建筑可采用隔振或消能减振结构，具体按国家现行有关标准执行。

4.3.3 装配式钢结构构件的生产与运输

1. 深化设计

钢构件生产前需要进行深化设计，深化设计图应根据设计图等有关技术文件进行编制，其内容包括设计说明、构件清单、布置图、加工详图、安装节点详图等（图4-36），设计深度应满足生产、运输和安装等技术要求。

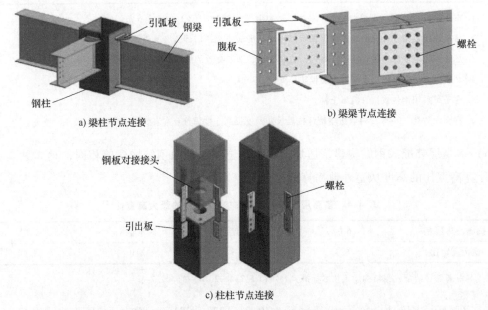

图4-36 装配式钢结构连接节点的深化设计模型

（图片来源：《装配式钢结构建筑的深化设计探讨》）

2. 生产工艺分类

装配式钢结构建筑因其结构体系、构件选用等内容的差别，相应构件的生产工艺、生产自动化程度和生产组织方式各不相同，有研究将装配式钢结构建筑的构件生产分为五种类型：①普通钢构件制作，生产钢柱、钢梁、支撑、剪力墙板、桁架等；②压型钢板及其复合板制作，生产压型钢板、钢筋桁架楼承板、屋面板等；③网架结构构件制作，生产平面或曲面网架结构的杆件和连接件等；④集成式低层钢结构建筑制作，生产和集约钢结构建筑各个系统的构件、部品与零配件等；⑤低层冷弯薄壁型钢建筑制作，生产低层冷弯薄壁型钢建筑的结构系统与外围护系统部品部件。

3. 普通钢结构构件制作工艺

普通钢结构构件的制作一般包括的内容有：①将型钢剪裁成设计的形状、尺寸或长度；

②将不够长的型钢焊接接长，或拼接钢板；③将钢板焊接成需要的构件，如 H 形柱、带肋的剪力墙板等；④用型钢焊接桁架或其他格构式构件；⑤在钢构件上钻孔，包括用于构件连接的螺栓孔、用于构件通过的预留孔；⑥清理剪裁、钻孔的毛边以及表面的不光滑处；⑦除锈，钢构件除锈宜在室内进行，除锈方法及等级应符合设计要求及有关标准规定；⑧防腐蚀处理，宜在室内按设计文件的规定进行防腐涂装，当设计文件未规定时，应依据建筑不同部位对应的环境要求进行防腐涂装系统设计，并符合有关标准的规定。

钢结构构件宜采用自动化生产线进行加工制作，减少手工作业。当钢构件与墙板、内装部品等存在接口时，在深化设计等技术文件允许的情况下，钢构件与墙板、内装部品等的连接件宜在工厂与钢构件一起加工制作。在必要的时候，钢构件需要在出厂前进行预拼装，方式包括实体预拼装或数字模拟预拼装。

4. 钢结构构件包装、运输和堆放

钢结构构件或建筑部品部件出厂时，应有构件或部品重量、重心位置、吊点位置、能否倒置等提醒标志。装配式钢结构建筑所需的部品部件在出厂前应进行包装，为部品部件提供一定程度的保护，以免在运输及堆放过程中出现破损和变形。对于超高、超宽、形状特殊的大型构件的运输和堆放则应制定专门的方案。

钢结构构件或建筑部品部件的运输方式应根据部品部件特点、工程要求等确定。钢结构构件运输时所选用的运输车辆应满足构件或部品部件的尺寸、重量等要求，装卸时应采取保证车体平衡的措施；运输时应采取防止构件或部品部件损坏的措施，对构件边角部或链索接触处宜设置保护衬垫；整个过程中应采取防止构件移动、倾倒、变形等的固定措施。

钢结构构件出厂后在堆放、运输、吊装的过程中需要采取成品保护措施。钢结构部品部件在堆放时，所选择的堆放场地应平整、坚实，并按部品部件的保管技术要求采用相应的防雨、防潮、防暴晒、防污染和排水等措施。构件支垫应坚实，垫块在构件下的位置宜与脱模、吊装时的起吊位置一致。当构件重叠堆放时，每层构件间的垫块应上下对齐，堆垛层数应根据构件、垫块的承载力确定，并应根据需要采取防止堆垛倾覆的措施。构件放置好后，应当在四周放置警示标志，针对本工程需要的零件、散件则应采用专用的、有标识的箱子进行存放。

4.3.4 装配式钢结构建筑施工安装

1. 装配式钢结构建筑施工安装工艺

装配式钢结构建筑施工安装的内容主要有基础施工、钢结构主体结构安装、外围护结构安装、设备管线系统安装、集成式部品安装和内装修等。不同的装配式钢结构建筑，其安装工艺也会有所差别。施工单位应根据装配式钢结构建筑的特点，选择合适的施工方法，制定合理的施工顺序，应尽量减少现场支模和脚手架用量，提高施工效率。

图 4-37 ~ 图 4-40 分别展示了钢结构轻型门式刚架工业厂房、集成式低层钢结构别墅、高层钢框架—支撑（或延性墙板）结构住宅以及高层钢柱—板加斜支撑结构办公楼的施工安装流程。

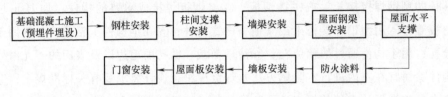

图 4-37　钢结构轻型门式刚架工业厂房的施工安装流程

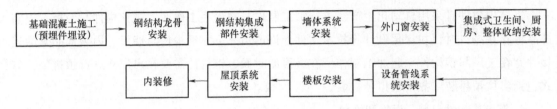

图 4-38　集成式低层钢结构别墅的施工安装流程

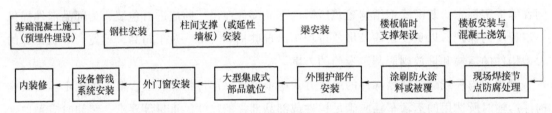

图 4-39　高层钢框架-支撑（或延性墙板）结构住宅的施工安装流程

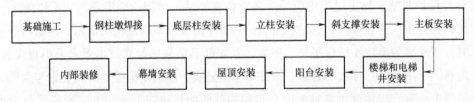

图 4-40　高层钢柱—板加斜支撑结构办公楼的施工安装流程

（图片来源：图 4-37 ～图 4-39：《装配式建筑概论》；图 4-40：《装配式钢结构办公楼施工技术》）

2. 装配式钢结构建筑施工组织设计的技术要点

1）施工单位应对进场的部品部件进行验收，检查合格后方能使用。对于现场检查比较困难的大型构件，应当在出厂前进行检查，在施工现场主要检查构件是否在运输过程中有损坏等。

2）高层建筑一般设置塔式起重机，多层建筑可采用塔式起重机、轮式起重机进行安装，单层工业厂房和低层建筑一般用轮式起重机安装。起重机的选用需要注意钢结构构件和建筑部品部件的重量、尺寸、形状和吊装高度。

3）应对钢结构构件和其他系统部品部件进行吊点设计或设计复核，进行吊具设计。

4）钢结构应根据结构特点选择合理顺序进行安装，形成稳固的空间单元，必要时应增加临时支撑或临时措施，如有的竖向构件（钢柱、组合楼板等）安装后需要设置临时支撑，有的构件（屋面梁等）在安装过程中则需要采取临时固定措施。

5）钢结构施工期间应对结构变形、环境变化等进行过程监测，监测的方法、内容及部位需要根据设计或结构特点确定。

3. 装配式钢结构建筑施工质量控制要点

1）高层钢结构安装时，随着楼层升高，结构承受的荷载将不断增加，这将使已安装完成的竖向结构产生竖向压缩变形，同时也对局部构件（如伸臂桁架杆件）产生附加应力和弯矩。因此，高层钢结构建筑施工安装时应考虑竖向压缩变形对结构的影响，并应根据结构特点和影响程度采取预先调整安装标高、设置后连接构件等措施。

2）严格控制构件安装标高精度、竖直构件的垂直度和水平构件的平整度。

3）钢结构现场焊接工艺和质量、紧固件连接工艺和质量均应符合国家有关标准的规定，达到设计要求。

4）钢结构构件在运输、存放和安装过程中损坏的涂层以及安装连接部位的涂层应进行现场补漆，并达到设计要求。

5）钢结构构件表面防腐油漆的底层漆、中间漆和面层漆之间的搭配应相互兼容，防腐油漆与防火涂料应相互兼容，以保证涂装系统的质量。现场防腐和防火涂装均应符合国家有关标准的规定，达到设计要求。

4.3.5 装配式钢结构建筑质量验收与使用维护

1. 装配式钢结构建筑质量验收

装配式钢结构建筑质量验收主要包括结构系统验收、外围护系统验收、设备与管线系统验收、内装系统验收和竣工验收。本节简要介绍《装配式钢结构建筑技术标准》（GB/T 51232—2016）对部品部件进场验收、结构系统验收和竣工验收的有关规定。

（1）部品部件进场验收

部品部件进场时需要进行验收，部品部件应符合国家现行有关标准的规定，并应具有产品标准、出厂检验合格证、质量保证书和使用说明文件书等文件。同一厂家生产的同批材料、部品，用于同期施工且属于同一工程项目的多个单位工程，可合并进行进场验收。

（2）结构系统验收

钢结构系统的验收项目主要包括钢结构的施工质量验收，钢结构主体工程的焊接工程验收和紧固件连接工程验收，钢结构防腐蚀涂装工程验收，钢结构防火涂料的黏结强度、抗压强度的验收，装配式钢结构建筑的楼板和屋面板验收，钢楼梯验收。安装工程可按楼层或施工段等划分为一个或若干个检验批，地下钢结构可按不同地下层划分检验批。钢结构安装检验批应在进场验收和焊接连接、紧固件连接、制作等分项工程验收合格的基础上进行验收。

（3）竣工验收

竣工验收的步骤可按验收前准备、竣工预验收和正式验收三个环节进行。单位工程完工后，施工单位应组织有关人员进行自检。总监理工程师应组织各专业监理工程师对工程质量进行竣工预验收。建设单位收到工程竣工验收报告后，应由建设单位项目负责人组织监理、施工、设计、勘察等单位项目负责人进行单位工程验收。施工单位应在交付使用前与建设单位签署质量保修书，并提供使用、保养、维护说明书。建设单位应当在竣工验收合格后，按《建设工程质量管理条例》的规定向备案机关备案，并提供相应的文件。

2. 装配式钢结构建筑使用维护

（1）一般规定

装配式钢结构建筑的设计文件应注明其设计条件、使用性质及使用环境，业主或使用者不应改变这些内容。装配式钢结构建筑的建设单位在交付物业时，应按国家有关规定的要求，向物业提供建筑质量保证书和建筑使用说明书。建设单位移交相关资料后，业主与物业服务企业应按法律法规要求，共同制定物业管理规约，并宜制订"检查与维护更新计划"。使用与维护宜采用信息化手段（如基于 BIM 的物业管理平台等），建立智能化系统的管理和维护方案。

（2）结构体系的使用维护

建筑使用说明书应包含主体结构设计使用年限、结构体系、承重结构位置、使用荷载、装修荷载、使用要求、检查与维护等。物业服务企业应根据建筑使用说明书，在"检查与维护更新计划"中建立对主体结构的检查与维护制度，明确检查时间与部位，检查与维护的重点是可能影响到主体结构安全性和耐久性的内容，包括主体结构损伤、建筑渗水、钢结构锈蚀、钢结构防火保护损坏等。装配式钢结构建筑的室内二次装修、改造和使用中，不应损伤主体结构。

（3）外围护系统的使用维护

《建筑使用说明书》中有关外围护系统的部分宜包含的内容有：外围护系统基层墙体和连接件的使用年限及维护周期，外围护系统外饰面、防水层、保温以及密封材料的使用年限及维护周期，外墙可进行吊挂的部位、方法及吊挂力，日常与定期的检查与维护要求。

物业服务企业应依据建筑使用说明书，在"检查与维护更新计划"中建立对外围护系统的检查与维护制度，检查与维护的重点应包括外围护部品外观、连接件锈蚀、墙屋面裂缝及渗水、保温层破坏、密封材料的完好性等，并形成检查记录。

当遇地震、火灾后，应对外围护系统进行检查，并视破损程度进行维修。

业主与物业服务企业应根据建筑质量保证书和建筑使用说明书中建筑外围护部品及配件的设计使用年限资料，对接近或超出使用年限的部品及配件进行安全性评估。

（4）设备与管线系统的使用维护

建筑使用说明书有关设备与管线系统的部分应包括的内容有：设备与管线的系统组成、特性规格、部品寿命、维护要求、使用说明等。物业服务企业应建立对设备与管线的检查与维护制度，对公共部位及其公共设施设备与管线进行定期巡检和维护，保证设备与管线系统的安全使用。此外，在装修改造时，不应破坏主体结构、外围护系统。

（5）内装系统的使用维护

建筑使用说明书有关内装系统的部分应包括的内容有：内装系统的做法、部品寿命、维护要求、使用说明等。内装工程项目应建立易损部品部件备用库，保证内装系统更新维护的有效性和及时性。此外，建筑使用说明书中尚应包含二次装修、改造的注意事项，应包含允许业主或使用者自行变更的部分与禁止部分，以及建筑部品部件生产厂、供应商提供的产品使用维护说明书，主要部品部件宜注明合理的检查与使用维护年限。

4.4 装配式木结构

装配式木结构是采用工厂预制的木结构组件和部品，以现场装配为主要手段建造而成的结构。其中，预制木结构组件是指由工厂制作、现场安装，并具有单一或复合功能的，用于组合成装配式木结构的基本单元，简称木组件，包括柱、梁、预制墙体、预制楼盖、预制屋盖、木桁架、空间组件等；部品则是指由工厂生产，构成外围护系统、设备与管线系统、内装系统的建筑单一产品或复合产品组装而成的功能单元的统称。

装配式木结构建筑是指建筑的结构系统由木结构承重构件组成，结构系统、外围护系统、设备与管线系统、内装系统的主要部分采用预制部品部件集成的建筑。

4.4.1 装配式木结构建筑的类型

装配式木结构建筑按采用的木结构形式分为纯木结构和木混合结构建筑。纯木结构是指承重构件均采用木材或木材制品制成的结构形式，包括方木原木结构、胶合木结构和轻型木结构。纯木结构建筑如图 4-41 所示。

a) 方木原木结构　　　　　b) 胶合木结构　　　　　c) 轻型木结构

图 4-41　纯木结构建筑

（1）方木原木结构

方木原木结构是指承重构件主要采用方木或原木制作的建筑结构。方木原木结构的结构形式主要包括穿斗式结构、抬梁式结构、井干式结构、木框架剪力墙结构、梁柱式木结构以及作为楼盖或屋盖在其他材料结构中（混凝土结构、砌体结构、钢结构）组合使用的混合木结构。

（2）胶合木结构

胶合木结构是指承重构件主要采用胶合木制作的建筑结构。胶合木是以厚度一般为20～45mm的板材，沿顺纹方向叠层胶合而成的木制品，也称层板胶合木，或称结构用集成材。目前已采用各种木质结构复合材，如：正交胶合木（CLT）、旋切板胶合木（LVL）、层叠木片胶合木（LSL）和平行木片胶合木（PSL）。

胶合木结构建筑能合理使用木材，减少天然木材无法控制的缺陷影响，提高木材强度设计值，并能合理级配、量材使用，能更好地满足建筑设计中各种不同类型的功能要求；胶合木结构构件能采用工业化生产，具有良好的保温性，导热系数低，热胀冷缩变形小，构件尺寸和形状稳定。

（3）轻型木结构

轻型木结构是指用规格材、木基结构板或石膏板制作的木架构墙体、楼板和屋盖系统构成的建筑结构。采用的材料包括规格材、木基结构板材、工字形搁栅、结构复合材和金属连接件等。其具有节能性能好、施工简便、材料成本低、抗震性能好的优点。轻型木结构也被称为"平台式骨架结构"，因为这种结构形式在施工时以每层楼面为平台组装上一层结构构件。

轻型木结构建筑可根据施工现场的运输条件，将木结构的墙体、楼面和屋面承重体系（如楼面梁、屋面桁架）等构件采取在工厂制作成基本单元，然后在现场进行安装的方式建造。

（4）木混合结构

木混合结构是指由木结构构件与钢结构构件、混凝土结构构件组合而成的混合承重的结构形式，包括上下混合装配式木结构、水平混合装配式木结构、平改坡的屋面系统装配式以及混凝土结构中采用的木骨架组合墙体系统。

4.4.2 装配式木结构构件制作与连接

1. 装配式木结构构件制作

装配式木结构建筑的工厂预制主要有构件预制、板块式预制、模块化预制和移动木结构。

（1）构件预制

构件预制是指单个木结构构件工厂化制作，如梁、柱等构件和组成组件的基本单元构件，该建造技术主要适用于方木原木结构和胶合木结构。构件预制是工厂预制的最基本方式，构件运输方便，并可根据客户具体要求实现个性化生产，但现场施工劳动量大。

构件预制的加工设备都是采用先进的数控机床（CNC）。目前，国内大部分木结构企业在引进国外先进的木结构加工设备和成熟技术后，都具备了一定的构件预制的生产能力。

（2）板块式预制

板块式预制是通过结构分解将整栋建筑分解为几个板块，在工厂预制完成后运输到现场吊装组合而成的。预制的板块大小和尺寸根据建筑物体量、跨度、进深、结构形式和运输条件而定。一般而言，每面墙体、每层楼板和每侧屋盖构成单独的板块。

预制板块根据有无开口，又分为开放式和密封式两种：

1）开放式板块是指墙面没有封闭，保持一面或双面外露的板块。其便于后续各个板块之间的现场组装、安装电器等设备和现场验货。开放式板块集成了结构层、保温层、防潮层、防水层、外围护墙板和内墙板。通常，开放式板块的外侧为完工表面，内侧墙板未安装。

2）封闭式板块内外侧均为完工表面，且完成了设施布线和安装，仅各板块连接部分保持开放。这种建造技术主要适用于轻型木结构建筑，可以大大缩短施工工期。

板块式木结构技术既充分利用了工厂预制的优点，又便于运输，是实现木结构建筑长距离贸易特别是国际贸易经济性的保障。

（3）模块化预制

模块化预制可用于建造单层或多层的木结构建筑。一般单层的木结构建筑由 2～3 个模块组成，两层的木结构建筑由 4～5 个模块组成。一般模块化预制木结构会有一个临时性的钢结构支撑以满足吊装的强度要求，吊装完成后撤除钢结构支撑。模块化木结构既能最大化地实现工厂预制，在层数上又可以实现自由组合，在欧美等发达国家得到了广泛应用，但在国内还处于探索阶段，未来将会是木结构建筑发展的重要方向。

（4）移动木结构

移动木结构是整座房子完全在工厂预制装配的木结构建筑，不仅在工厂内完成了所有的结构工程，还完成了所有的内外部装修和装饰工程；管道、电气、机械系统和厨卫家具都安装到位。房屋运输到建筑现场通过吊装安放在预先建造好的基础上，接驳上水、电、煤气后，住户可立即入住。但由于交通运输问题，目前此种技术体系的预制木结构还仅局限于单层小户型木结构住宅和景区内的小面积景观房屋。

2. 装配式木结构建筑的连接形式

传统木结构的连接节点一般通过木工制作的榫卯连接得以实现，而在现代木结构中，取而代之的是各种标准化、规格化的金属连接件。我国现行《木结构设计标准》（GB 50005—2017）将各类连接件分为齿连接、销连接和齿板连接三大类。

（1）齿连接

齿连接是将受压构件的端头做成齿榫，抵承在另一构件的齿槽内以传递压力的一种连接方式，可采用单齿或多齿的形式，如图 4-42 所示。

齿连接的优势在于构造简单、传力明确、制作工具简易、连接外露易于检查等，它的缺点是开齿削弱构件截面、产生顺纹受剪作用导致脆性破坏。齿连接在装配式木结构当中很少使用。

（2）销连接

螺栓连接和钉连接统称为销连接。其中，在装配式木结构中，螺栓连接是最为常用的连接方式。螺栓连接的种类繁多、造型各异，根据受力情况可以分为单剪连接、双剪连接及多

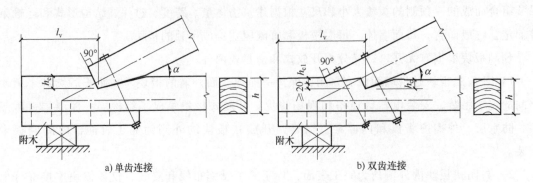

a) 单齿连接   b) 双齿连接

图 4-42　齿连接示意图

剪连接三种类型，在工程实际中大多采用单剪连接和双剪连接（图 4-43）。

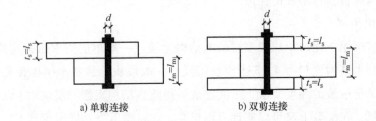

a) 单剪连接   b) 双剪连接

图 4-43　螺栓连接方式

d—螺栓直径　　l_m—螺栓在主构件中的贯入深度　　l_s—螺栓在侧面构件中的总贯入深度

t_s—较薄构件或边部构件的厚度　　t_m—较厚构件或中部构件的厚度

　　根据是否采用金属连接板以及金属连接板的位置，螺栓连接可以分为普通螺栓连接、钢夹板螺栓连接和钢填板螺栓连接三种。螺栓连接的紧密性和韧性较好，施工简单，连接安全可靠，在装配式木结构中使用最为广泛。

　　（3）齿板连接

　　齿板（图 4-44）是指经表面处理的钢板冲压成的带状板，一般由镀锌钢板制作。齿板连接（图 4-45）适用于轻型木结构建筑中规格材桁架的节点及受拉杆件的接长。齿板的承载力有限，不能用于传递压力。

图 4-44　齿板图

图 4-45　齿板连接

除上述三种常用连接以外，植筋连接也是近年来常用于装配式木结构的连接方式之一。木材植筋技术的做法是将筋材（如钢筋、螺栓杆、FRP 筋等）通过胶黏剂植入预先钻好的木材孔中，待胶体固化后形成整体。

4.4.3　装配式木结构建筑的安装、验收和维护要求

1. 装配式木结构建筑安装施工

装配式木结构建筑主体工程施工大致流程如图 4-46 所示。

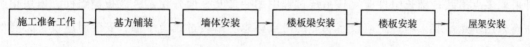

图 4-46　装配式木结构建筑主体工程施工流程图

我国现行《装配式木结构建筑技术标准》（GB/T 51233—2016）对装配式木结构建筑的安装施工做了明确的规定，其要点介绍如下。

（1）安装准备

1）装配式木结构建筑施工前，应按设计要求和施工方案进行施工验算。

2）预制木结构组件安装前应合理规划运输通道和临时堆放场地，并对成品堆放采取保护措施。

3）安装前，应检验混凝土基础部分满足木结构部分的施工安装精度要求。

4）安装前，应检验组件、安装用材料及配件符合设计要求和国家现行相关标准的规定。当检验不合格时，不得继续进行安装。检测内容包括：①组件外观质量、尺寸偏差、材料强度、预留连接位置等；②连接件及其他配件的型号、数量、位置；③预留管线或管道、线盒等的规格、数量、位置及固定措施等。

5）组件安装时应符合下列规定：①应进行测量放线，应设置组件安装定位标识；②应检查核对组件装配位置、连接构造及临时支撑方案；③施工吊装设备和吊具应处于安全操作状态；④现场环境、气候条件和道路状况应满足安装要求。

6）对安装工序要求复杂的组件，宜选择有代表性的单元进行试安装，并按试安装结果调整施工方案。

7）设备与管线安装前应按设计文件核对设备及管线参数，并应对预埋套管及预留孔洞的尺寸、位置进行复核，合格后方可施工。

（2）安装要点

1）组件吊装就位后，应及时校准并应采取临时固定措施。

2）组件吊装就位过程中，应检测组件的吊装状态，当吊装出现偏差时，应立即停止吊装并调整偏差。

3）组件为平面结构时，吊装时应采取保证其平面外稳定的措施，安装就位后，应设置防止发生失稳或倾覆的临时支撑。

4）组件安装采用临时支撑时，应符合下列规定：①水平构件支撑不宜少于2道；②预制柱或墙体组件的支撑点距底部的距离不宜大于柱或墙体高度的2/3，且不应小于柱或墙体高度的1/2；③临时支撑应设置可对组件的位置和垂直度进行调节的装置。

5）竖向组件安装应符合下列规定：①底层组件安装前，应复核基层的标高，并应设置防潮垫或采取其他防潮措施；②其他层组件安装前，应复核已安装组件的轴线位置、标高。

6）水平组件安装应符合下列规定：①应复核组件连接件的位置，与金属、砖、石、混凝土等的结合部位应采取防潮防腐措施；②杆式组件吊装宜采用两点吊装，长度较大的组件可采取多点吊装；细长组件应复核吊装过程中的变形及平面外稳定；③板类组件、模块化组件应采用多点吊装，组件上应设有明显的吊点标志。吊装过程应平稳，安装时应设置必要的临时支撑。

7）预制墙体、柱组件安装应先调整组件标高、平面位置，再调整组件垂直度。组件的标高、平面位置、垂直偏差应符合设计要求。调整组件垂直度的缆风绳或支撑夹板应在组件起吊前绑扎牢固。

8）安装柱与柱之间的梁时，应监测柱的垂直度。除监测梁两端柱的垂直度变化外，尚应监测相邻各柱因梁连接影响而产生的垂直度变化。

9）预制木结构螺栓连接应符合下列规定：①木结构的各组件结合处应密合，未贴紧的局部间歇不得超过5mm，接缝处应符合设计要求；②用木夹板连接的接头钻孔时，应将各部分定位并临时固定一次钻通；当采用钢夹板不能一次钻通时，应采取保证各部件对应孔的位置、大小一致的措施；③除设计文件规定外，螺栓垫板的厚度不应小于螺栓直径的0.3倍，方形垫板边长或圆垫板直径不应小于螺栓直径的3.5倍，拧紧螺母后螺杆外露长度不应小于螺栓直径的0.8倍。

2. 装配式木结构建筑工程验收

装配式木结构建筑与普通木结构建筑工程验收的要求一样，其要点是：

1）装配式木结构子分部工程应由木结构制作安装与木结构防护两个分项工程组成，并应在分项工程都验收合格后，再进行子分部工程的验收。

2）工厂预制木组件制作前应按设计要求检查验收采用的材料，出厂前应按设计要求检查验收木组件。

3）外观质量应符合下列规定：①A级，结构构件外露，构件表面洞孔应采用木材修补，木材表面应用砂纸打磨；②B级，结构构件外露，外表可采用机具抛光，表面可有轻度漏抛、细小的缺陷和空隙，不应有松软节的空洞；③C级，结构构件不外露，构件表面可不进行加工抛光。

4）主控项目包括：①结构用木材；②结构形式、布置与构件截面尺寸；③预埋件的位置、数量及连接方式；④连接件类别、规格与数量；⑤构件含水率；⑥受弯构件抗弯性能见证试验；⑦弧形构件曲率半径及其偏差；⑧装配式轻型木结构和装配式正交胶合木结构的承重墙、剪力墙、柱、楼盖、屋盖布置、抗倾覆措施及屋盖抗掀起等应对措施。

5）一般项目包括：①木结构尺寸偏差；②螺栓预留孔尺寸偏差；③混凝土基础平整度；④预制墙体、楼盖、屋盖组件内的填充材料；⑤外墙防水防潮层；⑥胶合木构件外观；⑦木骨架组合墙体的墙骨间距、布置、开槽或开孔的尺寸和位置，地梁板防腐、防潮及与基础锚固，顶梁板规格材层数、接头处理及在墙体转角和交接处的两层梁板的布置，墙体覆面板的等级、厚度、与墙体连接钉的间距，墙体与楼盖或基础连接件的规格和布置；⑧楼盖拼合连接节点的形式和位置，楼盖洞口的布置和数量，洞口周围的连接、连接件的规格尺寸及布置；⑨檩条、顶棚搁栅或齿板屋架的定位、间距和支撑长度，屋盖周围洞口檩条与顶棚搁栅的布置和数量，洞口周围檩条与顶棚搁栅的连接、连接件规格尺寸与布置；⑩预制梁柱的组件预制与安装偏差；⑪预制轻型木结构墙体、楼盖、屋盖的制作与安装偏差；⑫外墙接缝防水。

3. 装配式木结构建筑维护要求

装配式木结构建筑工程竣工使用 1 年时，应进行全面检查；此后宜按当地气候特点、建筑使用功能等，每隔 3~5 年进行检查。检查项目包括防水、受潮、排水、消防、虫害、腐蚀、结构组件损坏、构件连接松动、用户违规改用等情况。

对于检查项目中不符合要求的内容，应组织实施一般维修，包括修复异常连接件；修复受损木结构屋盖板，并清理屋面排水系统；修复受损墙面、顶棚；修复外墙围护结构渗水；更换或修复已损坏或已老化的零部件；处理和修复室内卫生间、厨房的渗漏水和受潮；更换异常消防设备。

对一般维修无法修复的项目，应组织专业施工单位进行维修、加固和修复。

复习思考题

1. 什么是装配式建筑，它有哪些优缺点？

2. 装配式建筑为什么要强调标准化设计，标准化设计的意义是什么？

3. 装配式混凝土建筑与现浇混凝土建筑相比，在设计理论和设计方法上有什么不同？

4. 如何理解装配式建筑"可靠的连接方式"，在装配式建筑中主要的连接方式有哪些？

5. 预制构件工厂制作工艺都有哪些？它们各自都适用于哪些种类预制构件？

6. 装配式钢结构建筑有哪些结构体系？

7. 发展装配式木结构建筑的意义是什么？

8. 目前装配式建筑还需要突破哪些主要的技术课题？

第 **5** 章

现场工业化建造

5.1 现场工业化建造概述

随着国内建设领域的技术创新和发展，先进的机械化、自动化现浇混凝土技术已在建筑市场中具备了相当的先进性和适用性。我国许多大型建设企业（集团）借助铝模、爬架、空中造楼机、BIM 等技术手段和精益、柔性等现代管理理念，将现浇混凝土施工发展成为了一种新型的现场工业化建造模式，该模式实现了施工作业的技术、组织、物流等在现场的高度集成，实现了"工程质量可控、建造周期可控、建安成本可控、建筑垃圾接近零排放"的目标。

5.1.1 现场工业化建造的内涵

现场工业化建造是指在建筑生产现场用工业化的方式对建筑生产对象进行工业化生产的方式，它把施工现场看成建筑产品生产的"工厂"，在整个建设过程中采用通用施工机械或大型工具（如定型铝模板）、信息化技术和生产管理标准组织生产。相比装配式建筑，它强调用机械设备代替人的手工劳动，强调知识在前期的集成，其建造过程是信息、物流、技术和管理在施工现场的高度集成。现场工业化考虑建筑产品及生产的特点，考虑钢筋混凝土等材料在中高层施工的特点，不采用分散化的混凝土预制构件的工厂生产和构件运输环节，比预制装配式方式一次性投资少、适应性强、结构整体性强。近些年发展起来的碧桂园 SSGF 体系、中建八局"六化"、万科"5＋2"体系以及旭辉"1＋1＋1"模式等建造体系就是这种工业化方式的典型代表（图 5-1）。但目前该施工方式还存在现场用

图 5-1　现场工业化建造实践

工量比装配式大，所用模板比预制的多，施工容易受到季节时令的影响，全自动化的施工过程还未形成等问题，建造技术一直处于不断的发展过程中。

5.1.2　现场工业化建造的特征

现场工业化不同于装配式建筑将构配件转移到工厂生产的工业化实现路径，其主要是将传统混乱、粗放的施工现场通过科学的技术和管理手段改造为广义的工厂，从而降低建造成本，并提高生产效率和建筑产品的质量。这种工业化建造模式是对传统建造方式的改良和升级，但建造的理念已经发生了很大变化。同时，这种建造模式与当下大力推广的装配式建造逻辑完全不同。现场工业化的显著特征主要体现在以下几个方面：

1. 可移动装配式广义工厂

工厂化生产被认为是传统建造业向工业化转变的重要途径之一。通过工厂化生产可以更好地利用机械化设备取代传统湿作业的方式生产建筑部品和构件，极大地提高产品生产的可控程度，提高部品生产精度，有利于规模化的生产创造更高的经济效益。通过严格的现场管理减小环境影响，同时可以将大量的建筑工人转变为产业工人，改善作业环境，保障安全生产。然而建筑业不同于制造业，建设项目的一次性，建筑产品的单件性，建设地点的固定性，建筑部品构件的大体积和复杂性决定了按照传统意义上进行工厂化生产的局限性。一般的部品、构件工厂化生产是以"模具固定，构件移动"的流水线生产方式。而这种方式只能保证部品、构件在工厂内的连续、自动化生产，无法实现产品的终端集成生产。在现场实施部品、构件组装时，面对的场地环境复杂，需要大量的地面起重设备进行高处作业，且随着作业进行，施工环境不断变化，完全没有连续性、自动化生产可言。

现场工业化建造则在理念上沿用传统意义上的"工厂生产"，除将内隔墙、楼梯、阳台等标准化程度较高的通用构件采用工厂化生产、现场装配的方法之外，在实际上反其道而行之，对"工厂化生产"进行逆向思维，实现建造空间上"模具固定，构件移动"向"构件固定，模具移动"的建造逻辑转变，由此产生了在现场创建"空中装配工厂"的现场工业化建造生产方式。这一方式以每层结构为一个基本构件单元，采用爬架和定制化的高精度建筑模具并通过模具纵向移动，实现每个楼层为一个装配化工厂，将传统装配的步骤集成为楼层模具空中装配、一次浇筑成型的新型装配式作业。由于这种"空中装配工厂"并非真正意义上的工厂，因此将其定义为广义工厂。这种工业化生产方式通过可移动的装配式工厂实现建造过程的纵向连续生产，保证了生产过程的可控性，提升了建造效率和建造质量。

2. 生产要素现场集成

现场工业化建造是面向最终建筑产品的现场集成模式。在爬模、铝模、精准布料等先进技术的基础上，将人、机、财、信息、组织等生产要素在现场选择搭配，相互之间以合理的结构形式结合在一起，在现场形成一个能发挥各要素优势，且最终能实现整体优势和整体优化目标的建造系统。这种现场集成注重资源、管理技术、信息技术、建造技术的融合与综合集成，通过不同的工序、专业以及组织间的协同工作，发挥现场集成建造系统整体功能倍增的效果。

相对于传统建造模式，生产要素的现场不再是简单的叠加组合和松散的合作模式。现场工业化建造在先进的技术保障之下，各要素在现场集成为一个有机整体，集成度大幅提升。同时，这种生产要素的现场集成模式有利于巩固建设主体在供应链中的控制地位，尽可能地将合作内部化，使其可在广泛的市场中选择优秀的供应商和淘汰处于次要地位的供应商，并刺激市场竞争，保障建造生产的稳定性。在信息技术的支持下，不同专业在现场分工和协同工作，有利于促进专业间的交叉学习，促进知识融合与创新，不断提升系统整体效率。

相对于装配式建筑，现场工业化建造这种集成生产方式面向的是最终建筑产品，强调施工现场面向最终建造产品的高度集成，打破了装配式只能面向构件进行连续生产而不得不面对复杂的现场施工的局限性。

3. 系统的标准化策略

第二次世界大战以后，为了满足大规模建造的需求，保证建筑部品的工厂化生产和持续使用，建筑标准化得到了很大的发展。在我国近年的建筑工业化进程中，随着装配式建筑的大力推广，人们对标准化的理解往往是部品、构件在设计中的标准化，而忽略了标准化的系统性和全面性，导致了建造标准化与需求多样化的矛盾，建造过程的割裂化、碎片化的现状与工业化建造一体化逻辑的矛盾，分散的生产组织模式与工业化建造对组织高度协同的要求之间的矛盾。

现场工业化则更加注重标准化的系统性和全面性，试图以最终产品为目标，用系统工程方法对工业化建造的全过程制定成套的技术标准，组成相互协调的标准化系统。与装配式建造的标准化策略不同，现场工业化采用了分级标准化策略，即从户型标准化、模块标准化到基本构配件标准化的自上而下的分解策略，和由基本构配件到模块化组成直至户型构成的组织策略。该策略同时注重生产和施工技术的标准化和管理的标准化，旨在为建筑物的生产提供系统的标准化解决方案，而不限制是否采用标准化预制构配件生产。同时，现场工业化重视铝模板/钢模板的标准化设计和使用，通过此类标准化模板的组装，可以在现场建立起上文中所说的可移动广义工厂，配合以先进的混凝土精准布料技术和移动广义工厂进行钢筋笼的生产、安装技术便可以实现建筑物的连续生产，未来甚至可以实现自动化生产。如此一来，只使用较少的标准化模板进行多样化的组装就能生产出满足人们需要的复杂多样的建筑形式，达到了采用最少的标准化模块进行多样化产品生产的目的。

4. 更高的施工机械化水平

经过多年的发展，当今的机械化、自动化现浇混凝土技术在国内建筑市场中已经具备了相当的先进性和适用性，甚至在许多方面具有超越预制装配式建筑的优势。近些年现浇混凝土建筑工业化水平不断提高，现浇混凝土从拌制运输、泵送上楼到浇筑入模成型，都实现了机械化，施工作业简单易行，速度快、质量好，完全实现了建筑工业化。这也说明不仅预制装配适合于机械化，以混凝土现浇为代表的现场工业化同样也可以适用机械化。目前，许多企业使用的精准布料和自动开合模技术也使得在输送浇筑和模板脱模过程中的手工作业人数大幅减少。随着未来我国 BIM 技术、人工智能技术以及空中造楼机技术的发展和综合应用，现场工业化建造将极有可能达到全自动化的无人建造水平，届时其机械化水平将达到更高的水平。

5. 更适合建筑材料的特性

现场工业化的产生与施工中采用的建筑材料关系密切。由于混凝土、石灰、石膏等材料结硬前具有良好的可塑性，而结硬后可加工性能大大降低，所形成的构件互相之间的连接容易出现质量问题，而解决这种质量问题需要较高的技术与管理水平，需要花费很大的时间和成本，因此对于这类建筑材料，与其花费很大力气去解决构件装配中出现的问题，不如采用模具把它们都浇筑到一起，这样装配中可能出现的质量、技术等问题也就不存在了。

5.2 施工机具设备的工业化

5.2.1　大模板体系

大模板是 20 世纪 70 年代我国实现模板工业化的重要探索，它是指模板尺寸和面积较大且有足够承载能力，整装整拆的大型模板。定型大模板通常由片状平面模板、连接配件共同构成，可以通过组合拼装的方式在施工现场进行组合调整以适应不同施工要求（图 5-2）。通常有定型组合钢模板、定型大木质大模板等。每道墙面可制成一块或数块，模板高度与楼层高度协调，由起重机进行装、拆和吊运。采用大模板可以采用机械化安装，实现了组合拼装定型，加快了模板的装、拆、运的速度，减少了用工量和缩短工期，提高了作业效率；整体刚度高，拼缝严密，可保证清水混凝土要求；单块板设计重量较轻，可以通过人工拆卸转移，减轻超高层建筑施工过程中的垂直运输压力。模板板面实行全覆膜封闭，可有效保护面板不受损坏，大大提高了模板周转性能，从而降低了模板的摊销费用，可适用于各类型的公共建筑、住宅建筑的墙体、柱子及桥墩等。

图 5-2　定型大模板

1. 基本构成

大模板主要由面板系统、支撑系统、操作平台系统和连接件等组成，具体如下：

面板系统包括面板、横肋、竖肋等。面板可以采用钢板、胶合板、木材等制作，常用的面板材料为钢板和胶合板。横肋和竖肋主要用于固定面板，并将混凝土侧压力传递给支撑系统，可采用型钢或冷弯薄壁型钢制作。

支撑系统包括支撑架和地脚螺栓，主要承受风荷载等水平力，以加强模板的刚度，防止模板倾覆，也可作为操作平台的支座，承受施工荷载。支撑架横杆下部设有水平与垂直调节螺旋千斤顶，在施工时，它能把作用力传递给地面或楼板，以调节模板的垂直度。

操作平台系统包括平台架、脚手板和防护栏杆。操作平台是施工人员操作的场所和运输的通道。连接件主要包括穿墙螺栓等。

图5-3为大模板构造示意图。

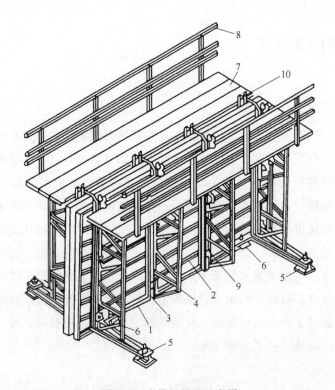

图5-3 大模板构造示意图

1—面板 2—横肋 3—竖肋 4—支撑桁架 5—螺旋千斤顶（调整水平用） 6—螺旋千斤顶（调整垂直用） 7—脚手板 8—防护栏杆 9—穿墙螺栓 10—固定卡具

（图片来源：筑龙建筑施工论坛）

2. 大模板施工

大模板施工前必须制定专项施工方案。安装必须保证工程结构各部分形状、尺寸和预留、预埋位置的正确。大模板施工应按照工期要求，并根据建筑物的工程量、平面尺寸、机械设备条件等组织均衡的流水作业。浇筑混凝土前必须对大模板的安装进行专项检查，并做检验记录，浇筑混凝土时应设专人监控大模板的使用情况，发现问题及时处理，吊装大模板时应设专人指挥，模板起吊应平稳，不得偏斜和大幅度摆动。

大模板的施工工艺流程如图 5-4 所示。

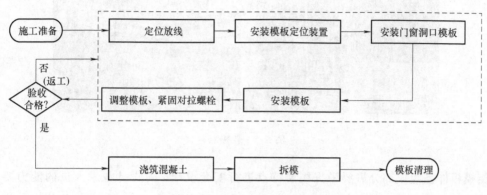

图 5-4 大模板的施工工艺流程图

大模板安装应符合模板的配板设计要求，模板安装时应按模板编号顺序遵循先内侧、后外侧，先横墙、后纵墙的原则；根部和顶部要有固定措施；大模板支撑必须牢固、稳定，支撑点应设在坚固可靠处；紧固对拉螺栓时应用力得当，不得使模板表面产生局部变形；大模板安装就位后，对缝隙及连接部位可采取堵缝措施，防止漏浆、错台现象。

大模板安装后，应分层浇筑混凝土，已浇筑的混凝土强度未达到 1.2N/mm² 以前不得踩踏和进行下道工序作业。使用外挂架时，墙体混凝土强度必须达到规定要求方可安装，挂架之间的水平连接必须牢靠、稳定。

大模板的拆除应保证拆除时的混凝土结构强度达到设计要求；当设计无具体要求时，应能保证混凝土表面及棱角不受损坏。拆除顺序应遵循先支后拆、后支先拆的原则。

3. 工艺特点

以建筑物的开间、进深、层高的标准化为基础，以大型工业化模板为主要施工手段，以预制拼装为前提，以现浇钢筋混凝土墙体为主导工序，组织有节奏的均衡施工。这种施工技术，优点是工艺简单、施工速度快，机械化施工程度高，表面平整度好，工程质量得到保证等；缺点是钢材一次性消耗量大，大模板的尺寸受到起重机械起重量的限制，模板的通用性较差等。

5.2.2 铝模板

铝模板全称为建筑用铝合金模板系统，又名铝合金模板，它是按模数制作设计，经专用设备挤压后制作而成，由铝面板、支架和连接件三部分系统所组成的具有完整的配套使用功能的通用部件，能组合拼装成不同尺寸的外形尺寸复杂的整体模架，装配化、工业化施工的系统模板，是继竹木模板、钢模板之后出现的新一代新型模板支撑系统（图 5-5）。其在建筑行业的应用，解决了以往传统模板存在的缺陷，提高了建筑行业的整体施工效率，在建筑材料、人工安排上都节省很多。

图 5-5　铝模板

铝模板体系组成部分需要根据楼层特点进行配套设计，对设计技术人员的能力要求较高。铝模板系统中约80%的模块可以在多个项目中循环利用，而其余20%仅能在一类标准楼层中循环应用，因此铝模板系统适用于标准化程度较高的超高层建筑或多层楼群和别墅群。在城市化程度较高的地区尤能体现以下技术优点：施工周期短；重复使用次数多，平均使用成本低；施工方便、效率高；稳定性好、承载力高；应用范围广；拼缝少，精度高，拆模后混凝土表面效果好；现场施工垃圾少，支撑体系简洁；标准、通用性强；回收价值高；低碳减排。

1. 基本构成

铝模板一般是按照模数制作设计，主要由模板系统、支撑系统、紧固系统、附件系统等组成，具体如下：

1）模板系统是由紧固连接的铝合金模板和支撑系统组成的体系，构成混凝土结构施工所需的封闭面，保证混凝土浇灌时建筑结构成型。

2）支撑系统是楞梁、立柱、连接件、斜撑、剪刀撑、水平拉条等构件的总称，在混凝土结构施工过程中起支撑作用，保证楼面、梁底及悬挑结构的支撑稳固。

3）紧固系统是保证模板成型的结构宽度尺寸，在浇筑混凝土过程中不产生变形，模板不出现胀模、爆模现象。

4）附件系统为模板的连接构件，使单件模板连接成系统，组成整体。

2. 铝模板施工

铝模板体系根据工程施工图，经定型化设计及工业化加工定制完成所需的标准尺寸模板构件及与实际工程配套使用的非标准构件。模板体系设计完成后，首先按设计图在工厂完成预拼装，满足工程要求后，对所有的模板构件分区、分单元分类做相应标记。然后打包转运到施工现场分类进行堆放。现场模板材料就位后，按模板编号"对号入座"分别安装。安装就位后，利用可调斜撑调整模板的垂直度，利用竖向可调支撑调整模板的水平标高，利用穿墙对拉螺杆及背楞保证模板体系的刚度及整体稳定性。在混凝土强度达到拆模规定的强度后，保留竖向支撑，按先后顺序对墙模板、梁侧模板及楼面模板进行拆除，迅速进入下一层的循环施工。具体的施工工艺流程如图5-6所示。

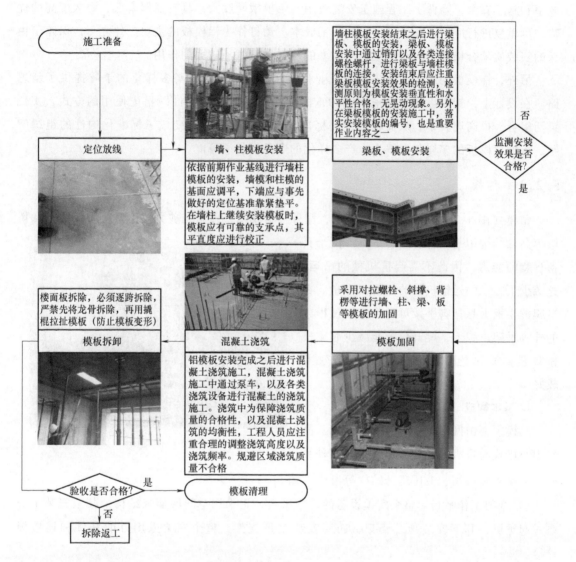

图 5-6　铝模板施工工艺流程图

铝模板的施工应注意以下事项：

1）安全管理。可通过三种方式进行改善和落实：加强施工人员的安全意识培训；加强施工中的专业技术培训；落实施工人员安全装备的穿戴。

2）密封性检测。密封性检测是铝模板技术主要的注意事项之一，可以规避混凝土浇筑漏浆现象，确保后期混凝土性能的有效发挥。

3）平整度检测。平整度检测是指通过电子水平仪进行模板安装水平性和垂直性的测试，它可确保后期混凝土浇筑的有效性和合格性。

3. 工艺特点

铝模板自重轻，可通过大型机械设备对铝模板进行安装和调试，有效保障了工程的施工效率和施工安全，降低了工程施工安装费用。铝模板硬度大，具有变形率低、耐久度高的优势，可重复进行应用，降低了工程的施工成本。销钉作为铝模板的主要配件之一，保障了模板的安装质量合格性，对于模板施工效率的提升也发挥了较大的作用。

另外，铝模板的应用为解决建筑工业化推进过程中标准化与多样化的矛盾提供了新思路。在设计上，铝模板通常会采用"80%标准件加20%非标准件"搭配使用的方式，实现灵活组合，提高周转率，从而将构件的标准化和多样化问题转变成了标准化构件的组织问题。标准化模板的多样化组织为生产多样化的产品提供了可能。

5.2.3 爬模

爬模（图5-7）是爬升模板的简称，国外称为跳模，在施工剪力墙体系、筒体体系和桥墩等高耸结构中是一种有效的工具。由于具备自爬的能力，因此不需起重机械的吊运，这减少了施工中运输机械的吊运工作量。在自爬的模板上悬挂脚手架可省去施工过程中的外脚手架。综上，爬升模板能减少起重机械数量、加快施工速度，因此经济效益较好。

图5-7　爬模

1. 基本构成

爬模主要由网架工作平台、双悬臂双吊钩中心塔式起重机、外挂L形支架、内外套架、内爬支脚机构、液压爬升结构等组成（图5-8）。

1）网架工作平台：整个爬模设备的工作平台，它采用空间网架式结构，其上安装中心塔式起重机，其下安装顶升爬架，四周安装L形支架，整个网架采用万能杆件和连接板栓接。

2）双悬臂双吊钩中心塔式起重机：连接在网架平台中心处，随爬模一起上升，中心塔式起重机采用双悬臂吊钩形式，以减少配重，该塔式起重机可双向上料并旋转。

3）外挂L形支架：连接在网架平台四周，下部与已凝固的墩壁连接，以增加爬模的稳定性，并作为墩身施工养护，表面整修的脚手架，其结构采用型钢杆件和连接板栓接。

4）内外套架：爬模系统的顶升传力机构，采用型钢杆件拼装，爬模是靠内外套架间的相对运动而不断爬升，为保证升降平稳，在内外套架间设有导向轮。

5）内爬支脚机构：爬升模爬升机构，依靠上下爬架的交替上升使爬模升高。

6）液压爬升结构：爬模爬升的动力设备，采用单泵双油缸并联定量系统，体积小、重量轻、结构紧凑、起降平稳，既可实现提升作业，又可将整个内外套架、内爬腿沿内壁逐级爬下，在墩底解体。

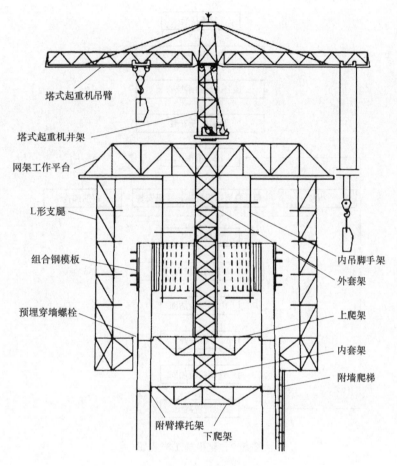

塔式起重机吊臂

塔式起重机井架

网架工作平台

L形支腿

组合钢模板

预埋穿墙螺栓

内吊脚手架

外套架

上爬架

内套架

附墙爬梯

附臂撑托架

下爬架

图 5-8　爬模结构示意图

2. 爬模施工

爬模施工技术的实施需要按照步骤进行。以超高层建筑爬模技术为例，此施工技术的实施需要经历两个大的环节。第一个环节是爬模系统设备的组装，包括爬模的拼装，支撑架、横梁桁架的安装，顶升、油路系统的安装和吊装爬模的安装。第二个环节是重复滑升。此环节每进行一次滑升，需要完成的基本工作如图 5-9 所示。

3. 工艺特点

爬模施工是当前超高层中较先进的施工方法，它集模板支架、施工脚手架平台于一体，利用已完成的主体结构为依托，随着结构的升高而升高，省去了大量的脚手架，具有快捷、轻巧、操作简单，中线易控制，外观质量光滑，施工费用低等特点。其以浇筑成型的钢筋混凝土为重要支承主体，模板与混凝土实现密贴，上层模板由下层模板上混凝土的黏结力与摩擦力支撑，垂直度、平整度、曲率易于调整及控制，可避免施工误差积累，设计合理，模板不占用施工场地，可循环使用，无须配置太多的数量。这一技术在智能化监测控制设备、集成化施工、模数结构化设计以及施工流程标准化方面的不断进步，为现浇混凝土技术实现现场工业化提供了重要的技术基础。

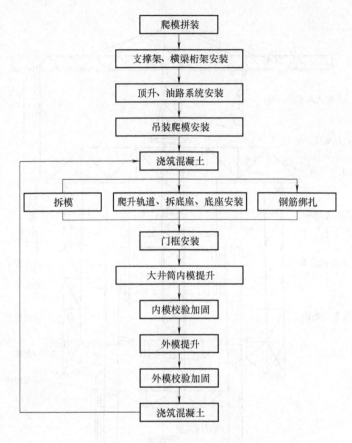

图 5-9　爬模施工流程图

5.2.4　全钢式爬架

全钢式爬架（简称全钢爬架，图 5-10），是用于建筑结构、安装、装修施工外立面防护，以一定高度的脚手架通过与建筑结构外围的梁、剪力墙、板的附着，依靠自身的升降设备，随着工程结构施工逐层爬升至结构封顶后利用塔式起重机拆除或下降进行外墙装饰作业的一种辅助施工外脚手架。全钢爬架架体全部使用型钢、钢板等钢材组合加工而成。简化了脚手架的拆装工序，且不受建筑物高度的限制，极大地减少了人力和材料。近年来，在推广工业化建筑，实现绿色建筑的背景下，万科、碧桂园等大型建设企业集团将全钢爬架与铝模板等先进技术集成创新应用，实现传统现浇向现代化的现场工业化建造的转型。

1. 基本构成

爬架的构成主要包括升降架体系、附墙支撑、防坠装置、控制装置、提升装置、荷载监测和防护体系等。爬升体系如图 5-11 所示。

1）升降架体系：附着式升降架，主导轨与架体主框架为一体式结构，主导轨为 T 形构式构造，刚度大、整体性好。

2）附墙支撑：可无极调整导轨与墙面的间距，可适应主体结构的偏差；与结构的附着

图 5-10 全钢式爬架

方式采用预埋套管的方法，可附着在墙、梁上，也可通过附着转换、加强装置附着在板上。

3）防坠装置：设置在支撑内部，分为摆针式防坠装置和杆式防坠装置（图 5-12）。

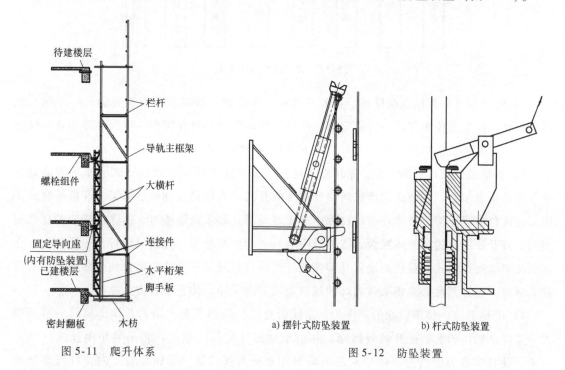

图 5-11 爬升体系

a) 摆针式防坠装置　　　b) 杆式防坠装置

图 5-12 防坠装置

4）控制装置：主遥控装置由操作负责人控制，小遥控人手一枚，发现异常情况，任何人可在第一时间遥控关停架体升降。

5）提升装置：提升设备配 7.5t 电动葫芦，提升速度为 140mm/min，架体电负荷与每组榀数有关，一般不超过 6kW。

6）荷载监测：架体自动监测各点荷载变化情况，超过荷载变化幅度限值时，自动声光报警,并关停架体。

7)防护体系:架体立杆间距1.8m,水平步距1.9m,内立杆距墙面间距400mm,内挑后为150~200mm,架体内外排间距900mm。架体与建筑结构做临时架体拉结,张挂网外排密目安全网。

2. 全钢爬架安装程序

爬架安装程序主要包括爬架组装、爬架提升、特殊位置处理、爬架拆除四部分。

1)爬架组装:当主体施工到标准层后,开始组装架体。架体组装前应熟读施工方案,清查各个机位的位置及附着形式。架体组装过程中应严密控制,严格按照相关规范及施工方案中规定组装。架体的组装按全钢附着式爬架平面布置方案的布设图进行。组装要求为:从结构转角处端部开始,依次安装。爬架组装施工流程如图5-13所示。

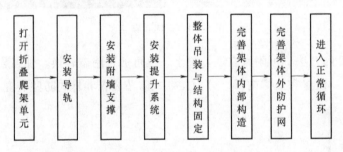

图5-13 爬架组装施工流程

2)爬架提升:其操作顺序如下:升降准备工作就绪→组织升降前检查验收→下达安全提升指令→作业前技术交底→解除定位扣件→排除障碍物→打开翻板→进行升降作业→恢复翻板防护→安装定位扣件→机位卸荷后三方验收→升降工作完成。

3)特殊位置处理:为了保证架体顺利运行,在架体平面布置时以塔式起重机附墙处为基点开始布置桁架,在塔式起重机附墙处需要断开的位置搭设成翻板活动架,翻板接合处采用销轴进行牢固连接,架体在运行过程中需要通过塔式起重机附墙时,拆除该步架的立面封闭网,打开要通过的步架体翻板,待通过附墙后立即恢复翻板。每次只能打开一层翻板,在该部分架体通过塔式起重机附墙后立即恢复,然后再打开下一步架。运行到架体底部需要打开底部时,在打开前必须将架体底部的建筑垃圾清理干净,防止坠物发生危险。

4)爬架拆除:爬架拆除的顺序为:清除折叠式升降脚手架上杂物及地面障碍→将折叠式升降脚手架内的所有提升装置拆除,并吊至地面分类码放整齐→将吊装用钢丝绳(或尼龙带)钩挂牢在分组处的架体单元走道板与外立杆对接位置、导轨位置、内立杆与走道对接位置,塔式起重机稍往上提将其张紧→将塔式起重机吊住的架体单元与临边水平桁之间连接拆除→将塔式起重机吊住的架体单元与临边走道板之间螺栓拆除→将塔式起重机吊住的架体单元与临边架体的走道板边夹板的螺栓拆除→拆除横跨吊装架体与非吊装架体之间的防护网→拆除附墙固定导向座与建筑结构之间的穿螺杆,在上下方各装一个防止固定导向座滑动的扣件→清除连接固件及建筑垃圾。

3. 工艺特点

全钢爬架外立面采用钢板冲孔网，脚手板采用钢制花纹钢板及翻板，使得高处临边作业如同室内一般，与传统双排架相比，极大地改善了作业环境；封闭良好的施工环境杜绝了高处坠落和物体打击，将高层建筑施工事故减少一半；爬架导轨只能在防坠器里上下运动，使相邻机位相互拉扯，一个机位损坏不会发生连锁破坏；多点受力体系，每个机位有三个防坠器工作，即使构配件减少一个仍然安全；一体化倒挂电动葫芦，无须搬运，极大地减轻工人劳动强度；机械化程度高、使用寿命更长、使用维护方便；技术先进、功率小、安全性能更高。

5.3 建筑施工材料的工业化

5.3.1 钢筋工厂化加工和配送

建筑钢筋加工配送技术是指在非施工现场的固定场所，采用成套自动化钢筋加工设备和信息化生产管理系统，实行工厂化生产，将钢筋加工成为无须二次加工即可满足工程所需的合格钢筋制品，并配送到施工现场的钢筋加工应用模式。简单而言，就是将传统施工现场手工或采用简单设备加工成型钢筋的方式转移到专业加工场内，采用先进加工工艺设备和质量控制体系实现钢筋成型加工的方式。

1. 主要产品和成型方式

我国建筑钢筋工厂化加工制品主要包括钢筋强化、钢筋成型、钢筋网成型、钢筋笼成型、钢筋机械连接五种。各类产品的特点、用途及成型方式简介如下：

（1）钢筋强化

钢筋强化主要是采用钢筋冷拉机、冷拔机、冷轧带肋钢筋成型机和钢筋冷轧扭机等冷加工专用设备对钢筋进行冷加工。其基本原理是在常温下，将钢筋张拉、拔细和压轧扭，钢筋经冷加工超过屈服极限后，产生不同形式的变形，能提高钢筋的强度和硬度，减小在外力作用下的塑性变形，使钢筋可以承受更大的外载，从而节约钢筋混凝土中的钢筋用量。

（2）钢筋成型

钢筋成型主要包括对直状（螺纹钢及圆钢）和盘状（高线及盘螺）两种不同形态原料钢筋的加工与制作。其中，前者的交货状态分为直条定尺（或含弯钩）和弯曲形态两种；后者主要作为现浇工程中的板、箍筋使用，并分别采用以下两种不同成型方式：板筋：盘状钢筋开卷→调直→定尺剪切→弯钩→板筋→成品收集；箍筋：盘状钢筋开卷→调直→弯箍→切断→成品收集。钢筋成型如图 5-14 所示。

图 5-14 钢筋成型

（3）钢筋网成型

钢筋焊接网片是根据结构配筋要求在专业工厂用焊网机将板或墙的纵向和横向钢筋焊接成纵向或横向网状钢筋制品。传统钢筋混凝土的钢筋采用钢厂加工钢筋，现场人工绑扎方式制作。近年来，随着钢筋焊网生产技术的日趋成熟和钢筋焊网的广泛应用，钢筋网片正由传统人工制作向工厂化制作和产品市场化方向发展。现阶段钢筋网片的生产过程基本实现了由计算机全程控制，钢筋力学性能在焊接前后基本一致，网格尺寸、钢筋规格和品质都能得到精确控制，成型的钢筋网片具有弹性好、间距均匀准确、焊接点强度高的特点。具体加工成型方式如下：加工流程分析结构图配筋→钢筋网片配筋深化设计→结构设计师确认→相应钢筋备货→专业生产线加工生产→分类运输至现场。钢筋网成型如图5-15所示。

（4）钢筋笼成型

钢筋笼广泛应用于混凝土灌注桩、制桩、混凝土管及电杆的生产。传统建筑工程施工中，钢筋笼一直由人工缠绕绑扎或弯圆后焊接。由人工制作钢筋笼，间距不均匀，极易变形，影响了工程质量，且需要大量人力，加工成本也高。近年来，钢筋笼的自动成型已成为发展趋势。现有的加工配送企业一般采用电阻点焊、自动连续焊接工艺生产钢筋笼，产品形态包括圆形、椭圆形、方形、三角形和六边形等。钢筋笼成型如图5-16所示。

图5-15　钢筋网成型　　　　　　　　　　图5-16　钢筋笼成型

（5）钢筋机械连接

与传统热连接方法相比，钢筋机械连接便于专业化生产、使用可靠、施工简便、效率高，故为建筑施工企业所普遍重视和大量采用。随着套筒冷挤压连接技术的成功应用，近年来钢筋机械连接技术发展十分迅速，相继出现了锥螺纹连接、直螺纹连接及活套式连接等多种机械连接方式，特别是直螺纹连接技术（镦粗直螺纹连接和滚压直螺纹连接）的出现，更是给钢筋机械连接技术带来了质的飞跃。

2. 工艺特点

钢筋工厂化加工配送是一个系统的集成的概念，而非简单的钢筋加工过程，单纯的钢筋加工工厂化反而可能使成本上升，出现钢筋的二次运输、安装定位不准确等问题。因此，钢筋工厂化加工配送应是一个集物流、仓储、加工、配送和信息服务于一体，通过电子商务等现代物流手段，构建的基于现代物流模式的钢筋加工配送体系，并且一定要专业化、标准化、规模化、模块化，否则将是低效益的、不可持续的。具体来讲，钢筋工厂化加工配送具备以下特点：

1）以标准化、模数化为前提，保证钢筋加工的通用性以及加工过程的批量化、定制化生产。

2）采用现代化的机械设备，提高工作效率，保证产品质量的同时，提升了工作效率。

3）采用自动化的加工管理系统进行集中监控生产和调配资源、统计数据、自动打印标签、分类储存和配送，可根据工程需求自动配置设备和加工能力，同时处理多个工程需求，极大地提升了生产的自动化水平，简化了管理程序。

4）在环境可控的工厂中进行钢筋的加工生产，能够克服施工现场气候等不可控环境的限制，保证钢筋产品的成本、进度、质量的可控。

5）钢筋产品通过物流环节配送到施工现场，极大地减少了现场手工作业量，节省时间的同时极大地减少了施工现场用地。

5.3.2　预制高性能混凝土

预制高性能混凝土也称为预制活性粉末混凝土，是基于最大堆积密度理论及纤维增强技术发展形成的一种具有高模量、高抗拉强度、超高耐久性、低徐变性能等优点的水泥基复合材料。预制高性能混凝土通常不在施工现场配制，而是在混凝土工厂里配制好，用混凝土搅拌运输车运到现场，满足现场工业化的施工要求。

预制高性能混凝土技术优势：具有尺寸多样性、形状多样性的优点，并且可以因地制宜地配比，满足不同情况下预制装配的要求；具有抗碳化、抗氯离子渗透、抗冻、耐磨等优异性能；具有良好的发展前景，目前无须高温蒸养的预制高性能混凝土、绿色生态型高性能混凝土等均在研发中，可以推动未来建筑工业化的发展。

5.4 | 现场工业化建造的成套施工技术

5.4.1　SSGF工业化建造体系

SSGF工业化建造体系（以下简称SSGF）是碧桂园集团在探索中国建筑工业化发展的过程中研发的现场工业化建造体系，是新型建筑工业化的解决方案，是一种面向现场现浇的工业化建造方式。该体系遵循"Safe&share（安全共享）、Sci-tech（科技创新）、Green（绿色可持续）、Fine（优质高效）"的理念，以装配、现浇、机电、内装等工业化为基础，整合分级标准化设计、模具化空中装配、全过程有序施工、人工智能化应用等技术和管理措施，在保证建筑质量、施工安全及综合效益不降低的前提下，通过不同技术体系和管理体系的创新与组合，提升建造质量与安全性能，最终交付给用户绿色、低碳环保、可持续发展的人居环境。截至 2018 年 8 月，SSGF 已在全国 30 个省市、400 多个项目进行推广应用。

SSGF 的成套工法包括智能爬架、高精度铝质模具、全现浇混凝土外墙、高精度楼面、自愈合防水、楼层截水系统、集成厨房系统、双凹槽轻质隔墙技术、中国式 SI 分离技术、BIM 零变更深化设计系统与集成式装修等诸多核心工艺等关键技术，具有代表性的技术如下：

1. 智能爬架

SSGF 采用的智能爬架，其可依靠自身的升降设备和装置随着工程结构进度逐层爬升，主体施工完后半个月内可解体拆架。智能爬架整体采用全钢结构，可一次搭设完成，免除传统脚手架的拆装工序，节省材料与人工，并可结合控制设备实现智能化升降运行和安全监控，具有集成化装备、低搭高用、全封闭防护、作业环境安全环保、使用广泛、无火灾与高处坠落隐患等优点。采用智能爬架能有效解决全过程有序施工的成品保护问题，室外、外墙及室内装修均可提前组织有序施工，且易于可视化和标准化管理。智能爬架如图 5-17 所示。

2. 高精度铝质模具

高精度铝质模具（以下简称"铝模"）通过工厂化生产，具有质量轻、刚度高、精度高、施工简便、拆模整体观感好、无火灾隐患及回收价值高等优点。SSGF 采用铝模，克服了传统模板的装、拆困难的缺点，解决了传统模板刚度差、强度差而导致的建筑工程主体质量问题，同时可保证构件成形表面的平整精度，实现结构免抹灰，在较大程度上避免渗漏、开裂、空鼓等质量问题。铝模的应用使得建筑装饰、檐口等细部均可与主体结构一次性浇筑，提升施工质量与效率。高精度铝模样板如图 5-18 所示。

图 5-17　智能爬架

图 5-18　高精度铝模样板

3. 全现浇混凝土外墙

SSGF 采用铝模及结构拉缝技术，实现全现浇混凝土外墙。通过对建筑外门窗洞口、防水企口、滴水线、空调板、阳台反坎、外立面线条等进行优化，实现主体结构一次浇筑成型，免除外墙的二次结构施工和墙体内外抹灰工序，减少外墙和窗边渗漏等质量问题，提高结构的安全性和耐久性。全现浇外墙如图 5-19 所示。

4. 高精度楼面

高精度楼面是在混凝土浇筑阶段配备专业收面工人与实测人员进行收面，控制楼面平整度与水平度，大幅提高建造精度，可免除装修时的二次砂浆找平，达到木地板可以在结构上直接安装的效果。高精度楼面是实现楼板免抹灰、地面结构免抹灰和地砖薄贴的前提条件，能保障后续装修的高质和高效。高精度楼面如图 5-20 所示。

图 5-19　全现浇外墙　　　　　　　　　　图 5-20　高精度楼面

5. 自愈合防水

自愈合防水属于被动式防水做法，在混凝土结构上干撒或涂刷自愈合防水材料，使混凝土结构防水形成自修复系统。在通常情况下，地面下的自愈合颗粒处于休眠状态，当有水通过裂缝进入地面时，自愈合防水材料可与水发生反应，生成晶体并修复裂缝，达到防水的效果。自愈合防水不仅能防止混凝土结构发生渗漏，还能保护主体结构内配筋，维护成本低。自愈合防水如图 5-21 所示。

6. 楼层截水系统

SSGF 采用楼层截水系统保障全过程有序施工。楼层截水系统施工与主体进度同步，对施工用水和雨水进行有组织拦截和引流，楼上施工的水不会流到楼下，实现了楼层干湿分区，防止废水污染装修工作面，为装修穿插施工提供条件。实施楼层截水系统后，每层楼工序可做到互不干扰，每道工序施工时间固定、人员固定，形成循环流水施工。楼层截水系统如图 5-22 所示。

图 5-21　自愈合防水　　　　　　　　　图 5-22　楼层截水系统

7. 集成厨房系统

SSGF 采用集成厨房系统。该系统由厨房结构、厨房家具、厨房设备和厨房设施进行整体布置设计和系统搭配而成。集成厨房系统的部品由基本建筑材料、部品、配件等通过模数协调组合设计、工厂化加工、精细化装配安装。集成厨房系统是与装配式装修配套的较优厨房设备组合，避免了传统厨房设计不合理，洗、切、炒流线布置不合理，空间应用不合理，构配件一旦出现损坏比较难找到替代件等弊端，是厨房系统工业化、系统性、装配式装修的实践，实现了厨房系统的标准化设计、工厂化生产和系统化应用。集成厨房系统如图 5-23 所示。

图 5-23　集成厨房系统

8. 双凹槽轻质隔墙技术

SSGF 采用双凹槽轻质隔墙技术。该技术针对市场上的预制混凝土隔墙进行创新研发，形成更有利于铺设管线的新型双凹槽轻质隔墙（图 5-24）。该新型双凹槽轻质隔墙体系具有强度高、隔声、隔热、防火、防潮、抗震、方便后期施工等优良性能。由于采用工厂工业化生产的方式，双凹槽轻质隔墙现场干作业安装，施工简单快捷、工效高。同时配合中国式 SI 分离技术和装配式装修，可实现室内免腻子，大幅减少了废水、建筑垃圾的产生，还能大幅减少因腻子打磨产生的粉尘等问题。

图 5-24　双凹槽轻质隔墙

9. 中国式 SI 分离技术与集成式装修

SSGF 采用中国式 SI 分离技术，以国际成熟的 SI 工法原理为基础，依托新型管线及自主研发的装修材料，将建筑中的支撑体（Skeleton）部分与填充体（Infill）部分有效分离，独立规划、分开施工，实现主体结构的耐久性与内装的适应性。SI 分离技术具有成本低、安装快捷、空间可变、易于维修且不损坏建筑主体结构的特点，并对延长建筑结构使用寿命具有积极意义。对于填充体部分，SSGF 采用集成式装修，避免传统装修湿作业多、噪声污染、废弃物多、粉尘多的缺点；同时在标准化、模块化、成品化的数据库模板基础上，可根据客户喜好搭配不同的个性化空间，将内装部品移至工厂精细化生产，后期在现场只进行组装，保障部品生产质量，减少环境破坏。

10. BIM 零变更深化设计系统

SSGF 采用 BIM 零变更深化设计。在设计阶段，通过三维可视化的虚拟建造，有机结合建筑、结构、水电、装修、部品五大专业的分级标准化设计；并对铝模深化、装修深化、园林深化三大类，包括铝模深化平面图、铝模深化早拆体系布置图、铝模斜撑布置图、预制墙板深化图、燃气管走向布置图、浴室柜定位尺寸安装大样图等（共计 31 项）进行叠图深化设计，以减少设计的错漏和冲突以及后期的设计变更。采用 BIM 技术还可辅助成本计算以优选设计方案，在施工中进行工程进度的仿真模拟，提升工程管理水平。深化设计资料清单见表 5-1，BIM 设计工作优化流程图如图 5-25 所示。

表 5-1　深化设计资料清单

序号	设计文件及图名	序号	设计文件及图名
1	建筑图	17	消防箱安装大样图及尺寸确定表
2	结构图	18	铝合金门窗单位型材尺寸表
3	装修图	19	栏杆立杆安装定位图
4	水电图	20	鞋柜定位尺寸安装大样图
5	铝模深化平面图	21	橱柜定位尺寸安装大样图
6	铝模深化三维图	22	浴室柜定位尺寸安装大样图
7	铝模深化早拆体系布置图	23	淋浴屏定位尺寸安装大样图
8	铝模斜撑布置图	24	抽油烟机定位尺寸安装大样图
9	瓷砖实际施工铺贴排版展开图	25	燃气管道布置走向图
10	瓷砖实际施工铺贴排版横剖图	26	烟道安装大样图
11	预制（陶粒）墙板深化图	27	顶棚吊杆布置图
12	预制陶瓷墙板深化图	28	顶棚拼版、排版
13	电梯安装大样图及尺寸确定表	29	水管管码定位图
14	防火门安装大样图及尺寸确定表	30	水电精确定位图
15	水电井门安装大样图及尺寸确定表	31	浴缸定位尺寸安装大样图
16	入户门安装大样图及尺寸确定表		

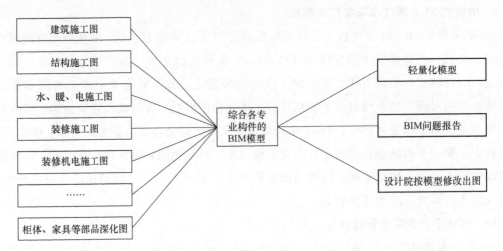

图 5-25　BIM 设计工作优化流程图

5.4.2　配筋混凝土砌块结构体系

配筋混凝土砌块砌体结构是在无筋砌体基础上，在砌块孔内配筋、浇筑混凝土而形成的一种新型结构体系，具有与钢筋混凝土剪力墙类似的性能。在国内，配筋混凝土砌块结构已经是一种比较成熟的结构形式。

1. 基本构造

混凝土小型空心砌块砌体的墙厚等于砌块的宽度，其立面砌筑形式只有全顺一种，即各皮砌块均为顺砌，上下皮竖缝错开 1/2 砌块长，上下及砌块孔洞互相对准。

配筋砌块剪力墙所用砌块应符合《普通混凝土小型砌块》（GB/T 8239—2014）的规定，砌块龄期必须超过 28d，不宜少于 40d（d 为天数）；砌筑砂浆强度等级不应低于 M7.5；灌孔混凝土应采用专用混凝土，技术性能指标应符合《混凝土砌块（砖）砌体用灌孔混凝土》（JC 861—2008）的规定，且强度等级必须符合设计要求。

（1）配筋砌体剪力墙的构造配筋应符合的规定

1）应在洞口的底部和顶部设置不小于 $2\phi10$ 的水平钢筋，其伸入墙内的长度不宜小于 $35d$ 和 400mm（d 为钢筋直径）。

2）应在楼（屋）盖的所有纵横墙处设置现浇钢筋混凝土圈梁，圈梁的宽度和高度宜等于墙厚和砌块高，圈梁主筋不应少于 $4\phi10$，圈梁的混凝土强度等级不宜低于同层混凝土砌块强度等级的 2 倍，或该层灌孔混凝土的强度等级也不应低于 C20。

3）剪力墙其他部位的竖向和水平钢筋的间距不应大于墙长、墙高的一半，且不应大于 1200mm。对局部灌孔的砌块砌体，竖向钢筋的间距不应大于 60mm。

（2）配筋砌块柱的构造配筋应符合的规定

1）柱的纵向钢筋的直径不宜小于 1mm，数量不少于 4 根，全部纵向受力钢筋的配筋率不宜小于 0.2%。

2）箍筋设置应根据下列情况确定：当纵向受力钢筋的配筋率大于 0.25%，且柱承受的轴向力大于受压承载力设计值的 25% 时，柱应设箍筋；当配筋率 ≤0.25% 时，或柱承受的轴向力小于受压承载力设计值的 25% 时，柱中可不设置箍筋。箍筋应设置在水平灰缝或灌孔混凝土中，箍筋应做成封闭状，端部应有弯钩。箍筋直径不宜小于 6mm；箍筋的间距不应大于 16 倍的纵向钢筋直径、48 倍箍筋直径及柱截面短边尺寸中较小者。

2. 配筋混凝土砌块施工

配筋混凝土砌块施工流程如图 5-26 所示。

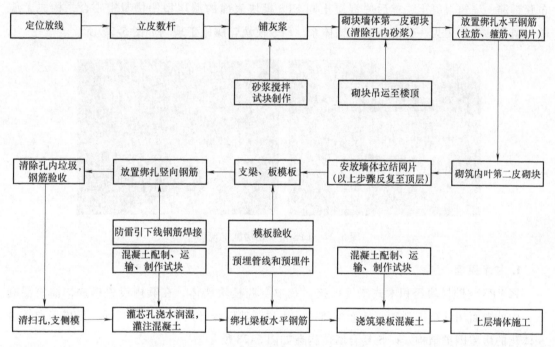

图 5-26　配筋混凝土砌块施工流程

3. 技术要点

1）混凝土砌块外墙可以直接粘贴苯板，内墙抹灰量减少，甚至可以不抹灰，直接用石膏粉饰。

2）混凝土砌块有全长、七分、半块、清扫、系梁、补块等各类型砌块，通过不同组砌即可完成各类墙体的砌筑要求，砌块全部按设计图订货，工厂加工，现场几乎不需切割，损耗率极低。

3）混凝土砌块用砂浆砌筑，按要求设置水平和竖向钢筋，用注芯混凝土将其粘接成整体，墙体施工不需模板和大型吊装机具，施工程序少。

4）传统框架剪力墙结构，除延性要求外，为限制在水化过程中产生显著收缩的需要，主要考虑在塑性状态浇筑；配筋混凝土砌块施工时，为保持作为主要组成部分的砌体块体尺寸稳定，仅在砌体中加入了塑性的砂浆和注芯混凝土，因此砌体墙体可收缩的材料少于传统混凝土墙体，配筋砌体结构的构造含钢率也较框架剪力墙结构低得多。

5）配筋砌体结构中存在着许多竖向灰缝，类似在框架剪力墙中设置数条竖向缝，增加了结构的变形和耗能能力，因而是刚柔相济的良好抗震建筑材料。

5.4.3　EPS 模块建房

与配筋砌体相似，EPS 建筑模块是以阻燃型聚苯乙烯泡沫塑料模块作为保温结构并以内夹钢筋混凝土墙为承重结构的新型结构体系。这种结构体系中的 EPS 模块取代了原来的可拆模板，为钢筋混凝土墙提供了免拆模板。依据相关规程和规范的具体要求并结合实际情况布置钢筋、浇筑混凝土，然后使混凝土同 EPS 模块表面的燕尾型凹槽紧密咬合，构成了墙体保温与结构受力为一体的新型结构体系。EPS 模块建房施工现场如图 5-27 所示。

图 5-27　EPS 模块建房施工现场

1. 技术原理

将 EPS 空腔模块经积木式错缝插接拼装成空腔模块墙体，在其内设置钢筋，浇筑混凝土，内外表面用纤维抗裂砂浆抹面层防护，用耐碱玻璃纤维网格布抗裂增强，形成保温承重一体化的房屋围护结构。EPS 复合墙体构造如图 5-28 所示。

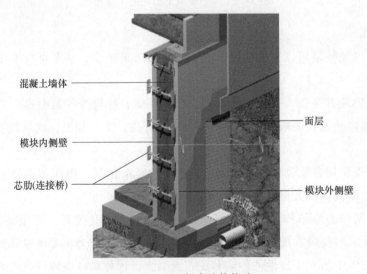

混凝土墙体

模块内侧壁

芯肋(连接桥)

面层

模块外侧壁

图 5-28　EPS 复合墙体构造

2. EPS 模块体系的特点

（1）模块的几何尺寸精准

EPS 模块体系是按建筑模数、建筑节能标准、建筑构造、结构体系以及施工工艺的需求，并与生产工艺有机结合，通过工厂标准化专用设备一次成型的。

（2）产品的更新换代

EPS 模块体系取代了传统的彩钢夹芯板或复合夹芯板及块材组砌墙体，因此加快了施工速度，降低了工程成本，而且能有效地保证了工程质量，实现了工业厂房建造技术的标准化、保温与结构一体化、部品生产工厂化、施工现场装配化、工程质量精细化、室内环境舒适化。

（3）安全防火性能好

模块内外表面均匀分布的燕尾槽与 20mm 厚防护面层构成有机咬合，极大地提高了其抗冲击性、耐久性和防火安全性能。

（4）抗震性能强

墙体内的轻钢芯肋与结构柱用镀锌连接螺栓通过连接角钢可靠连接，提高了墙体的平面外稳定性和抵抗地震灾害的能力，可减少因地震灾害造成的财产损失及社会影响。

（5）适用性广泛

墙体不仅适用于新建钢结构工业建筑的非承重外围护墙体，也适用于木结构、混凝土框架结构、钢管混凝土框架结构装配式工业建筑的填充墙体。同时也适用于墙体快速修缮及既有工业建筑节能改造。

（6）降低结构自重

墙体自重仅为 $65 \mathrm{kg/m^2}$（含双面 20mm 厚抹灰防护面层或防护板），只是块材组砌填充墙体自重 1/6 或 1/7，既减轻了结构载荷，也降低了建筑结构的建造成本。

5.4.4　空中造楼机

工业化智能建造新技术——空中造楼机是深圳卓越集团自主研发的设备平台及配套建造技术。空中造楼机是以机械作业、智能控制方式实现高层住宅现浇钢筋混凝土的工业化智能建造（图 5-29）。它的显著特点是将全部的工艺过程集中、逐层地在空中完成。

该设备平台模拟移动式造楼工厂，将工厂搬到施工现场，采用机械操作、智能控制手段与现有商品混凝土供应链、混凝土高处

图 5-29　空中造楼机

泵送技术配合，逐层进行地面以上结构主体和保温饰面一体化板材同步施工的现浇建造技术，用机器代替人工，实现高层及超高层钢筋混凝土的整体现浇施工建造。目前该技术还在研发中。

复习思考题

1. 如何理解现场工业化？
2. 简述铝模的技术优势。
3. 请列举建筑钢筋工厂化加工配送的主要产品。
4. 简述配筋混凝土砌块砌体体系的施工技术要点。
5. 简述零变更集成深化设计的主要内容。
6. 通过网络查找全钢爬架在工程实践中的应用进行举例，并分析其技术优势。

第6章

机电安装工业化

6.1 机电安装工业化概述

机电工程是指以实现整套机械和电气设备预定功能为目的，以机电系统制造、安装为主的工程，如石油化工生产系统、冶金生产系统以及各种生产线的制造安装等工程。本章主要研究的是房屋建筑工程中的机电安装工程。

机电安装工程是建筑工程的重要组成部分，涵盖了工业、民用、公用工程中的各类设备、电气、给水排水、采暖、通风、消防、通信及自动化控制系统的安装。机电安装工程的施工活动覆盖设备采购、安装、调试、试运行、竣工验收等各个阶段，最终是以满足建筑物的使用功能为目标。

从实现工业化的角度进行分析，机电安装工程具有以下特点：

1）机电安装工程涉及大量管线及机电设备，虽然大部分材料已实现工厂预制，但和理想的工厂化制作、装配式施工以及模块化安装等还有很大差距。设计方案不完善、施工方式落后等问题是现阶段全面实现工业化的主要障碍。以管道施工（图6-1）为例，许多管材为整批定长规格进场，再由工人进行测算加工，仍处于"比量着做"的落后施工阶段。

2）机电安装工程涉及专业众多，存在诸如交叉施工、综合布线、管线碰撞的施工问题，迫切需要通过工业化的方式对各个专业的施工进行有序的协调。

3）民用住宅机电安装工程中管道工作量大，但各楼层给水排水、电气、暖通等设计方案基本相似（除特殊楼层外），有利于管道的工厂化预制以及机电安装工业化的实践与推广。

4）机电安装工程对工人的技术要求高，无法与其他工种的工人通用，且当前劳动力缺乏，人工成本提高。

| a) 成批管道进场 | b) 工人在施工现场留下的"计算书" |

图 6-1　管道施工现状

(图片来源:《民用住宅安装工业化实现途径研究》)

5) 机电安装工程涉及大量管线、部品部件,如何实现管线的批量生产、部品部件在存储运输及使用过程中如何辨别区分是工业化亟须解决的问题。

由于机电安装工程的特殊性,目前在机电工程项目施工安装作业手段方面,除大型吊装技术对作业人员的个体技能要求较高,特殊作业人员需持证上岗之外,一般的施工方式还是以传统的手工操作为主。例如,对于管道尤其是不锈钢管道安装,在管道放样装配结束后的主要作业是焊接和检测,而这两项作业的技能要求高、作业时间长,是影响工程质量和进度的主要因素。原来建立在劳动力价格相对低廉基础之上的机电安装行业正在面临技术落后、作业人员素质下降、劳动力成本不断上升的问题。这些因素已经成为制约我国机电安装行业进一步发展的瓶颈,要突破发展的瓶颈就必须实现机电安装工程的工业化。

6.1.1　机电安装工业化的基本内容和实施路径

机电安装工业化是用精细化设计、模拟化工序、工厂化制作、机械化施工、信息化管理等工业化的手段,取代传统机电安装工程中低效率、低水平、高度分散的劳动密集型作业的方式。机电安装工业化的基本内容是:进行适合工业化生产的设计或进行深化设计,采用先进、适用的技术、工艺和装备,科学合理地组织施工,发展施工专业化,提高机械化水平,减少繁重、复杂的手工劳动和施工现场作业;发展机电安装工程的构配件、制品、设备生产并形成适度的规模经营,为机电安装工程市场提供各类机电安装工程使用的系列化的通用构配件和制品;制定统一的模数和重要的基础标准(模数协调、公差与配合、合理建筑参数、连接等),合理协调标准化和多样化的关系,建立和完善产品标准、工艺标准、企业管理标准、工法等，不断提高机电安装工程的标准化水平；采用现代管理方法和手段，优化资源配置，实行科学的组织和管理，培育和发展技术市场和信息管理系统，适应发展社会主义市场经济的需要。

机电安装工业化的实施路径分为三个阶段。第一阶段：依据设计院的施工图进行构配件的预制，开始构配件工厂化生产、施工现场装配，发展开放体系，进入依靠提高生产效率、加快建设进程的工业化。第二阶段：从设计开始，进行管线综合和施工图深化设计，行业重点转移到工程的性能和质量上，工业化发展开始由量的扩张向质的提高过渡，在满足多样化需求的同时向高度机械化、自动化方向发展，以进一步提高劳动生产率、加快建设速度、降低建设成本、改善施工质量。第三阶段：工业化体系向大规模通用体系转变，以标准化、体系化、通用化的构配件和产品为中心，组织从设计开始的模块化结构，专业化、社会化生产和商品化供应的产业化模式。重点转向节能、环保、降低对环境的压力，减少物耗及资源循环利用的可持续发展阶段。

6.1.2　机电安装工业化的优点

1）预算准确，节省材料：依据深化设计图，绘制预制加工图，确定材料用量，避免现场加工制作导致的材料浪费，直接降低成本、减少现场的材料堆放和施工中产生的噪声。

2）规模化生产，机械化安装：充分利用工厂的生产线和专用设备，根据绘制的预制加工图进行部件和构件的加工，套用材料实施批量生产，制作精度高、尺寸正确、缩短制造工期、减少材料损耗。现场安装利用机械设备，减少现场作业人员。

3）不受现场条件制约，缩短工期：工厂化预制不受天气影响和现场条件限制，不受其他施工进度的影响，可以根据要求独立制造。

4）保证施工质量：组合式构件，装配式、机械化安装，对安装人员的技术要求低，减少现场施工人员，减轻劳动强度，提高施工效率。

5）确保施工安全：减少高处作业和辅助设施的架设，在提高技术水平和效率的同时，施工人员的安全更能得到保障。

6）避免污染，降低安全隐患：现场的切割和焊接减少，可避免污染和安全问题。

6.1.3　机电安装工业化的特征

（1）精细化设计

机电安装工程涉及的专业众多，就传统的民用机电安装项目来说就包括电气、给水排水、暖通、智能化、电梯等分部工程，再细分每一个分部工程，涵盖的专业内容更多。因此，在施工过程中最优地进行各专业管线综合布置、最佳地对机房等设备房进行布局、更容易地协调各专业交叉作业，减少或杜绝返工，必须使用 BIM 软件建立三维模型来进行深化。因此机电工业化实施应依托 BIM，通过 BIM 工具的应用，使设计更加精准，通过具体的专业模型，利用第三方软件进行模块化分解，设计出合理的预制加工工艺图。

（2）工序模拟化

由于三维模型的可视化强，可以利用模型通过自身或者第三方软件来进行工序模拟，在虚拟环境中全部或局部地进行建造，通过虚拟建造提前分析正式施工时某个部位或某个环节施工可能会出现的问题。对于交叉作业特别密集的部位，通过工序模拟可以找出先做什么管线最合适。对于各类重点机房，通过工序模拟能更好地掌握安装控制要点，做好针对性的策划交底。

（3）工厂化制作

让建筑业像制造业一样去生产。提交预制加工工艺图给工厂，工厂按照预制加工工艺图利用先进的生产线进行加工，相同的部件可以采用模块化批量生产，生产完成后运输至现场进行装配化施工，对全过程进行质量和安全的监测控制。

（4）机械化施工

让更多的手工作业方式转变为机械作业为主的方式，降低作业人员劳动强度，减少作业人员的数量。这是机电安装工业化的重点，即实行机械化、半机械化和工装设备相结合，有计划有步骤地提高施工机械化水平。

（5）信息化管理

信息化管理是指在建设项目建造过程中，采用信息化手段，为决策、行动、结果检测提供科学化的依据。让项目管理更便捷、科学，实现"智慧管理"。信息化管理是物资管理、进度管理、技术管理、设备管理、生产监控、成本核算管理等方面的信息化，是机电安装工业化的重要保证之一。

6.2 机电安装工业化的设计模式

我国目前广泛使用建筑方案先行、五大专业统筹协调的设计模式，大致按照方案设计、初步设计、技术设计、施工图绘制的顺序进行。这种传统设计模式存在多方面的问题，对于机电安装工业化的顺利实施起到根本上的阻碍作用。对设备（部品）安装的工厂化生产、运输、装配等各个环节均产生影响，具体如下

1）传统设计模式的设计精度低、理念落后，缺少对于使用体验及管线综合设计的考虑。因此在施工中常出现问题，甚至是影响住户体验、增加公摊面积。

2）机电安装工程中涉及给水排水、供暖、强弱电、通风等多个系统之间以及系统与结构之间的协调设计，大量的管道设备与结构的空间协调难以用2D图来表现和沟通，同时基于2D的设计方式也增加了碰撞、错位等失误的概率。

3）设计失误难以被发现，将直接把问题带入施工过程中。施工图无法直接用于指导施工，将增加工人的施工难度，导致工期延长和造价增加。

4）工业化的顺利实施，需要设计、下单、制作、运输、安装、运营维护程序的准确实

施。设计失误将导致设计方案与施工方案之间的出入，是实现管线、机电与设备工业化的一大障碍。

6.2.1 机电安装工业化的设计方式

机电安装工业化的设计方式是在传统设计模式的基础上，考虑到设计标准化、部品部件标准化、生产工业化、施工机械化等需求，深化设计内容，加强设计沟通，在 BIM 等技术的辅助下进行的新型安装设计方式。

6.2.2 机电安装工业化的设计原则

机电安装工业化的设计原则如图 6-2 所示，分为需求、方法、工具三个层次。其中，需求包括业主需求、生产需求、施工需求三个方面，方法主要是精细化设计与前期客户参与设计和深化设计两部分，工具则主要是 BIM 技术。

1. 机电安装工业化设计需求

机电安装工业化的设计需满足业主需求、生产需求和施工需求。机电安装工业化的实施，离不开这三类需求中的任何一种。

（1）业主需求

业主需求即业主的使用需求和个性需求。机电安装工程的给水排水、供暖、强弱电、通风等各个系统的运行均与业主的使用体验息息相关，因此机电安装工程的

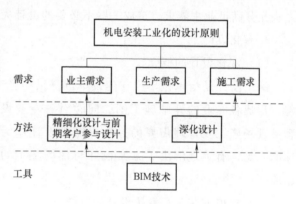

图 6-2 机电安装工业化的设计原则

设计更应该重视业主需求的实现。业主需求应作为机电安装工程设计的根本出发点，精细化设计和前期客户参与设计能最大程度地理解业主需求，将现实可行的设计方案与业主需求有机结合。

（2）生产需求

在工业化模式中，机电安装工程涉及的管线、机电和设备均需最大限度地实现工厂化制作，因此需认真进行深化设计，将设计方案深化为各部件的具体尺寸、数量。

（3）施工需求

工业化模式中，施工现场已变为拼装现场，设计方案决定了施工方案。切实可行的设计方案能够让设计、生产、施工环节无缝衔接，正如商品的生产、购买、安装、使用一气呵成。

工业化模式下的建筑对机电安装工程各系统还提出了更高的要求：①维修、改造及更新的灵活性；②尽量少占用室内使用空间，减少管道设备外漏；③材料防水性能、防腐性能、排水管隔声性能等的提高。这些要求能够通过革新施工工艺或使用新型材料得以实现，比

如：设置专用管道间，避免在室内设置竖管；使用双层套管，以便管道老化时抽出换新；装修架空，将管道集成设置在架空层内；使用双层保温水管、隔声排水管等。

2. 精细化设计与前期客户参与设计

精细化设计是一种体现人本理念的先进设计方式。可以将其理解为在建筑设计过程中，从人的生活方式与行为特征出发，充分考虑使用者的各种体验，综合建筑、结构、给水排水、电气、暖通、景观等多专业进行细致的配合，做到空间布局合理、尺度宜人、功能完善、空间充分利用、管道布线美观、符合人体工程学，深度达到精装修的一种设计模式。对于机电安装工程，精细化设计是至关重要的，若设计不当将极大影响业主的使用体验。例如，管道漏水、设备过大占用使用空间等问题均与设计失误有关。

前期客户参与设计体现了精细化设计的理念。机电安装工程图设计阶段是关乎设计方案成败的关键，这就需要设计人员充分理解业主需求，将设计理念与业主需求有机结合，避免出现设计缺陷。目前普遍存在的问题是业主往往忽视与设计人员的深入沟通，致使设计人员无法充分满足业主需求，造成一些不必要的设计失误与缺陷。

3. 深化设计

（1）深化设计的概念

深化设计是指承包单位在建设单位提供的施工图的基础上，对其进行细化、优化和完善，形成各专业的详细施工图，同时对各专业设计图进行集成、协调、修订与校核，以满足现场施工及管理需要的过程。深化设计作为设计的重要分支，补充和完善了方案设计的不足，有力地解决了方案设计与现场施工的诸多冲突，充分保障了方案设计的效果还原。

（2）机电安装工程深化设计的目的

1）通过对系统详细计算和校核，优化系统参数及设备选型。

2）根据建筑结构条件，进行各设备基础、管道支架的安装形式的设计。

3）通过对机电各专业管线综合排布，实现对设备管线精确定位，明确设备及管线细部做法，制定机电各专业之间流水工序，同时加强和其他各施工部门间的配合。

4）在满足规范的前提下，合理、紧凑地布置机电管线，控制成本，优化系统，为业主提供最大的使用空间以及足够的维修、检测空间。合理布置各专业管线，减少由于管线冲突造成的二次施工，弥补原设计不足，减少因此造成的各种损失。

5）综合协调机房及各楼层平面区域或吊顶内各专业的路由，确保在有效的空间内合理布置各专业的管线，以保证吊顶的高度，同时保证机电各专业的有序施工。合理布置各专业机房的设备位置，保证设备的安装、运行维修等工作有足够的平面空间和垂直空间。综合排布机房及各楼层平面区域内机电各专业管线，协调机电与土建、精装修专业的施工冲突。确定管线和预留洞的精确定位，减少对结构施工的影响。

6）在施工阶段根据现场情况进行平面施工图和BIM模型的实时调整，以保证竣工图的及时性和准确性。

（3）机电安装工程深化设计的工作内容

机电安装工业化的实施要求设计方案与施工方案高度一致，它是给水排水、采暖与通风、电气等各专业大量管线、机电和设备的复杂集合，通过深化设计以协调、明确机电安装工程的具体施工方案是十分必要的。机电安装工程深化设计的主要工作内容见表 6-1。

表 6-1　机电安装工程深化设计的主要工作内容

序号	项目名称	工作内容
1	熟悉技术规程	熟悉技术规程，清楚各个系统的设计依据、材料要求、检测标准等，将技术规程中的要求反映到施工图中
2	进行系统校核	根据设计依据，对各个系统的参数进行校核，绘制系统图和制定设备参数表
3	设备采购	设备采购时，设备参数、控制原理等必须符合相关要求
4	绘制预留孔洞图	绘制预留孔洞图是配合结构施工的主要工作，要保证预埋管线走向合理、设备安装位置符合规范要求、预留洞口位置正确
5	综合管线深化平面布置图	根据各专业图绘制综合布置图，标注出管线直径、标高、位置等，成为深化扩充图
6	绘制管线剖面布置图	剖面图中具体标明梁底、吊顶标高，基准线，机电安装各种专业管线安装底标高，安装尺寸，管线之间的有效空间，管线标高变化及支架布置形式。既要考虑施工工艺问题，还要考虑到工人的安装操作空间和将来的维修空间
7	各专业深化平面施工图	根据机电综合排布图调整后，绘制各专业平面图，特殊区域绘制管道安装详图及大样图，详细标注专业管线的标高与位置，用于指导具体施工
8	设备房的详图及大样图	根据规范要求、标准图集等绘制各种设备安装详图。对于设备房部位，综合考虑电气、空调等专业的规范要求，进行综合布置，力求布置合理、漂亮、经济
9	设备基础图	在设备进场前根据设备各项参数确定设备的基础形式，标明基础尺寸位置、预埋件位置等。通过对现场的测量，保证选用的设备能顺利满足现场的安装尺寸。有时需重新对机房进行布置，再拿出最合理的布置方式及基础图交由设计、监理确认后，交由总承包人施工
10	吊顶综合平面图	吊顶上的灯具、风口、喷头、烟感等布置，需同时满足大楼观感美观和设计规范的要求。吊顶综合平面图应按吊顶形式准确绘制，并标明吊顶定位基准线和机电末端器具相对尺寸，装饰、机电工程必须共同遵守该基准线
11	三维管线设计	采用先进的 BIM 系统绘制真实比例的机电三维模型图。通过绘制三维管线图直观地反映各专业的管线敷设线和各设备及管道配件的安装形式及安装位置，并且采用 BIM 碰撞检测工具检查各专业管线存在的标高冲突，同时调整管线，进行合理的布置，满足使用功能，确保最大的有效空间

（4）深化设计的流程

通过深化设计，可将初步设计方案深化为可用于指导工厂生产、部品组装及安装的深化方案。深化设计流程图如图 6-3 所示。

4. BIM 技术的应用

（1）设计图校核

在深化设计阶段，BIM 模型对内容进行设计校核、碰撞检测、净空分析，并将校核过程中出现的问题进行汇总至业主处逐一落实，并在模型上完成修改。

（2）专业间预留、预埋

通过对结构模型和机电模型进行碰撞检测，准确地对作业人员进行技术交底，保证施工留洞的准确性。

（3）机电深化设计

设备、电气、给水排水、暖通空调各专业内构件，通过 BIM 专业建模或依据模型建立规划分区、分段建立，然后集成，再进行管线综合设计。机电管线综合集成了各专业内构件的形态，模型内机电管线标高、机电管线构件几何尺寸与实际设计一致，遵循建模一致性原则。

（4）机电支吊架设计

机电安装施工的支吊架建模不同于一般的管线建模，其设计过程中需添加

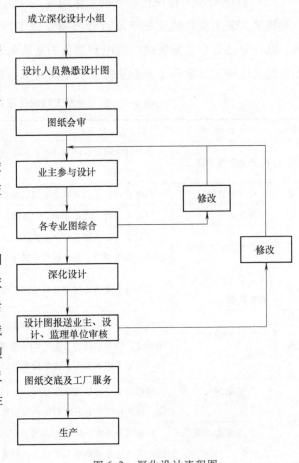

图 6-3　深化设计流程图

必要的参数并不断优化。在 BIM 系统中，依据剖面位置，完成综合管线的支吊架的设计，将含支吊架的 BIM 模型作为指导施工的基本资料。

6.3 │ 机电安装工业化的生产方式

6.3.1　机电安装工业化的设备部品体系

设备部品体系是实现机电安装工业化的基础，完善的设备部品体系可以保障机电安装工业化的顺利实施。机电安装工程涉及的对象为给水排水及采暖、通风与空调、电气、燃气、消防、电梯、智能建筑等体系中涵盖的部品及部件。本章仅讨论给水排水及采暖部品体系、通风与空调部品体系、电气部品体系这三个最基本的部分。表 6-2 所示为机电安装工程常用设备部品，可知每个系统均由大量管线、板材、机电设备、附件（管件、阀门、仪表等终端）等组成，均已实现工厂预制，但目前还存在大量现场二次加工的工作内容，需要通过

机电安装工业化进行改进。

表 6-2　机电安装工程常用设备部品

部品体系	部品名称	组成
给水排水及采暖部品体系	给水系统	给水管道及配件，室内消火栓灭火系统，给水设备
	排水系统	排水管道及配件，雨水管道及配件
	热水供应系统	管道及配件，辅助设备
	采暖系统	管道及配件，辅助设备及散热器，金属辐射板，低温热水地板辐射采暖系统，系统水压试验及调试、防腐、绝热
	中水系统	建筑中水系统管道及辅助设备，游泳池水系统
	供热锅炉及辅助设备	锅炉，辅助设备及管道，安全附件，烘炉、煮炉，换热站
通风与空调部品体系	送排风系统	风管与配件，空气处理设备，消声设备，风机
	防排烟系统	风管与配件，防排烟风口，常闭正压风口与设备，风机
	除尘系统	风管与配件，除尘器与排污设备，风机
	空调风系统	风管与配件，空气处理设备，消声设备，风机
	净化空调系统	风管与配件，空气处理设备，消声设备，风机，高效过滤器
	制冷设备系统	制冷机组，制冷剂管道及配件，制冷附属设备
	空调水系统	管阀门及部件，冷却塔，水泵及附属设备
电气部品体系	变配电室	变压器、箱式变电所，成套配电柜、控制柜（屏、台）和动力、照明配电箱（盘），裸母线、封闭母线、插接式母线，电缆沟内和电缆竖井内电缆，电缆头，接地装置，避雷引下线和变配电室接地干线
	供电干线	裸母线、封闭母线、插接式母线，桥架和桥架内电缆，电缆沟内和电缆竖井内电缆
	电气动力	成套配电柜、控制柜（屏、台）和动力、照明配电箱（盘）及控制柜，低压电气动力设备检测、试验和空载试运行，桥架和桥架内电缆
	电气照明	成套配电柜、控制柜（屏、台）和动力、照明配电箱（盘），电线、电缆导管，槽板配线，钢索配线，普通灯具，专用灯具插座、开关、风扇
	备用和不间断电源	成套配电柜、控制柜（屏、台）和动力、照明配电箱（盘），柴油发电机组，不间断电源的其他功能单元，裸母线、封闭母线、插接式母线，电线、电缆导管，接地装置
	防雷及接地系统	接地装置，避雷引下线和变配电室接地下线，建筑等电位，接闪器

6.3.2　机电安装工业化的生产管理

在我国，机电安装工程一直是部分工业化施工。大量半成品管道、管件运送至施工现场进行二次加工，再安装至各设计部位。全面实行机电安装工业化，把机电安装工程由施工现场转移到工厂，将原本由工人手工操作、半机械化加工的工作内容转变为流水线制作、全机械加工。机电安装工程相比与其他工程类型，涉及大量管材、附件、机电设备。机电设备的工业化生产与采购流程已经十分成熟。本章主要针对管道及管件的生产管理进行研究。

1. 基于 BIM 的工厂生产管理

BIM 技术对于实现机电安装工业化是必不可少的。通过采用协调思维，在建模时便一并考虑施工管理思路和完整的工程信息，使模型达到精细化标准，以减少后续对模型的修改调整，从而提高工厂预制率。覆盖所有建筑信息的 BIM 模型，通过一定的转化能够帮助工厂制订生产计划、实现生产过程的信息化管理。BIM 是从项目生命周期开始即建立的信息共享资源，其建立是根据不同用户的需要，对模型数据进行完善、提取和分析，最终形成信息丰富的多维项目模型。通过基于 BIM 平台的软件开发，可以提高设计、生产、施工整个流程的自动化程度。

基于 BIM 的生产管理与设计环境直接衔接，这保证了设计方案、生产方案、施工方案的统一。BIM 模型能够与生产计划平台关联，提高设计审批效率，避免纸质派工造成的信息传递效率低下。基于 BIM 的建设数据传输模型如图 6-4 所示，其每个建设阶段所产生的数据信息不是相互孤立的，这些数据会随着项目的推进不断更新、积累，并对后续阶段产生影响。

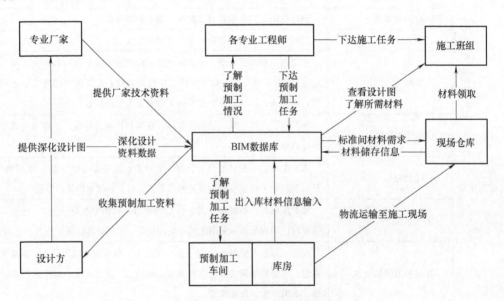

图 6-4　基于 BIM 的建设数据传输模型

（图片来源：《民用住宅安装工业化实现途径研究》）

2. 柔性制造技术的应用

柔性制造技术也称柔性集成制造技术，是现代先进制造技术的统称。柔性制造技术集自动化技术、信息技术和制作加工技术于一体，把以往工厂企业中相互孤立的工程设计、制造、经营管理等过程，在计算机及其软件和数据库的支持下，构成一个覆盖整个企业的有机系统。传统的自动化生产技术可以显著提高生产效率，然而其局限性也显而易见，即无法很好地适应中小批量生产的要求。随着制造技术的发展，特别是自动控制技术、数控加工技术、工业机器人技术等的迅猛发展，柔性制造技术应运而生。

所谓柔性，即灵活性，主要表现在：①生产设备的零件、部件可根据所加工产品的需要变换；②可根据需要对加工产品的批量迅速调整；③对加工产品的性能参数可迅速改变并及时投入生产；④可迅速而有效地综合应用新技术；⑤对用户、贸易伙伴和供应商的需求变化及特殊要求能迅速做出反应。

机电安装工程中涉及的大量管道、管件形状相似、尺寸相近。管道之间的对接、分支、转弯、变径需要不同类型、尺寸的管件进行连接，对不同的管道则需要采用不同的管件。想要实现机电安装工程的工业化生产，柔性制造技术的应用是必不可少的。

3. 成组技术的应用

成组技术是合理组织中小批量生产的系统方法，其核心是成组工艺，它是把结构、材料、工艺相近似的零件组成一个零件族（组），按零件族制定工艺进行加工，从而扩大了批量，减少了品种，便于采用高效方法，提高了劳动生产率。零件的相似性是广义的，在几何形状、尺寸、功能要素、精度、材料等方面的相似性为基本相似性，以基本相似性为基础，在制造、装配等生产、经营、管理等方面导出的相似性，称为二次相似性或派生相似性。成组工艺实施的步骤为：①零件分类成组；②制定零件的成组加工工艺；③设计成组工艺装备；④组织成组加工生产线。

在机电安装工程中应用成组技术的优势：①提高生产效率，使新建管材车间由以工种导向的设备平面布置转化为以管件族导向的设备平面布置，达到布置合理、物流畅通；②提高管件的质量；③在管件加工过程中，由于采用无余量下料、先焊后弯等技术，以及生产线设备的机械化、自动化，使得材料利用率明显提高；④提高自动化控制能力。

4. 基于 RFID 技术和二维码技术的设备部品管理

射频识别（RFID）技术是一种无线通信技术，可以通过无线电信号识别特定目标并读写相关数据，而无须识别系统与特定目标之间建立机械或者光学接触。组成部分为应答器、阅读器和应用软件系统。二维码技术是用某种特定的几何图形按一定规律在平面（二维方向上）分布的黑白相间的图形记录数据符号信息的条码技术，通过图像输入设备或光电扫描设备自动识读以实现信息自动处理。

机电安装工业化的实现离不开建设工程的信息化管理，RFID 和二维码技术的应用都是实现信息化管理的重要手段。在预制加工过程中，通过在各类设备部品上植入 RFID 标签或二维码标签，可实现仓储、物流、施工安装、使用阶段的信息化管理。

RFID 及二维码标签应在植入前进行系统的设计与规划。这样做一方面满足编码的唯一性，保证标签与部品的一一对应，确保标签信息准确无误；另一方面增强编码系统的可读性与快速反应性。同时，标签也应维持扩展性，为日后数据扩充、反复读写保留存储空间。鉴于 RFID 技术与二维码技术在功能上的区别，两者在设备部品管理过程中也有应用上的差别。RFID 技术不受距离与遮挡物的限制，可用于机电设备、各类管道在生产、运输、施工、使用过程中的跟踪定位。二维码信息的提取需要用特定设备进行扫描，可用于机电设备及各类管道的识别和管理。RFID 与二维码技术在工业化安装模式下的应用如图 6-5 所示。

在生产阶段植入

通过无线感应、扫描设备、移动终端
提取机电设备、管线信息

仓储管理　运输管理　施工管理　维修与
更新管理

图 6-5　RFID 与二维码技术在工业化安装模式下的应用

（图片来源：《民用住宅安装工业化实现途径研究》）

6.4　机电安装工业化的施工方法

机电安装工程的施工主要由三个阶段组成：

1）土建施工阶段的预留、预埋工程。该阶段需要工人按照设计及施工规范严格进行管道预埋与端口预留，如套管的尺寸、管道安装完成后的净空量、管道垂直度等施工细节均需准确控制。由于该阶段工程的隐蔽性，完成预留、预埋工作后，对管道进行承压、严密、灌水等试验合格后签发隐蔽验收记录方能进行下一阶段。碧桂园 SSGF 项目现场的预留和预埋如图 6-6 所示。

2）机电安装工程的施工阶段为机电安装工程施工的主要阶段，在预留、预埋基础上进行管线、机电与设备的安装。在传统模式中，机电安装工程施工存在很多问题和隐患，直接影响安装进度和质量，如安装施工与土建施工的冲突、管线碰撞等。

3）工程验收阶段。为保证机电安装工程的质量，验收试验阶段是必不可少的。

6.4.1　装配式施工

工业化模式下的机电安装工程施工就是将相应的管道及机电设备部品组装成各个机电安

图 6-6　碧桂园 SSGF 项目现场的预留和预埋

装工程系统的过程，这个组装过程即机电安装工程的装配式施工过程。装配式施工是建立在标准化设计、工厂化部品生产的基础上，通过对管道及机电设备部品在现场进行选择、集成、组合、安装，从而完成施工的过程。装配式施工离不开对传统安装施工工艺的变革。在此主要介绍装配式支吊架和预制组合立管技术。

1. 装配式支吊架

支吊架的安装是机电安装工程中的重要组成部分，各类管道及线缆的固定都依靠支吊架系统进行固定。装配式支吊架也称组合式支吊架（图 6-7）。装配式支吊架的作用是将管道自重及所受的荷载传递到建筑承载结构上，并控制管道的位移，抑制管道振动，确保管道安全运行。支吊架一般分为与管道连接的管结构件和与建筑结构连接的生根构件，将这两种结构件连接起来的承载构件和减振构件、绝热构件以及辅助钢构件，构成了装配式支吊架系统。

除可满足不同规格的风管、桥架、系统工艺管道的应用，尤其在错层复杂的管路定位和狭小管笼、平顶中施工，更可发挥灵活组合技术的优越性。具体特点是：

1）具有固定支架的稳定性和抗震性能。

2）具有丝杆悬吊支架的经济性和可靠性。

3）具有灵活快捷的任意可调性和方便性。

2. 预制组合立管技术

预制组合立管技术是将一个管井内拟组合安装的管道作为一个单元，一个或几个楼层为

图 6-7　装配式支吊架

一节，节内所有管道及管道支架预先制作并组合装配，现场整体安装的成组管道。预制组合立管技术适合超高层建筑施工，是机电设备工程施工中提高工业化施工水平的重要组成部分。预制组合立管安装工艺与常规管井施工比较，有以下几个特点：

（1）设计施工一体化

预制组合立管从支架的设置形式、受力计算到现场的施工，都由施工单位一体化管理。

（2）现场作业工厂化

将在现场作业的大部分工作移到了加工厂内，预制组合立管将管井内立管按每 2~3 层分节，连同管道支架预先在工厂内制作成一个整体的组合单元管段，整体运至施工现场，与结构同时安装施工。

（3）分散作业集中化

传统的管井为单根管道施工，现场作业较为分散，作业条件差，而预制立管将分散的作业集中到加工厂，实现了流水化作业，不受现场条件制约，保证了施工质量，整体组合吊装，减少高处作业次数，有效地降低了作业危险性。

（4）提高了立管及其他可组合预制构件的精度质量

机械加工工厂的加工条件、检测手段、修改的便利性均大大优于现场作业，因此组合各类构件的尺寸、形位精度、外观美观度、清洁度均高于现场施工。

预制组合立管如图 6-8 所示。

6.4.2 模块化安装

模块化安装是指在建筑部品工厂化制作的基础上，使用装配式施工的方法，引入模块化理念的现代施工方法。在传统施工方式中，依次按照土建、土建预留预埋、安装工程各专业施工、土建二次施工、装修装饰的顺序进行施工。模块化安装的主要流程为：将深化设计图转化为模块设计图，然后进行模拟仿真，验证模块划分可行性并进行优

图 6-8 预制组合立管

化，接着进行模块制作、运输及安装。模块化施工则强调对施工各工序的并行与模块化的装配方式：

1）交叉施工，并行作业。模块化施工依托于工厂化预制与装配式施工方法，土建施工的同时在工厂中进行安装部品的生产与组装。土建施工完成后，将工厂制作好的安装模块运输到施工现场进行装配。有利于加快施工速度，提高劳动生产效率，减少窝工，减少现场湿作业。

2）安装内容模块化。在预制厂或模块组装场地将设备与相关管段（甚至包括一定的预制主体结构）预拼装成相对独立的、有一定规模的模块单元，再将这些模块运输到现场进

行安装。采用模块化施工方法，可以将传统意义上的单一现场安装模式，延伸到场外集中组装。由于预制工厂内的设备安装工作与现场工作同时进行，大大缩短了设备的安装周期。设备的安装工作在工厂或模块组装场地进行，相对于在现场复杂的施工环境中安装，安装质量将得到极大提高。

模块安装过程有以下实施要点：

1）模块设计。模块的划分设计需要在深化设计的基础上进行，需要综合考虑到模块间的连接、模块划分大小对运输环节的影响、模块安装的技术难度、吊装的可行性等内容。模块设计在国内还属于新兴施工技术，对设计单位、施工单位要求均较高，可以借助各类模拟仿真软件、优化软件对模块设计方案进行安装模拟与改进。

2）组装运输场地的选择。目前，小规模模块的运输与安装应用较多，实施难度小；大型设备类模块从运输、吊装、成品保护等各阶段实施难度均较高。这类模块在选择模块制作场地时需均衡考虑，在管道预制工厂、设备制作厂及施工现场附近专设的模块加工场地之间进行综合选择。模块化吊装施工如图 6-9 所示。

图 6-9　模块化吊装施工

复习思考题

1. 什么是机电安装工业化？为什么要推行机电安装工业化？
2. 什么是深化设计？其主要内容包括什么？
3. BIM 技术在机电安装工程设计阶段的应用主要体现在哪些方面？
4. 什么是柔性制造技术和成组技术？
5. 什么是装配式支吊架？其优势是什么？

第 7 章

内装工业化

7.1 内装工业化概述

7.1.1 内装工业化的概念

内装 (Infill System) 原指建筑内部装修部分,但随技术和社会发展其概念得到了扩充,逐渐涵盖建筑内部的部品、隔墙、构件、设备以及管线等多方面内容。如今,内装在住宅、酒店、商场、办公楼等各类建筑中被广泛应用,其中住宅内装因其量大面广、易于实现产业化而得到迅速发展,故本章主要以住宅为例展开介绍。

内装工业化是指在建筑内部空间装修的过程中,应用标准化、模数化、精细化等先进设计技术,大量采用工厂化生产的部品与成品通用材料,综合运用干法施工与装配方式,并由产业工人按照标准工艺与工法完成内装施工的模式。与传统装修相比,内装工业化具有诸多优势:

1) 综合运用干法施工与装配方式,提高了装修施工效率,减少了传统施工工艺中存在的大量湿作业,也减少了建筑材料的浪费以及现场建筑垃圾的产生。

2) 加强了对现场不同专业人员的规范管理,工人按照标准工艺进行作业,减少了由参差不齐的人工作业导致的施工质量问题,有效提升了内装品质与施工效率。

3) 部品在工厂制作生产,可有效解决施工生产的误差和模数接口问题,全面保证产品质量和性能,同时也有助于产业化技术发展。

4) 采用了架空层布线与集中管井等方法,避免了传统装修将管线埋设到结构体内所造成的安全隐患,降低了后期维护和改造的难度,提升了建筑使用的整体寿命。

5) 成套部品和新型施工工艺的应用与用户参与式设计结合,着眼于用户远期和近期的综合需求,避免二次装修带来的一系列问题。

内装工业化统筹了设计、生产与施工等环节的工作，它并不是某种产品、技术、施工方式或施工工艺，不能将内装工业化简单地与前述内容相等同。此外，内装工业化与全装修的概念也不尽相同，住宅全装修是指房屋交钥匙前，所有功能空间的固定面全部铺装或粉刷完成，厨房和卫生间的基本设备全部安装完成，可以认为是一种装修的供给模式。在现阶段所应用的技术、材料等条件下，内装工业化可以具体体现为装配式内装修方式。

7.1.2　内装工业化的特征

通过对内装工业化的全流程进行系统分析，梳理得到内装工业化的特征有：内装部品化、设计一体化、生产工厂化、施工装配化以及管理智能化。

1. 内装部品化

部品可以理解为比较容易从建筑物里分解出来的非结构体，是工厂制造的，可通过标准化与系列化的手段独立于具体建筑之外的内装功能单元，是实现商业流通的产品，同时也具有适应工业生产与商品流通的价值。从工业化角度讲，将内装体系分解为相对独立而又标准协调的内装部品，这些部品可以单独进行设计、制造、调试、修改，便于不同的专业化企业进行生产，也便于市场流通，并可提供给既有建筑内装的改造更新。

内装部品化的初衷是发挥工业生产的优势来提高内装的质量与性能，进而提高施工效率并降低成本。部品化的基础是标准化、通用化、系列化的设计以及工厂化生产和社会化供应。内装部品体系的发展和完善是实现建筑产业化的关键环节，使得建筑内装工程由现场加工生产作业逐步转变为大量工厂化生产的部品现场组装作业。在长期发展与实践中，不同国家或地区依据实际情况形成了多样的部品体系，如荷兰的 MATURA 部品体系、日本的 SI（或 KSI）部品体系等。

2. 设计一体化

设计一体化包括了多方面含义：第一，内装与建筑、结构、设备等设计的一体化，避免不同专业设计间的冲突；第二，使用功能设计的一体化，从满足目标用户对使用功能的需求和面积空间的能效性要求出发，对建筑内部空间进行人性化设计，将各种内装部品视为统一整体，实现使用功能的优化和集约，提高建筑舒适性能；第三，全寿命周期，如住宅即根据家庭阶段或家庭结构不同进行一体化设计。由于采用内装与结构分离的方法，户型与内装设计可根据家庭阶段或结构进行灵活调整，能适应住宅全生命期的要求。

3. 生产工厂化

内装修的所有部品部件，均可进行模数化分解，在工厂进行规模生产制造。工厂的生产条件与质量管理相比现场而言优势明显，产品质量稳定均一、生产高效，从根本上提升了建筑性能和品质，也有利于部品有关技术的研发与改进。同传统装修现场的加工相比，工厂制造所产生的废弃装修材料和粉尘更易回收，能减少对环境的污染，也避免了现场加工装修材料所产生的噪声扰民问题。此外，工厂化生产的内装部品可由供应企业承担施工服务、售后服务和终端责任，从而避免传统装修因采购厂家众多而导致的责任推诿问题。

4. 施工装配化

施工装配化是内装工业化的重要特征。内装施工采用装配式工法，在现场将部品构件组装成型并与建筑结构相连接，大量减少现场的内装湿作业。按照标准化的装配流程与工艺进行施工，施工质量能得到保证，装修工期短，施工效率高，现场施工噪声小，施工材料损耗以及建筑垃圾排放少，安全环保。同时，装配式工法也为内装的维护与更新提供了便利，部品构件的维修更换相比传统装修而言更易操作，对结构造成的影响也更小。

5. 管理智能化

内装工业化集成并应用了多种信息技术实现管理的智能化，具体体现在部品信息管理系统与智能家居管理系统两方面。

部品信息管理系统起到沟通协作平台的作用。通过部品信息管理系统可将市场需求、设计、施工等有关信息在各参与方之间进行有效传达，有助于实现建筑建造过程中各参与方的高效协同。如图 7-1 所示是日本住宅部品运用的信息传达模式。通过部品信息管理系统还能实现住宅全生命期内部品信息的存储与读取，有利于内装的维护更新与物业管理。

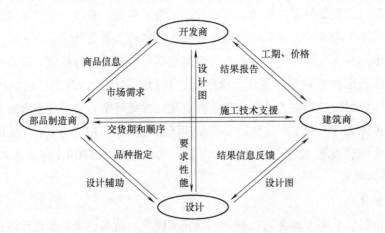

图 7-1　日本住宅部品运用的信息传达模式

（图片来源：《日本住宅建设与产业化》（第 2 版））

智能家居管理系统是以住宅为平台，利用综合布线技术、网络通信技术、安全防范技术、自动控制技术、音视频技术等将家居生活有关的设施部品集成整合，主要包括家居安防、家居通信、家居节能、家居消防、家居控制等系统。其符合社会信息化趋势下用户的工作与生活对通信与信息的需要。通过智能家居管理系统可增强家居生活的安全性、便利性和舒适性，实现环保节能。

7.1.3　内装工业化的发展

内装工业化是依托于装修领域的，装修部品易于工厂化生产和市场流通，故相较于结构工业化而言，内装工业化更易于实施和推广。内装工业化发展的重要特点是部品体系的建立和完善以及新型内装技术的研发。

1. 国外内装工业化技术的发展

为满足用户多样而复杂的需求，国外针对工业化的住宅装修已经进行了长期探索。国外内装工业化的发展脉络可上溯至20世纪60年代荷兰的哈布瑞肯（Habraken）教授提出的骨架支撑体理论（SAR理论）以及之后在其基础上逐步形成的开放建筑理论（OB理论），其主张通过开放性、模数化的结构体设计实现套内空间的自由变化，并以此增加住宅的适应性与灵活性。受开放建筑等理论的影响，不少国家将住宅内部的装修、设备等作为与主体结构分离的填充部品体系加以深入研究、开发和应用推广，在技术研发与部品体系等方面取得显著成果。这里以荷兰和日本作为代表进行简要介绍。

（1）荷兰

荷兰的MATURA内装填充体系是由哈布瑞肯等人发明的，主要包括管线系统、收纳管线的模数格构垫块以及隔墙等。铺设于地面的模数垫块表面与底面均设有线槽（图7-2），表面沟槽主要容纳冷热水管，底面沟槽较宽，用于容纳排水管等，电气管线则置于隔墙板底部的踢脚空间之内。采用MATURA体系可在住宅单元内走线，减少安装时间并可保证管线在楼板上的连接，整个系统便于拆开和重组，对室内空间重新划分与管线移位等有良好的适应性。MATURA体系的产业化发展较为成熟，通过专用的应用软件可完成用户整套内装的设计方案，并能支持从内装设计到工厂生产再到运输安装的整个流程。MATURA体系的预制产品与构配件可按与现场组装相反的顺序装入运输箱内，与装有施工工具的运输箱一同运至施工现场。据资料统计，3名熟练的技术人员完成$110m^2$的定制化单元安装所需的平均工期为8天。

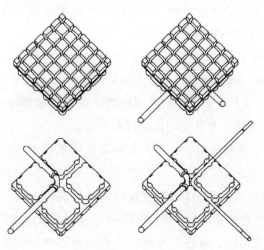

图7-2　荷兰MATURA部品体系的模数垫块与专用线槽

（图片来源：*The MATURA System*）

近年来，荷兰把工业化建造和可持续发展理念拓展到了开放建筑理论中，形成了IFD理论体系（Industrial Flexible and Demountable，即工业化建造、弹性设计和可拆改）。工业化建造（I）强调建筑产品在工厂生产，在施工现场组装，同时标准、产品和部品研发成果易于推广；弹性设计（F）强调内装能满足用户多样化的需求与以后的需求变化；可拆改（D）则强调建筑产品和构件部品的再利用。IFD 体系是以生态循环的视角、以有效的建构设计为依托（图 7-3），寻求主体和内装的开放性和适应性，鼓励研发可拆卸再利用的技术与产品，包括发展干式拆装的构造方法与工法，并支持建筑的设计策划、建筑方案、建造和用户使用的全流程。

图 7-3　荷兰 IFD 体系建构示意

（图片来源：*Configuration Design of Collective Housing Building Structure-IFD Systems Configuration*）

（2）日本

1999 年，日本住宅部品生产专家岩下繁昭先生将日本部品生产的发展过程划分为四个阶段：

1）20 世纪 50 年代是材料工业化时代，由新材料制作的部品以及生活配套部品相继进入住宅，在此阶段公共住宅用标准部品（Kokyo Jutaku 部品，即 KJ 部品）认证制度开始实行并普及，部品专用体系得到发展。

2）20 世纪 60 年代是部品开发时代，以开始成熟的部品制造商为主力推动新部品的开发与应用，代表部品有家庭浴室内的配套部品与铝合金窗。

3）20 世纪 70 年代是集成化时代，正值住宅建设由量向质的转换期，内装部品和设备的生产量与种类大幅增加，部品的规模趋向大型化和集成化，代表部品有集成式厨具系统与单元式浴室。在此阶段内 KJ 部品认证制度被取消，优良住宅部品（Better Living 部品，即 BL 部品）认证制度开始实施，部品通用体系得到发展。

4）20 世纪 80 年代是系列化时代，用户对部品的需求趋于多样化和个性化，部品种类急剧增加。

由 KJ 部品认证制度向 BL 部品认证制度发展的过程实质上是一个从部品开发到部品集成最终朝向系列化部品产业化发展的过程（图 7-4）。BL 部品认证制度是从设计、质量、性能（安全性、耐久性、使用性、易施工安装性）和供应体制等方面对民间厂商生产的部品进行综合审查与认定，只提出对通用构件要求的基本标准，厂商可以自行设计和开发符合要求的适用部品。部品通用体系的构建促使内装部品化的进程加快，有力地推动了日本住宅工业化与部品产业化的发展。

自 20 世纪 90 年代以来，日本的部品生产不断发生新变化，1999 年日本发布《确保住宅品质促进法》，提高了对部品质量的要求并明确了部品性能级别；为适应市场重心转向既

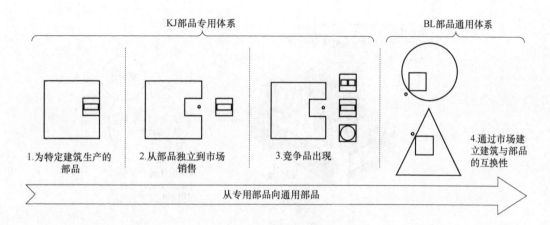

图 7-4　日本专用部品的通用化

（图片来源：《工业化住宅建造方式——＜建筑生产的通用体系＞编译》）

有住宅改造的形势，部品的形式和种类发生相应变化；满足节能、环保、适老性、适幼性、无障碍以及多功能和智能化等要求，成为部品开发的新方向。

进入 21 世纪后，日本 UR 都市机构开发的 KSI（Kikou Skeleton Infill）住宅技术体系在日本公共住房建设项目中得到全面推广和实施。KSI 体系将 SI 住宅理论应用于住宅工业化生产实践中，明确了支撑体和填充体的分离（图 7-5）。支撑体部分（S）包括住宅主体结构、公用设备管线和公共部分（公共走廊、楼电梯等），强调主体结构的耐久性，遵循长寿化的理念；填充体部分（I）包括住宅套内部品、专用部分设备管线以及非承重外墙和外窗等外围护部分，强调内装的灵活性和适应性。为满足可持续发展建设的需要，填充体部分形成了健全的适应性内装部品体系并加以集成。同时，内装部品开发对住宅设计策略的影响逐步增大，将住宅部品作为住宅组成要素并充分考虑内装部品对住宅品质的影响。健全的内装部品体系也为用户参与设计提供了基础，使用户可以参与套内户型的分隔设计，实现灵活的空间划分、内装布置，从而满足多样化、个性化的需求。

2. 我国内装工业化技术的发展

自 20 世纪 50 年代我国提出建筑工业化后直至 20 世纪 80 年代初的这段时期，基本属于我国部品发展的起步阶段，部品生产以大型结构型部品部件为主，而住宅内装部品则发展缓慢，内装部品种类少且范围仅局限于卫生洁具用品。而随着 20 世纪 80 年代住宅商品化的提出，商品住宅的大量建设带动了住宅部品的研发，内装部品与设备的种类与质量都得到迅速增加与提高，此阶段具有代表性的是轻质墙体与轻质板材的研发。然而，各类部品并未实现体系化发展以及部品间的通用互换，各部品厂商也未形成良性竞争。自 20 世纪 90 年代我国启动住宅产业化开始，我国住宅部品发展进入理性发展阶段，住宅部品逐渐得到行业及用户的认可，住宅部品体系初步建立，但仍存在部品标准化与模数化程度偏低、生产效率不高等问题。

进入 21 世纪，我国内装部品体系向装配化、整体化方向发展。基于我国国情和住宅建

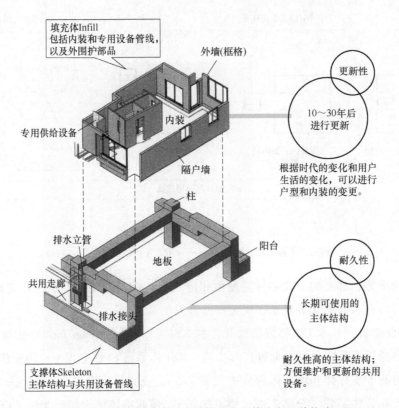

填充体Infill
包括内装和专用设备管线，
以及外围护部品

外墙(框格)

更新性

10～30年后
进行更新

专用供给设备

内装

隔户墙

根据时代的变化和用户
生活的变化，可以进行
户型和内装的变更。

柱

排水立管

地板

阳台

耐久性

共用走廊

长期可使用的
主体结构

排水接头

耐久性高的主体结构；
方便维护和更新的共用
设备。

支撑体Skeleton
主体结构与共用设备管线

图 7-5 日本 KSI 体系支撑体与填充体分离及其构成

（图片来源：UR 都市机构网站 https://www.ur-net.go.jp/rd/ksi/index.html）

设及部品的发展现状提出的 CSI 住宅体系（C 代表 China）遵循支撑体与填充体分离的原则，从全生命周期的理念出发，目标是实现住宅品质的改善、住宅功能水平与舒适度的提高。CSI 体系对住宅部品群划分、部品性能、部品集成化、套内接口标准化等提出要求，推动了住宅部品的发展。

近年来，我国在住宅绿色可持续建设的探索与研究中提出了新型住宅建设模式——中国百年住宅。百年住宅体系是以建筑全生命周期的理念为基础，围绕保证住宅性能和品质的规划设计、施工建造、维护使用和再生改建等技术的新型工业化体系，力求全面实现建设产业化、建筑长寿化、品质优良化和绿色低碳化，提高住宅的综合价值。

百年住宅体系研发了新型内装部品集成技术与干式工法（图 7-6）并形成部品整体技术解决方案，不仅是出于部品工业化生产的考虑，更是实现内装灵活可变的技术手段。在实践方面，百年住宅的内装体系并不追求在项目中一次性运用大量新技术，而是注重于内装工业化设计的实际运用价值。究其根本，内装工业化的目的是提升住宅内装品质，而不是刻板地等同于必须采用整体厨房、整体卫浴等部品，应当因地制宜并贴合用户需求，寻求合理的技术研发理念、成本控制和市场需求三者间的平衡点，稳步、有序地推进内装工业化发展。

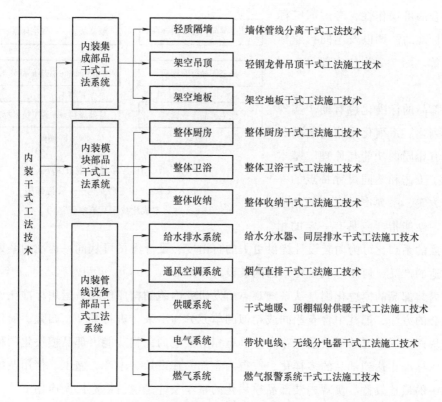

图 7-6 我国百年住宅体系采用的内装集成技术与干式工法

（图片来源：《百年住宅：面向未来的中国住宅绿色可持续建设研究与实践》）

7.2 | 内装工业化的设计

设计是内装工业化的重要支撑。内装工业化的设计需要依托于标准化与模块化的住宅内装部品来进行，用户在设计过程中也有不同程度的参与，更好地将内装需求融入工业化的过程中。

7.2.1 住宅内装部品的标准化与模块化

住宅内装部品的标准化就是通过建立综合反映工业化住宅的耐久性能、安全性能、环境性能和居住性能等部品的技术指标，以及各工业化住宅部品之间接口的规定，保证不同厂家生产的住宅内装部品的互换性和通用性。住宅内装部品的标准化包括各类部品的定义、适用范围与条件、部品的系统构成、部品的功能与性能要求，部品组成材料和制品的技术性能要求，组合性功能试验与检验要求，部品的质量控制与保证等方面内容。

内装部品的标准化是提高住宅质量的关键，实现内装部品的标准化有利于内装部品体系的建立和完善，内装部品更符合工业化住宅的要求，更适合工厂规模化生产。部品标准的制定需要前瞻地考虑国内外产品的互相配合与通用性，考虑技术的先进性，考虑技术与我国实际情况结合的可操作性，考虑国家标准与地方标准的协调以及不同行业标准的协调等。图7-7为住宅部品标准化结构图。

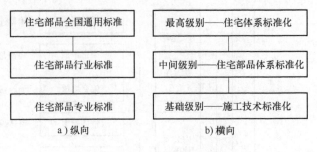

图 7-7　住宅部品标准化结构

（图片来源：《住宅产业化——住宅部品
体系集成化技术及策略研究》）

内装部品的标准化也有助于实现部品的系列化。系列化是指内装部品可形成具有相同的功能与原理、基本相同的加工工艺和不同尺寸特点的一系列产品方案，系列产品之间的相应尺寸参数、性能指标应具有一定的相似性。部品的系列化可为内装设计提供更大的自由度，设计人员可从同一标准的系列化部品中挑选合适的产品，便于形成多样性的内装设计方案。

住宅内装部品的模块化则是从系统观点出发研究内装的构成形式，运用标准化原理以及分解和组合的方法，把其中含有相同或相似的单元分离出来，进行统一、归并、简化，分解得到的模块以通用单元的形式独立存在并具有相对独立的完整功能。部品模块化的目的是通过部件级的标准化达到部品的多样化，取得内装部品在设计、生产、施工、使用及维护等全生命周期中的最佳效益。实现内装部品模块化的基本条件是建筑模数协调应用。

7.2.2　内装模块化设计

模块化设计是实现大规模定制生产的有效途径，其以具有标准化的接口与独立功能的模块为基础，通过各种不同功能模块的配置、组合或变形等方式来快速响应用户需求，从而实现内装设计的多样化和个性化。同时，模块化设计可以将用户参与的定制设计过程后移，便于内装部品的开发与规模化生产，提高产品质量和可靠性。

内装模块化设计的流程如图7-8所示。首先需要采集用户需求信息（可由开发商提供），将需求信息融入设计方案中，初步形成设计方案库；然后通过对设计方案的分析，对物料供应商进行招标并集中采购，形成物料信息库；再由具有资质的设计单位根据设计方案库和物料信息库设计基本内装模块与可选内装模块。利用网络与 BIM 平台展示各类模块，由用户进行模块的选择与组合，形成装修订单，特殊模块的定制需要额外注明。最后在修订完成的装修订单基础上，设计人员再进行装修施工图、水电施工图的设计，并形成相应的物料清单。

内装模块化设计的关键是模块的设计，首先要合理划分模块，进行内装的功能分析，然后根据用户的不同需求，设计模块变形方案与多种配置集成方案。对模块的功能进行设计时，模块的功能应包含基本功能和定制功能。例如，整体厨房模块，应具有的功能包括储藏、烹饪、洗刷、料理等基本功能，以及色彩、材质及配套电器等定制功能，客户可根据自身的偏好进行色彩的搭配、材质和电器的选择。在模块的功能设计之后，应进行模块的尺

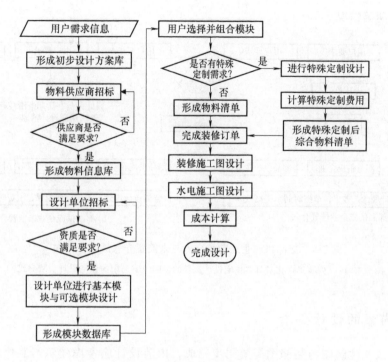

图 7-8 内装模块化设计的流程

（图片来源：《面向大规模定制的住宅装修产业化实现体系》）

寸、加工工艺、接口形式、装配工艺以及特殊的加工要求等结构方面的设计，使模块不仅能够满足实际生产和使用的需要，也能满足施工。内装模块化要求下的部品设计可概括为：新部品（系统）= 通用模块（不变部分）+ 专有模块（变动部分）。

7.2.3 设计阶段的部品前置介入

内装工业化的设计需要部品前置介入，其主要工作是调整部品与部品、部品与建筑结构的关系。部品供应企业从设计阶段开始介入到住宅建造过程中，为设计单位与施工单位提供技术与信息支持，包括模数、尺寸以及产品信息等内容，设计人员依据部品供应企业提供的基本信息来完善内装设计，也有可能从部分产品中得到设计的灵感。相应地，部品供应企业也会在与设计人员沟通的过程中得到产品开发的新理念或创意以及准确的客户需求信息，有利于实现产品开发的良性循环。

部品前置介入设计能保证部品在后期的正常安装与使用（图 7-9a），解决传统设计流程导致的部品实际规格与最初内装设计矛盾的问题，也有利于节省部品生产时间、缩短工期。

如果部品供应企业只对开发商负责、无视内装设计内容和理念，或是在施工阶段才加入进来（图 7-9b），则会对建设过程产生不良影响。由于每个部品供应企业的部品尺寸都不尽相同，为满足所有部品的布置，在前期方案设计和施工图绘制阶段图上会预留过大的"不必要的空间"，导致施工阶段难以按照设计施工，进而造成设计变更、部品不齐全、进场不顺利、延误工期等情况。

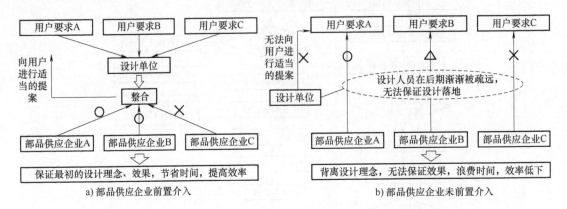

图 7-9　部品供应企业前置介入与未前置介入的设计流程

（图片来源：《内装工业化对日本住宅设计流程的影响——与中国住宅设计现状对比》）

7.2.4　对内装的设计要求

在设计阶段，建筑图与装修图需要同步完成，内装设计应考虑建筑与装修的方方面面，包括平面布局、给水排水设计、供暖设计、电气设计、细部构造节点设计、所用部品及设备的规格型号与性能指标，要满足生产与施工安装的要求，同时实现内装设计的适应性。

对于内装材料与设备的选择，应优先选用绿色环保、可循环使用、可再生使用、对人体健康无害的材料；设计时所选用材料的品种、规格、质量及有害物质限量应符合使用要求及国家现行有关标准的规定，材料的耐火等级应满足建筑的防火等级与房间的使用要求。对设备器具的选择应满足高效、环保、节能的要求，明装的设备器具则应与内装整体风格匹配。

对于室内环境设计，要全面考虑室内光环境、热环境、声环境以及空气环境等，采用有效措施为用户提供健康舒适的居住环境。首先合理选择照明设备并布置光源的位置，满足各功能空间的照明要求；设置供暖设施时宜选用先进的高效节能的供暖设备，合理布置设备位置，保证室内温暖舒适；内装宜采用隔声性能良好的内门和隔墙，宜采取相应措施减少架空地板空腔内的空气传声；室内通风设计应采用以自然通风为主、强制通风为辅的方式。在室内环境设计中还需注意用户的生活习惯与偏好，并进行调整，如用户或因走动声或因走动的感觉而不愿意采用有架空层的架空地板，则可使用有干式地暖填充的架空地板并相应地布设管线。对于功能空间的划分，应依据使用功能、空间形态以及用户室内交通组织或行为方式进行划分，确保空间的合理适用。

在内装设计时是将内装填充体视为一个整体的，所以需要注意部品之间的接口部位。部品间的连接应遵循一定的原则：共用部品不应设置在专用空间内，专用部品的维修和更换不应影响共用部品的使用，使用年限短的部品的维修和更换不能破坏使用年限长的部品的使用。在管线敷设时应注意：地暖管线与架空地板相配合，电气管线、开关插座设置在内隔墙架空层内，消防、通风空调管线设置在顶棚架空层内。

7.3 内装工业化部品体系

住宅内装部品作为工业化的新载体，改变了传统内装施工方式，提高了内装工程质量。通过吸取国际前沿理念和经验，以及对工业化住宅建设的探索实践，我国的百年住宅体系所采用的内装部品体系（图7-6）将内装部品大致分为内装集成部品、内装模块部品与内装管线设备部品，此外部品接口也是内装部品体系的重要组成部分。

7.3.1 内装集成部品

内装集成部品主要是指采用干式工法，由工厂生产的部品以及设备、管线等集成装配而成的单元。在保证使用功能的前提下，集成化部品更易于生产或施工。内装集成部品主要包括轻质隔墙、架空吊顶和架空地板等。

1. 轻质隔墙

轻质隔墙是指由工厂生产的具有隔声或防潮等性能且满足空间和功能要求的装配式隔墙集成部品。轻质隔墙依据不同构造及材料分为不同的品种，包括轻质砌块墙体、有龙骨的隔墙和轻质条板内隔墙等。砌块类隔墙和条板类隔墙由于造价低、易于施工、对工人技术水平要求不高等特点而应用较广，但该两类隔墙不易于内装的改造。由复合材料制成的空心条板隔墙，在与设备管线的综合施工中需要剔凿墙体并进行一部分湿作业，这会带来施工精度不易控制、材料浪费的问题，剔凿墙体以后也会导致隔声效果有所下降。龙骨类隔墙易于集成与安装，并且安装精度比较高，这里主要以轻钢龙骨石膏板隔墙为例进行介绍（图7-10）。

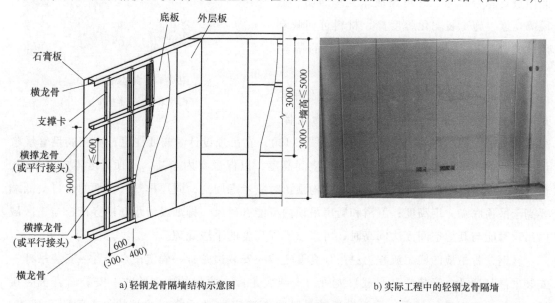

a) 轻钢龙骨隔墙结构示意图　　　　　　　　　　b) 实际工程中的轻钢龙骨隔墙

图 7-10　轻钢龙骨隔墙

（图片来源：a)《轻钢龙骨石膏板隔墙、吊顶》（07CJ03—1）；b) 作者拍摄）

轻钢龙骨隔墙具有节约空间、自重轻、质量易于控制、干法施工、便于维修、可变性强、可循环利用等优点，更重要的是轻钢龙骨间的架空层可用于管线和配套开关、插座的布置等。为实现精准的施工安装，需要先对隔墙进行深化设计，依据使用空间的要求设计不同的厚度，龙骨间距要符合板材的模数，兼顾洞口的留置与门套的安装。

轻钢龙骨隔墙的施工流程为：地面和顶棚放线→固定沿顶及沿地龙骨→立竖向主龙骨→横向龙骨固定、局部加固→机电末端放线并做标识→水电管线敷设并加固→水电末端线盒的固定→填塞保温隔声岩棉、封板、板缝处理（贴砖墙面无此工序）→表面披腻子打砂纸（贴砖墙面无此工序）→面层施工。隔墙应与工业化部品相整合，对机电末端进行定位，水电管线在墙体内穿行时需增加固定龙骨，管线布置需要穿过龙骨时，龙骨要进行加强设计并增加连接件；燃气入户后在墙体上走明线且进行加固处理。同时，对隔墙内外的吊挂重物及附墙安装的扶杆等受力部件位置须加设龙骨作加强处理；须在吊顶高度位置的墙体内进行加固以保证墙体与吊顶龙骨的可靠连接。为了满足隔声的要求，墙体应于顶棚与地面之间上下贯通，卧室与其他房间则通过填塞岩棉增强隔声效果。

2. 架空吊顶

在我国的传统住宅中，吊顶一般只设置于厨房和卫生间内，在工业化住宅中吊顶则是重要环节之一。架空吊顶是一种集成化顶板部品体系，在结构楼板下吊挂具有保温隔热性能的装饰吊顶板，在架空层内敷设电气管线、安装照明设备等（图7-11）。吊顶的优势在于能够实现管线与主体结构的分离，管线在吊顶的空间内进行综合排布，并可集成采光、照明、通风等功能，施工装配化程度高，材料可回收利用。此外，吊顶架空层也具有一定的隔声效果。

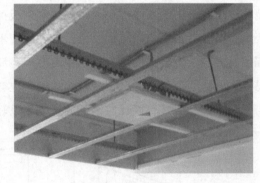

图7-11 架空吊顶
（图片来源：作者拍摄）

这里以轻钢龙骨吊顶为例，轻钢龙骨吊顶是以密度较小硬度较大的轻钢材料作为龙骨，吊顶通过吊杆和吊件与上层楼板连接（图7-12）。在吊顶设计时需要注意，应在满足管线敷设的基础上尽可能地减少吊顶所占用的空间高度，以保证室内净高。吊顶高度不应低于门、窗上口，更不得影响门和窗的开启。结构预留时应考虑周到，同层排气、排烟的出口最低端要高于吊顶底端一定高度；卫浴和厨房吊顶内可能有通风、排烟或给水管道穿行，当该区域的吊顶可能与其他空间无法同高时，可采取不同高度的手法处理。

轻钢龙骨吊顶的施工流程为：吊顶高度定位→安装边龙骨→确定吊点位置→安装吊杆→安装吊件与调平→安装主（承载）龙骨→安装次龙骨→龙骨的中间验收→安装石膏板→接缝、检修口与灯口的处理。施工中要按设计要求确定主（承载）龙骨的吊点间距和位置，当设计无要求时，吊点横、竖向间距具体按吊顶荷重确定，与主龙骨平行方向的吊点位置必

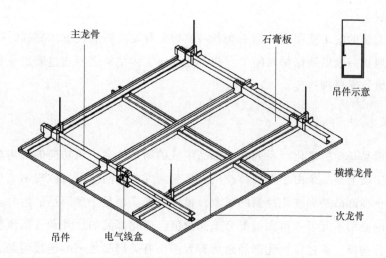

图 7-12　轻钢龙骨吊顶构成

（图片来源：《SI 住宅与住房建设模式体系·技术·图解》）

须在一条直线上。安装吊杆时如与灯槽、空调、电缆架等设备相遇，应在石膏板安装前调整吊点构造或增设吊杆。主龙骨有平吊和竖吊两种方式，据此选择不同的吊件并进行安装。次龙骨应紧贴主龙骨垂直安装，采用专用挂件连接。需注意：重型灯具、电扇、风道等和有强烈振动荷载的设备严禁安装在吊顶龙骨上。吊顶上的检修孔或灯口周边必须有龙骨予以加强，石膏板应事先在检修孔或灯口位置使用专用工具开孔，严禁用钝器凿击敲锤。

3. 架空地板

架空地板也称架空地面，是一种集成化的地面部品，是指在结构楼板上采用树脂或金属制的螺栓支撑脚，在支撑脚上再敷设衬板及地板面层形成架空层。架空地板的每个支撑脚高度独立可调，故施工可不受地面平整度的影响，施工便捷。地板下的架空层为管线的灵活敷设提供便利，使管线敷设可不受主体结构制约，便于内装部分的检修与更新改造。而且架空层的存在也可防止基板受潮变形，无须保养。但架空层也会占用一定的空间高度，因此在实际中可采用局部架空的方式以减少层高的占用，如和住宅卫生间同层排水技术相配合实现足够的架空高度。此外，应注意架空地板高度和螺栓支撑脚的高度须配套，并考虑架空层敷设管线所需高度，在出现较大的集中荷载之处应做局部加密螺栓支脚的处理。

架空地板敷设方式有先铺地式和先立墙式两种（图 7-13）。采用先铺地式的工法时，地板

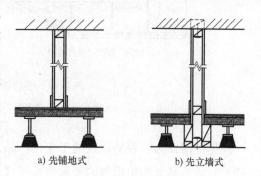

a) 先铺地式　　　b) 先立墙式

图 7-13　架空地板的敷设方式

（图片来源：日本 UR 都市机构资料）

施工速度较快，架空层更大且内隔墙易于移动，有益于对户内空间进行重新划分，但地板和隔板墙的结合部位较不稳。采用先立墙式的工法时，地板和内隔墙均可保持稳定，但内隔墙

的位置不易改变。

先立墙式工法的施工流程为：施工准备→墙边龙骨安置→螺栓支撑脚临时高度调整→铺设衬板→铺设地板→表层装修材料施工。架空地板与主体结构之间通过墙边龙骨连接，地板与楼板间通过螺栓支撑脚连接。

7.3.2 内装模块部品

内装模块部品是由标准化、系列化的部品组成的满足住宅建筑功能的通用单元。内装模块部品的建立实质上是一个由小型部品或构件集聚为大部品的过程，体现出大型化、单元化的发展趋势。小型部品是标准化控制的对象，模块化部品则是小型部品的组合。通过模块化部品高度整合的通用单元形式可大幅提升部品价值，简化部品的设计和订购流程，并为用户提供丰富的组合选择。通过模块化部品还可有效解决有关部品之间的连接问题，减少现场施工操作并提升住宅内装的质量。内装模块部品主要包括整体卫浴、整体厨房和整体收纳等。

1. 整体卫浴

整体卫浴是经工厂生产及组装或在现场装配而成的独立卫浴单元，通常采用一体化防水底盘或浴缸和防水底盘组合，与壁板、顶板构成整体框架，并配以各种功能的洁具，可提供淋浴、盆浴、洗漱、便溺等功能或这些功能的任意组合。整体卫浴依据所提供的功能内容可分为单一功能式、双功能组合式与多功能组合式（图7-14）等类别。

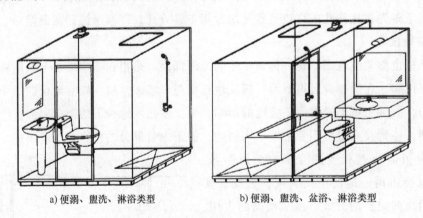

a) 便溺、盥洗、淋浴类型   b) 便溺、盥洗、盆浴、淋浴类型

图 7-14　多功能组合式整体卫浴示例

（图片来源：《住宅整体卫浴间》（JG/T 183—2011））

整体卫浴作为一种整体式的工业化产品，与传统卫生间、浴室的最大区别在于工厂化的生产：管线的预埋和构配件的安装均可转移至工厂内进行，现场干法施工简便快捷，极大地减少了现场人为因素对施工质量的影响，不用做防水、抹水泥。整体卫浴在结构设计上追求最有效地利用空间，可实现干湿区分离、互不干扰。

整体卫浴的应用需要从建筑设计阶段就开始介入，先由开发商和设计单位选定整体卫浴的供应企业，供应企业在设计协调中对卫浴空间进行局部优化和精细化施工图设计。整体卫浴的设计生产需要统筹考虑防水、给水、排水、通风、安全、收纳、光环境以及热工环境等内容。建筑主体卫生间土建结构内空尺寸需满足整体卫浴各型号相应的最小平面安装尺寸和最小高度安装尺寸，安装空间还需考虑建筑墙体误差，并考虑同层排水或异层排水情况。整体卫浴窗户的宽度与高度不能大于其相应的开窗面壁板的宽度与高度。整体卫浴给水进水管接头可设计在整体卫浴顶部，贴土建顶面走管，通风可采用顶排风方式或墙排风方式。因整体卫浴材料保温性能良好，一般情况下无须做地暖，采用普通供暖设施如浴霸等即可满足供暖需要。电气开关应设计在卫生间外墙上，并在卫生间正投影土建上方预留接线盒并留线，户内主控箱须设有卫浴单元电气线路的漏电保护装置。

以整体浴室为例，其大致施工流程为：施工准备→底盘或地板组件、浴缸底座组件的安装→墙轨、墙柱、墙顶架组装→浴缸组件的组装→浴室内部组件安装→顶棚组件组装→安装浴室门窗→验收。安装地漏等组件时应当注意满足排水要求，器具的垂直度及底盘水平度严格控制在允许偏差（±2mm）范围内。

2. 整体厨房

整体厨房是将厨房家具、厨房设备和设施进行整体布置设计，由工厂生产、现场装配的满足炊事、餐饮等活动功能要求的功能空间（图 7-15）。厨房家具主要是指用于膳食制作和物品储放的橱柜，包括固定家具、辅助柜等；厨房设备是指商品化供应的、需与土建设备或管线连接并与厨房家具组合的机具，按与橱柜组合方式的不同可分为独立式厨房设备与嵌入式厨房设备；厨房设施是进行炊事行为时使用的水、电、燃气等管线及表具。

图 7-15　整体厨房
（图片来源：作者拍摄，图示项目为济南
鲁能领秀城·公园世家）

整体厨房的设计一般分为建筑设计与内装设计两个阶段。在建筑设计阶段首先考虑厨房的空间布置、空间大小和平面布置，并考虑厨房与水电之间的协调。在内装设计阶段的工作主要有室内装饰设计与设备设计，考虑橱柜的平面布置以及设备的空间位置，厨房家具和厨房设备的尺寸（模数）应相互协调，其整体组合应与厨房建筑空间尺寸（模数）协调。供应企业与设计单位应针对内装设计进行紧密配合与沟通，避免后期出现设计变更。厨房家具应根据炊事行为秩序进行布置，遵循厨房操作行为的内在规律。厨房必要设备可按由冰箱、洗涤池和炉灶组成的工作三角形进行布置，减少操作者的无效劳动。整体厨房的布置还应满足物品储存原则，使用频率高的设备应尽可能布置于靠近操作者经常活动的空间范围，并考虑操作者动作空间尺寸的需求，达到充分利用空间、存取方便以及操作省力的效果。整体厨房内部多种能源类设备及各种管线都需要和橱柜结合，接口种类众多，有设备与能源管线的接口、设备与橱柜的接口、橱柜与管线的接口、橱柜与厨房的安装接口等，内部接口设计应符合标准及图集的要求。

整体厨房的主要施工工序为：水电改造→架空墙面与地面施工→架空吊顶施工→橱柜安装→水电安装→厨房设备安装。最后的橱柜安装、水电安装、厨房设备安装这三个环节可由同一供应企业指导安装或负责施工安装。应当注意的是，整体厨房内部的各种配件和连接件的安装应严密、平整、端正、牢固，启闭部件等应启闭灵活，五金件如铰链、滑轨等使用中应无明显摩擦声或卡滞现象。

3. 整体收纳

整体收纳是满足套内不同功能空间分类储藏要求的模块化部品，工业化程度较高，大部分组件都可在工厂生产加工后运至现场拼装，施工简便，质量易于控制。收纳体系作为必要的设计要素之一，涉及了用户生活的各个方面细节，精细化的收纳设计既可从美学上实现与部品的协调统一，又可从布局上实现空间的合理运用。

在内装设计时应当确定收纳部品的供应企业，并参与到设计过程中，以便供应企业与设计单位就收纳部品的规格尺寸和水电预留问题达成统一，保证收纳部品的正常施工安装与使用。整体收纳的布置应当遵照住宅物品储存原则，根据用户使用需求与空间使用属性，合理安排不同功能空间的储藏要求，达到用户"想拿即取"的效果，同时提高空间的使用效率，力求做到就近收纳、分类储藏。分类收纳有助于实现收纳空间的最大化与储藏空间的集约化。收纳系统应按照用户的动线轨迹、收纳习惯和被收纳物品的特征，加以合理布局设置，玄关（门厅）、走廊交通空间、客厅与餐厅、卧室、厨房、卫生间以及阳台等都有对应的收纳空间，如玄关处可放置外衣与鞋物的组合式衣柜、卫生间内整体式洗手台的地柜与化妆镜柜（图7-16）等。在确定了不同收纳部位及其收纳对象后，应依据重点收纳对象的标准尺寸，按照模数化要求确定基本模块的尺寸系列，并以此组合形成多样化的整体模块，从而解决模块的标准化与需求的多样化之间的矛盾，也有利于实现收纳系统对非标准化尺寸空间的适应性。

图 7-16　卫生间内的整体收纳
（图片来源：作者拍摄，图示
项目为沈阳万科西华府）

7.3.3　内装管线设备部品

内装管线设备部品是实现建筑性能的关键。在传统内装施工中，管线需要进行结构预埋，通过精确的深化设计，管线的预埋施工也能达到较好的质量水平，但其维护检修会极为不便。内装工业化则不要求内装管线进行结构预埋，而是将管线敷设于架空地板下和吊顶、内隔墙之中，并将强电箱和弱电箱隐藏在玄关柜里，满足功能和美观要求。管线设备的布置需要做到排列有序，专业之间区分清楚，严禁杂乱无章，保证使用安全。

1. 给水排水系统

在内装部品体系中给水排水系统多与厨卫空间结合，一般采用分集水器与同层排水技术。

分集水器由分水器与集水器组成，可用于自来水供水系统及地暖系统中，分水器用于供水配水，集水器用于汇水。在自来水供水系统中，从分水器（图7-17）到用水点一对一地配管，可保持各用水点的压力均衡，避免分叉或接口处漏水，也便于维修更换。在公共部位使用分水器也可有效避免自来水管理方面的漏洞，集中安装、管理水表，并且配合单管多路使用可提高安装效率。

同层排水技术则有针对性地解决了传统内装中器具排水管和排水支管穿越本层结构楼板到下层空间的问题，器具排水管和排水支管与卫生器具同楼层敷设并接入排水立

图 7-17　卫生间给水分水器

（图片来源：作者拍摄，图示项目为沈阳万科西华府）

管，可避免由于排水支管等侵占下层空间而导致的困扰与隐患，包括产权不明晰、渗漏隐患、空间局限、噪声影响等。同时同层排水不需要旧式P弯与旧式S弯等，因而不易发生堵塞，清理、疏通方便。

从墙体结构安装方式看，同层排水可分为降板式、墙排式和垫层式三种类型：

1）降板式同层排水即采用卫生间结构楼板（全部或局部楼板）下沉的方式，下沉楼板采用现浇混凝土并做好防水层，降板式同层排水多与架空地板结合，楼板（全部或局部）下沉一定高度，留出管道的敷设空间。

2）墙排式同层排水是以管道隐蔽安装系统为主要特征的排水方式，在卫生器具后方砌一堵假墙，形成一定宽度的布置管道的专用空间，排水支管不穿越楼板而是在假墙内敷设、安装，并在同一楼层内与排水立管连接。墙排式同层排水达到了卫生、美观、整洁的要求，但会占用卫生间一定的使用空间。

3）垫层式同层排水是将卫生间地面垫高并在垫层内敷设排水管道的排水方式。由于垫层会破坏内装的整体视觉效果，会增加楼体的承载负荷，其高于地面也会导致"内水外溢"的现象发生，相比其他方式而言是费工费料的，目前垫层式同层排水已较少采用。

2. 供暖系统

目前，工业化的内装供暖系统多采用干式地暖方式，其具有温度提升快、施工工期短、楼板负载小等优点，避免了传统湿式铺法地暖系统所带来的管道损坏难以更换与楼板荷载大等问题。

干式供暖依据是否预制可分为两种类型，一种是预制轻薄型地板供暖面板，它是由保温

基板、塑料加热管、铝箔、龙骨和二次分集水器等组成的一体化薄板；另一种是现场铺装模式，它改良了传统湿法地暖做法，无混凝土垫层施工工序，全程干式作业。同时，现场铺装的干式地暖还可进一步分为两类，即适合普通水泥地面的干式地暖以及适合架空地板的干式地暖。干式地暖如图7-18所示。

图7-18　干式地暖

（图片来源：作者拍摄，图示项目为济南
鲁能领秀城·公园世家）

近年来，顶棚辐射供暖系统也得到了推广应用。顶棚辐射供暖系统可适应各种不同能源供能，能解决常规散热器供暖系统占地、升温效果不均匀、热能损耗多等问题；还可与新风换气系统、制冷系统结合使用，解决地暖只散热不制冷的单一功能问题，更加节能与高效。

3. 电气系统

国内的传统内装设计多考虑在土建施工过程中将各类电气管线尽可能地敷设在结构上。相较于传统内装设计，工业化的内装设计加大了对架空层穿线的应用程度。如图7-19所示为采用SI体系的电气管线敷设，由公共电气管井引至住户配电箱的电气管线敷设于结构楼板内，其余户内电气水平管线则可充分利用架空吊顶、架空地板、轻质隔墙等的架空空间进行布置，并穿电线管保护。室内电气管线敷设应尽量做到走线合理，减少管线交叉，达到节省室内空间的目的。图7-19中的带状电线可直接粘贴于顶棚，布线简便，也不影响内装视觉效果，在实际项目中得到了推广应用。

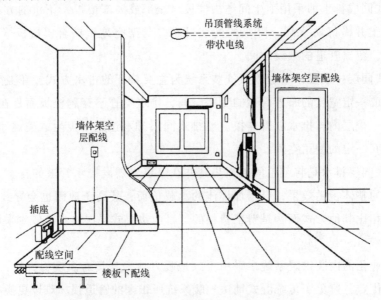

图7-19　采用SI体系的电气管线敷设示意

（图片来源：《SI住宅与住房建设模式体系·技术·图解》）

7.3.4　内装部品接口

　　工业化部品体系的应用有效减少了现场的施工作业量，但工业化部品体系是通过工厂生产的，部品体系与主体结构的结合以及部品与部品的连接都有赖于接口予以实现。接口是指物理实体层面的两个或多个建设元素或部位的实体连接。接口作为一类特殊的部品，能保证内装与结构组成有机整体，为后期内装的灵活调整、部品的维修更换提供便利条件，对内装工业化的发展具有重要意义。

　　接口按其在部品构件间的存在形式可分为依附式接口与独立式接口。依附式接口也称直接式接口，是指依附于部品表面的接口（图7-20a），如预留洞口等。依附式接口采用的连接方式多为固定式连接（如焊接、混凝土浇筑方法等），即部品构件之间的约束位置是固定的，不留调节或位移的空间。固定式连接通常不可拆解或采取破坏性方法才可拆解，其拆装更新会不可避免地对相连接部品构件的耐久性造成影响。独立式接口也称间接式接口，即接口作为独立的连接部件，连接时需要与依附于部品或构件上的接口配合（图7-20b）。独立式接口除通过固定式连接实现部品与构件的结合外，还可通过可调式连接（如螺栓连接、卡扣式连接和接触连接等）的方式。可调式连接是在其连接部位有调节或位移的空间，能拆装或相对移动，施工安装便捷，同时对与其连接的部品构件影响较小，能较好地适应内装工业化的要求。

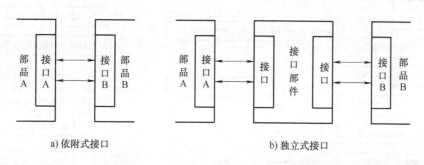

a) 依附式接口　　　　　　　　　　　　b) 独立式接口

图 7-20　依附式与独立式接口示意图

（图片来源：《中国经济发达地区的住宅产业化探索——基于轻钢轻板住宅体系适用技术初步研究》）

　　故障检修口也归属接口的范畴。故障检修口又称检修孔、检查口，是指隐藏在装饰完成面之后的各种管线、构件及设备等的预留检修操作入口，它能方便后期对设备与管线的维护、检修与更换。故障检修口通常设置在建筑容易出现问题的部位，如内装集成部品中的架空地板、架空墙体、架空吊顶系统中，或是在整体厨房、整体卫浴系统中（图7-21）。此

图 7-21　整体卫浴吊顶检修口

（图片来源：作者拍摄，所示项目为济南鲁能领秀城·公园世家）

外，故障检修口要求既要尽量靠近设备管线，又要力求隐蔽、美观、不影响内装视觉效果。

7.4 | 内装工业化的施工与验收

7.4.1 内装工业化的施工

内装施工应采用装配式工法，在现场进行干法作业。根据具体内装项目的特点进行分析，采用先进的技术与工法，协调标准化的工序与工艺，充分利用施工工作面，进行科学合理的施工组织管理（包括穿插施工），最终实现施工质量的控制以及施工效率的提升。装配式内装施工的基本工序如图 7-22 所示。

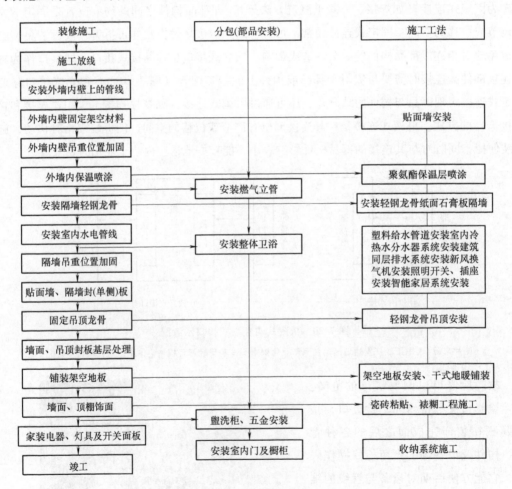

图 7-22 装配式内装施工的基本工序

（图片来源：《适合中国国情的 SI 住宅干式式内装技术的探索——海尔家居内装装配化技术研究》）

内装工业化对内装工程施工的提升不仅体现在施工技术与管理方面，还体现在施工工人方面。通过内装工业化培育专业化、产业化的内装施工队伍，工人经过专业技能培训，较好地掌握标准化的工序及操作，提升自身综合能力，有助于减小内装施工操作的随意性，减少内装施工对熟练工的依赖性，同时也有利于现场施工管理。

内装工程施工前应有内装部品的样板或做样板间，并应经有关各方确认。在内装施工过程中，应当建立完善的质量、安全、环境管理体系，采取有效措施控制施工现场对环境造成的负面影响。施工应由产业化的工人队伍完成，并严格执行持证上岗制度。内装应优先采用绿色环保的材料，材料进场时应具备相应验收记录与质量证明文件，材料进场后还应对有关材料进行复检，合格后方能使用。在内装施工过程及交付使用前，应采取有效措施进行成品和半成品保护，防止后续施工可能对内装成品和半成品造成的污染。

7.4.2 内装工业化的验收

内装工业化的实施应能使用户得到高质量的整套内装工程，下面以住宅内装工程的验收为例进行说明。

住宅内装工程质量验收应按照有关标准，以施工前采用相同材料和工艺制作的样板间作为依据，以户（套）为单位进行分户工程验收。内装部品成品安装验收时，如果不能提供内装部品成品合格文件，应对不同分项单独验收。内装工程隐蔽验收应在作业面封闭前进行，并形成验收记录。内装工程不得存在擅自拆除和破坏承重墙体、损坏受力钢筋、擅自拆改水暖电等配套设施的现象；内装工程防火安全验收应符合有关标准要求，同时建立包括防火工程验收全过程的防火验收档案。在内装工程完工至少 7 天后、工程交付使用前，还应进行住宅室内环境验收，检测室内环境污染物浓度，室内环境质量检测应委托相应资质的检测机构完成。

复习思考题

1. 内装工业化是什么？其优势有哪些？
2. 内装工业化与住宅全装修或装配式内装修等同么？为什么？
3. 内装工业化的特征有哪些？
4. 在内装工业化中为什么需要部品前置介入设计阶段？
5. 内装工业化部品体系主要由哪几类部品组成？各包括哪些部品？
6. 内装工业化对内装工程施工的提升主要体现在哪些方面？

第 **8** 章

新技术与新产品应用

建筑工业化新技术与新产品应用涉及建筑及相关产业中材料、工艺、工具、方法等众多的技术与产品。本书只选择其中若干技术与产品做简要介绍。

8.1 新型设计技术

8.1.1 基于 BIM 的设计模式

根据美国 NBIMS 标准的解释，BIM 这一概念包含了三个层面的意义，分别是 Building Information Model（建筑信息模型）、Building Information Modeling（建筑信息建模）和 Building Information Management（建筑信息管理）。首先，BIM 是借鉴机械制造业的产品模型概念引申而来的，Building Information Model 意即将建筑物看作一种特殊的工业产品的数字化表达，在施工阶段按照这一数字化的模型进行生产、加工、制造。其次，Building Information Modeling 是指 BIM 是一个从无到有建立模型的协作过程，各个设计专业在完成设计任务的过程中逐步地搭建模型、完善方案、协同工作，最终完成三维模型的创建。最后，Building Information Management 是指 BIM 是对整个工程项目全生命期进行信息管理的工具，各参与方使用这一工具创建、传递和共享信息，模型中包含的信息自规划、勘察、设计、施工直至运维阶段逐步丰富。Building Information Management 是 BIM 最核心的一层含义，也是 BIM 技术的精髓所在。

基于 BIM 的设计模式是指在设计工作的全过程中直接使用 BIM 软件，运用 3D 的思维模式进行 BIM 设计，最后利用三维软件直接获取二维施工图完成设计、报审及交付工作。美国国家建筑科学研究院曾经提出 BIM 是科技和一套工作流程相结合的观点，并进行了传统设计流程与基于 BIM 的设计流程中各相关方介入时间的对比，如图 8-1 所示。

根据上述分析可以看出，应该在尽可能早的时间开始 BIM 相关的工作，才能对设计效

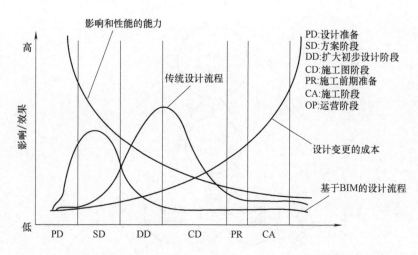

图 8-1　传统设计流程与基于 BIM 的设计流程中各相关方介入时间的对比

（图片来源：《基于 BIM 技术条件下的工程项目设计工作流程的新型模式》）

果产生最高的影响。Christopher Northwood 教授曾提出一个关于建筑信息模型的论断："在未来，从业者要么管理着数据，要么被数据管理。"这也从一个侧面反映出提前进行 BIM 设计的重要性，越早地介入设计工作并建立 BIM 模型，越好地掌握数据管理的主动权，后续的工作将会越简单。在基于 BIM 的设计模式下，可以将多个专业的设计工作前移到方案设计阶段进行，各专业参照建筑方案模型尽早开展工作。这样将在工作流程和数据互用方面产生明显的改观，明显提升设计效率和质量。

BIM 应用早期的核心模型理念已经被实践证明是不可取的。它期望将所有的规划、设计、施工、运维信息集成到一个总的 BIM 模型里面，但是随着工程规模的逐渐扩大，信息规模也急剧增加，即使是具有很高硬件配置水平的计算机也难以实现流畅的运行，更不必说为工程设计提供便利了。AGC（美国总承包商协会）出版的《承包商 BIM 实施指南》（第二版）中提到："BIM 不应被看成是由某个独立参与者管理和使用的单一独立模型。"因此 BIM 应该是彼此不同又互相联系的子模型，一般的划分方法是将它们分为建筑模型、结构模型和机电模型，分别协调规划、勘察、建筑、基坑、地基、结构、水暖电、空调通风、智能化、装饰装修的工作，项目组分析、比较、协调和修改各个子模型，使它们彼此之间协调一致。建立互相联系的分专业 BIM 模型如图 8-2 所示。

关于 BIM 这一新技术的应用，大家最为熟悉的就是碰撞检查和管线综合了。这在以往的 CAD 设计模式下是没有的，运用 BIM 技术进行工程设计催生出了管线综合这一项新增加的工作流程。在此需要指出的是，管线综合包含但不仅限于碰撞检查，管线综合还包括建筑净高空间优化、机电施工和运维的模拟等应用。管线综合在一定程度上可以说是设计、施工、运维三个环节的统一，在这个过程中既可能发生实体碰撞，也可能发生多种类型的非实体碰撞，比如由于安装先后顺序而导致操作空间不足的问题。Thomas M. Korma 在他的研究当中将机电专业中的碰撞分为五大类，分别是实体碰撞、延伸碰撞、功能性阻碍、程序性碰

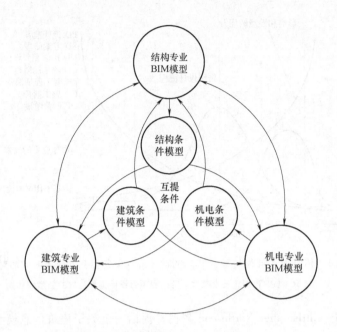

图 8-2 互相联系的分专业 BIM 模型

(图片来源：《基于 BIM 技术条件下的工程项目设计工作流程的新型模式》)

撞以及未来可能发生的碰撞。

改变设计人员的习惯一般来讲比较困难，但是作为一种有效的设计支撑手段，这些对模型进行优化设计的流程反而更受欢迎。然而，即使是再智能化、信息化的管线综合软件也只能为设计人员提供辅助性质的参考，寄希望于完全通过软件来自动化地解决碰撞问题不太现实。这就要求各个设计团队及时联络沟通，提前开展工作，及时进行反馈。在一般的工程项目 BIM 设计中，最为重要的部分都是建筑专业和结构专业的 BIM 模型了。对于机电专业，必须考虑的是这些专业的条件模型，因此在进行机电模型搭建之前，需要先导入建筑、结构模型。在机电模型搭建完成之后，再考虑与建筑、结构模型的管线综合。管道综合以建筑、结构、暖通空调、给水排水、电气模型数据为依据，根据各专业数据模型，在平面或空间显示所选专业的构件、管道等实体。各专业设计师根据相关的标准、规范、技术规程，结合自己的专业知识进行管线综合的优化，判断在发现问题的时候应该采取哪种合理可行的解决方案，力求做到发现与解决问题一体化，真正实现智能化设计。管线综合在设计阶段的应用如图 8-3 所示。

8.1.2 GIS + BIM 超大规模协同及分析

GIS + BIM 超大规模协同及分析技术是针对百万平方米以上超大型的园区和城镇设计使用的大规模三维协同技术，包括市政、道路等公共设施。

GIS 全称 Geographic Information System 或 Geo-Information System，中文翻译为地理信息

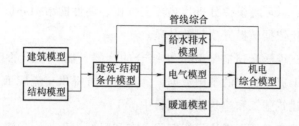

图 8-3 管线综合在设计阶段的应用

（图片来源：《基于 BIM 技术条件下的工程项目设计工作流程的新型模式》）

系统，有时又称为地学信息系统。它是一种特定的十分重要的空间信息系统。它是在计算机硬件和软件系统支持下，对整个或部分地球表层（包括大气层）空间中的有关地理分布数据进行采集、储存、管理、运算、分析、显示和描述的技术系统。用通俗的话来说，GIS 就是一项可以收集地理信息，有效地把这些信息都存储起来，并将收集到的信息在地图上展示出来的技术。

基于三维构建的多专业协同设计，依托 BIM 技术和 BIM 软件搭建三维协同设计平台，实现三维协同设计的功能。设计的成果是多专业的三维设计模型，可从中生成项目工程图。BIM 总体流程如图 8-4 所示。

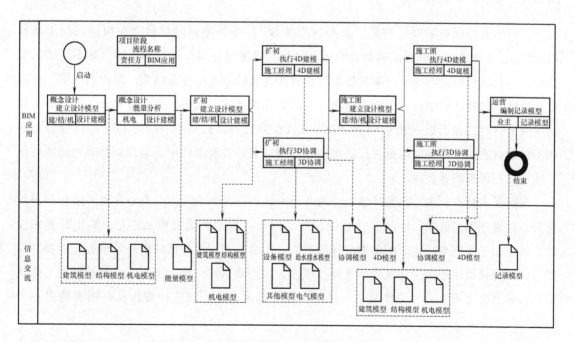

图 8-4 BIM 总体流程

（图片来源：《建筑设计施工阶段 BIM 与高新技术结合的 8 项运用》）

集成性能分析依托于高性能计算机平台，通过模型综合考量太阳辐射分析、采光分析、遮阳及遮挡优化设计、风环境模拟分析、热环境分析、高性能结构分析的结果，进行归纳和折中，为设计提供优化依据，提升项目的品质。

三维点云技术是三维激光扫描与 BIM 相结合的产物，能将建筑的现状数据完整地采集和归档，为设计、施工提供真实的基础数据，为项目各方提供交流展示与管理的平台。它可以广泛地应用于各类建筑施工和建筑修缮项目中。

点云是在同一空间参考系下表达目标空间分布和目标表面特性的海量点集合。根据激光测量原理得到的点云，包括三维坐标（x，y，z）和激光反射强度（Intensity）。根据摄影测量原理得到的点云，包括三维坐标和颜色信息（RGB）。结合激光测量和摄影测量原理得到点云，包括三维坐标、激光反射强度和颜色信息。在获取物体表面每个采样点的空间坐标后，得到一个点的集合，称为点云（Point Cloud）。

当一束激光照射到物体表面时，所反射的激光会携带方位、距离等信息。若将激光束按照某种轨迹进行扫描，便会边扫描边记录反射的激光点信息，由于扫描极为精细，故能够得到大量的激光点，因而就可形成激光点云。

8.2 新型墙体

8.2.1 夹心保温墙板

三明治夹心保温墙板（简称"夹心保温墙板"）是指把保温材料夹在两层混凝土墙板（内叶墙、外叶墙）之间形成的复合墙板，它可达到增强外墙保温节能性能，减小外墙火灾危险，提高墙板保温寿命从而减少外墙维护费用的目的。夹心保温墙板一般由内叶墙、保温板、拉结件和外叶墙组成，形成类似于三明治的构造形式。其中，内叶墙和外叶墙一般为钢筋混凝土材料，保温板一般为 B1 或 B2 级有机保温材料，拉结件一般为 FRP 高强复合材料或不锈钢材质。夹心保温墙板可广泛应用于预制墙板或现浇墙体中，但预制混凝土外墙更便于采用夹心保温墙板技术。

根据受力特点，夹心保温外墙可分为非组合夹心保温外墙、组合夹心保温外墙和部分组合夹心保温外墙。其中，非组合夹心保温外墙内外叶混凝土受力相互独立，易于计算和设计，可适用于各种高层建筑的剪力墙和围护墙；组合夹心保温外墙的内外叶混凝土需要共同受力，一般只适用于单层建筑的承重外墙或作为围护墙；部分组合夹心保温外墙的受力介于组合和非组合之间，受力非常复杂，计算和设计难度较大，其应用方法及范围有待进一步研究。

非组合夹心墙板一般由内叶墙承受所有的荷载作用，外叶墙起到保温材料的保护层作用，两层混凝土之间可以产生微小的相互滑移，保温拉结件对外叶墙的平面内变形约束较小，可以释放外叶墙在温差作用下的产生的温度应力，从而避免外叶墙在温度作用下产生开裂，使得外叶墙、保温板与内叶墙和结构同寿命。我国装配混凝土结构预制外墙主要采用的是非组合夹心墙板。

夹心保温墙板（图 8-5）中的保温拉结件布置应综合考虑墙板生产、施工和正常使用工况下的受力安全和变形影响。

图 8-5　夹心保温墙板

（图片来源：《预制混凝土三明治墙板（复合夹心保温三明治板）》）

夹心保温墙板的设计应该与建筑结构同寿命，墙板中的保温拉结件应具有足够的承载力和变形性能。非组合夹心墙板应遵循"外叶墙混凝土在温差变化作用下能够释放温度应力，与内叶墙之间能够形成微小的自由滑移"的设计原则。

对于非组合夹心保温外墙的拉结件在与混凝土共同工作时，承载力安全系数应满足以下要求：对于抗震设防烈度为 7 度和 8 度的地区，考虑地震组合时安全系数不小于 3.0，不考虑地震组合时安全系数不小于 4.0；对于抗震设防烈度为 9 度及以上地区，必须考虑地震组合，承载力安全系数不小于 3.0。

非组合夹心保温墙板的外叶墙在自重作用下垂直位移应控制在一定范围内，内、外叶墙之间不得有穿过保温层的混凝土连通桥。

夹心保温墙板的热工性能应满足节能计算要求。拉结件本身应满足力学、锚固及耐久等性能要求，拉结件的产品与设计应用应符合国家现行有关标准的规定。

适用于高层及多层装配式剪力墙结构外墙、高层及多层装配式框架结构非承重外墙挂板、高层及多层钢结构非承重外墙挂板等外墙形式，可用于各类居住与公共建筑。

8.2.2　预制混凝土外墙挂板

预制混凝土外墙挂板是安装在主体结构上，起围护和装饰作用的非承重预制混凝土外墙板，简称外墙挂板。外墙挂板按构件构造可分为钢筋混凝土外墙挂板、预应力混凝土外墙挂板两种形式；按与主体结构连接节点构造可分为点支撑连接、线支撑连接两种形式；按保温形式可分为无保温、外保温、夹心保温等三种形式；按建筑外墙功能定位可分为围护墙板和装饰墙板。各类外墙挂板可根据工程需要与外装饰、保温、门窗结合形成一体化预制墙板系统。

预制混凝土外墙挂板可采用面砖饰面、石材饰面、彩色混凝土饰面、清水混凝土饰面、露骨料混凝土饰面及表面带装饰图案的混凝土饰面等类型外墙挂板，可使建筑外墙具有独特的表现力（图8-6）。

图8-6 预制混凝土外墙挂板

（图片来源：《预制装配式外墙挂板怎么做，一文看懂》）

预制混凝土外墙挂板在工厂采用工业化方式生产，具有施工速度快、质量好、维修费用低的优点，主要包括预制混凝土外墙挂板（建筑和结构）设计技术、预制混凝土外墙挂板加工制作技术和预制混凝土外墙挂板安装施工技术。

支撑预制混凝土外墙挂板的结构构件应具有足够的承载力和刚度，民用外墙挂板仅限跨越一个层高和一个开间，厚度不宜小于100mm，混凝土强度等级不低于C25，主要技术指标如下：

1）结构性能应满足现行国家标准《混凝土结构设计规范》（GB 50010—2010）和《混凝土结构工程施工质量验收规范》（GB 50204—2015）的要求。

2）装饰性能应满足现行国家标准《建筑装饰装修工程质量验收规范》（GB 50210—2018）的要求。

3）保温隔热性能应满足设计及现行行业标准《民用建筑节能设计标准》（JGJ 26—2010）的要求。

4）抗震性能应满足国家现行标准《装配式混凝土结构技术规程》（JGJ1—2014）和

《装配式混凝土建筑技术标准》（GB/T 51231—2016）的要求。与主体结构采用柔性节点连接，地震时适应结构层间变位性能好，抗震性能满足抗震设防烈度为 8 度的地区应用要求。

5）构件燃烧性能及耐火极限应满足现行国家标准《建筑设计防火规范》（GB 50016—2014，2018 年版）的要求。

6）建筑围护结构产品定位应与主体结构的耐久性要求一致，即不应低于 50 年设计使用年限，饰面装饰（涂料除外）及预埋件、连接件等配套材料耐久性设计使用年限不低于 50 年，其他如防水材料、涂料等应采用 10 年质保期以上的材料，定期进行维护更换。

7）外墙挂板防水性能与有关构造应符合国家现行有关标准的规定，并符合《建筑业 10 项新技术》有关规定。

预制混凝土外挂墙板适用于工业与民用建筑的外墙工程，可广泛应用于混凝土框架结构、钢结构的公共建筑、住宅建筑和工业建筑中。

8.2.3　轻质复合墙体板

轻质复合墙体板具有重量轻、增加实用面积、降低运输成本和现场文明施工等优点，以及节能、轻质、实心、薄体、隔声、隔热、防冻、防火、防水、抗震、可钉、可锯、可开槽敷设线管、施工便捷、无建筑垃圾、不用抹灰、缩短施工工期、增大实用空间、减轻主体荷载、降低综合成本等优势，是一种轻便的建筑部品（图 8-7）。

图 8-7　轻质复合墙体板

轻质复合墙体板的生产采用双驱动对辊挤压工艺，产品从上浆、主料、铺布、复合、复压一次性完成整板的生产过程，墙体板设备自动化程度高，运行平稳，规格任意调整，光面、麻面随意掌控。生产的产品表面平整、光滑、密实度高，真正实现了新型建筑隔墙板材的工业化流水线生产。其工艺独特，主要原料以高强水泥或氧化镁为胶凝料，以粉煤灰工业废渣、草秸、木屑、珍珠岩等为填料，以玻纤布、网络布增强；夹心为聚苯板、聚塑板、岩棉等防火保温材料，并制成网状工艺结构，复合而成为高强度轻质独特的隔声保温墙材。

轻质复合墙体板的性能指标见表8-1。

表 8-1　轻质复合墙体板的性能指标

项　　目	单　　位	标准要求
抗冲击性能	次	≥5
抗弯破坏荷载、板自重倍数	倍	≥1.5
抗压强度	MPa	≥3.5
软化系数	-	≥0.80
面密度	kg/m²	≤85
含水率	%	≤10
吊挂力	N	荷载1000N静置24h，板面无宽度超过0.5mm的裂缝
空气声计权隔声量	dB	≥30
导热系数	W/(m·K)	≤0.35
抗返卤性	-	无水珠、无返潮

轻质复合墙体板的常用规格为长3000mm×宽1200mm×厚60mm，长3000mm×宽1200mm×厚90mm，长3000mm×宽1200mm×厚120mm，主要应用于高层框架及框剪结构建筑，一般民用建筑及办公室，新、旧楼房的内房间隔，厨房及卫生间隔断，大开间的任意间隔和地面及屋顶结构。

8.2.4　集成墙饰

内墙面装饰近几年发展迅速，由简单的墙砖刷白，发展到油漆涂料加装饰板，以及近些年较流行的墙纸。而集成墙面就是在涂料和壁纸装饰的基础上研发的具有环保、美观、施工速度快、耐久性好、更换简便的一种新型墙面处理材料。从产品属性来看，集成墙饰表面除了拥有墙纸、涂料所拥有的彩色图案，其最大特色就是立体感很强，拥有凹凸感的表面，是墙纸、涂料、瓷砖、油漆、石材等墙面装饰材料的升级型产品。其因为可以随意拼接，自由组合，并且具有较多健康环保的元素，从而取名为集成墙面。在SI住宅中，推荐使用集成墙面装饰，干法施工，易于更换的建筑理念。

集成墙面是2009年针对家装污染以及装修工序烦琐等弊端提出的集成化全屋装修解决方案，发展至今分为两种材料：一种是采用铝锰合金，隔声发泡材料，铝箔三层压制而成；另一种是采取竹木纤维为主材、高温状态挤压成型。本书以竹木纤维集成墙饰为例来介绍。

竹木纤维集成墙饰（图8-8）的主材是竹木纤维（木屑、竹屑等生物质纤维），其在高温状态下挤压成型，整个生产过程中不添加任何胶水成分，完全避免了甲醛释放对人体的危害，具有绿色环保、保温隔热、降温降噪、防水防潮、易清洁不变形、安装便捷、使用寿命长、可二次循环利用等特点，也符合国家"节材代木"的政策导向。竹木纤维集成墙面凭借其特点，在欧美地区备受推崇，在我国近几年发展也很快。

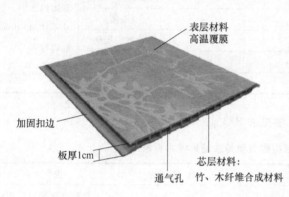

表层材料
高温覆膜

加固扣边

板厚1cm

通气孔

芯层材料：
竹、木纤维合成材料

图 8-8　竹木纤维集成墙饰

8.3 "四节一环保"技术

"四节一环保"技术是指节能技术、节地技术、节水技术、节材技术和环境保护技术，下面简要介绍几种新型的技术。

8.3.1 建筑物墙体免抹灰技术

1. 技术内容

建筑物墙体免抹灰技术是指通过采用新型模板体系、新型墙体材料或采用预制墙体，使墙体表面允许偏差、观感质量达到免抹灰或直接装修的质量水平。现浇混凝土墙体、砌筑墙体及装配式墙体通过现浇、新型砌筑、整体装配等方式使外观质量及平整度达到准清水混凝土墙、新型砌筑免抹灰墙、装饰墙的效果。

对非承重的围护墙体和内隔墙可采用免抹灰的新型砌筑技术，采用粘接砂浆砌筑，砌块尺寸偏差控制为 1.5～2mm，砌筑灰缝为 2～3mm。对内隔墙也可采用高质量预制板材，现场装配式施工，刮腻子找平。

2. 技术指标

1）通过材料配制、细部设计、模板选择及安拆，混凝土拌制、浇筑、养护、成品保护等诸多技术措施，使现浇混凝土墙达到准清水免抹灰效果。

准清水混凝土墙技术要求参见表8-2。

表 8-2 准清水混凝土墙技术要求

项 次	项 目		允许偏差/mm	检查方法	说 明
1	轴线位移（柱、墙、梁）		5	尺量	表面平整密实、无明显裂缝，无粉化物，无起砂、蜂窝、麻面和孔洞，气泡尺寸不大于 10mm，分散均匀
2	截面尺寸（柱、墙、梁）		±2	尺量	
3	垂直度	层高	5	坠线	
		全高	30		
4	表面平整度		3	2m 靠尺、塞尺	
5	角、线顺直		4	线坠	
6	预留洞口中心线位移		5	拉线、尺量	
7	接缝错台		2	尺量	
8	阴阳角方正		3		

2）新型砌筑免抹灰墙体技术要求参见表 8-3。

表 8-3 新型砌筑免抹灰墙体技术要求

项 次	项 目		允许偏差/mm	检验方法	说 明
1	砌块尺寸允许偏差	长度	±2	-	新型砌筑是采用粘接砂浆砌筑的墙体，砌块尺寸偏差为 1.5~2mm，灰缝为 2~3mm
		宽（厚）度	±1.5		
		高度	±1.5		
2	砌块平面弯曲		不允许	-	
3	墙体轴线位移		5	尺量	
4	每层垂直度		3	2m 托线板，吊垂线	
5	全高垂直度≤10m		10	经纬仪，吊垂线	
6	全高垂直度＞10m		20	经纬仪，吊垂线	
7	表面平整度		3	2m 靠尺和塞尺	

建筑物墙体免抹灰技术适用于工业与民用建筑的墙体工程。

8.3.2 建筑垃圾减量化与资源化利用技术

建筑垃圾是指在新建、扩建、改建和拆除加固各类建筑物、构筑物、管网以及装饰装修等过程中产生的施工废弃物。

建筑垃圾减量化是指在施工过程中采用绿色施工新技术、精细化施工和标准化施工等措施，减少建筑垃圾排放；建筑垃圾资源化利用是指建筑垃圾就近处置、回收直接利用或加工处理后再利用。对于建筑垃圾减量化与建筑垃圾资源化利用主要措施为：实施建筑垃圾分类收集、分类堆放；碎石类、粉类的建筑垃圾进行级配后用作基坑基槽、路基的回填材料；采用移动式快速加工机械，将废旧砖瓦、废旧混凝土就地分拣、粉碎、分级，变为可再生骨料。

可回收的建筑垃圾主要有散落的砂浆和混凝土、剔凿产生的砖石和混凝土碎块、打桩截下的钢筋混凝土桩头、砌块碎块、废旧木材、钢筋余料、塑料等。

现场垃圾减量与资源化的主要技术有：

1）对钢筋采用优化下料技术，提高钢筋利用率；对钢筋余料采用再利用技术，如将钢筋余料用于加工马凳筋、预埋件与安全围栏等。

2）对模板的使用应进行优化拼接，减少裁剪量；对木模板应通过合理的设计和加工制作提高重复使用率；对短木方采用指接接长技术，提高木方利用率。

3）对混凝土浇筑施工中的混凝土余料做好回收利用，用于制作小过梁、混凝土砖等。

4）对二次结构的加气混凝土砌块隔墙施工，应做好加气块的排块设计，在加工车间进行机械切割，减少工地加气混凝土砌块的废料。

5）废塑料、废木材、钢筋头与废混凝土的机械分拣技术；利用废旧砖瓦、废旧混凝土为原料的再生骨料就地加工与分级技术。

6）现场直接利用再生骨料和微细粉料作为骨料和填充料，生产混凝土砌块、混凝土砖、透水砖等制品的技术。

7）利用再生细骨料制备砂浆及其使用的综合技术。

建筑垃圾减量化与资源化利用技术指标包括：

1）再生骨料应符合《混凝土用再生粗骨料》（GB/T 25177—2010）、《混凝土和砂浆用再生细骨料》（GB/T 25176—2010）、《再生骨料应用技术规程》（JGJ/T 240—2011）、《再生骨料地面砖和透水砖》（CJ/T 400—2012）和《建筑垃圾再生骨料实心砖》（JG/T 505—2016）的规定。

2）建筑垃圾产生量应不高于 $350t/$ 万 m^2；可回收的建筑垃圾回收利用率达到 80% 以上。

建筑垃圾减量化与资源化利用技术适合建筑物和基础设施拆迁、新建和改扩建工程。

8.3.3　太阳能热水应用技术

太阳能热水技术是利用太阳光将水温加热的装置。太阳能热水器分为真空管式太阳能热水器和平板式太阳能热水器。其中，真空管式太阳能热水器占据国内 95% 的市场份额。太阳能光热发电比光伏发电的太阳能转化效率高，它由集热部件（真空管式为真空集热管，平板式为平板集热器）、保温水箱、支架、连接管道、控制部件等组成。

其技术指标包括：

1）太阳能热水技术系统由集热器外壳、水箱内胆、水箱外壳、控制器、水泵、内循环系统等组成。常见太阳能热水器安装技术参数见表8-4。

2）太阳能集热器相对储水箱的位置应使循环管路尽可能短；集热器面向正南或正南偏西5°，条件不允许时可正南±30°；平板型、竖插式真空管太阳能集热器安装倾角需按工程所在地区纬度调整，一般情况下，安装角度等于当地纬度或当地纬度±10°；集热器应避免遮光物或前排集热器的遮挡，应尽量避免反射光对附近建筑物引起光污染。

3）采购的太阳能热水器的热性能、耐压、电气强度、外观等检测项目，应依据《家用太阳能热水系统技术条件》（GB/T 19141—2011）标准的要求。

4）宜选用合理先进的控制系统，控制主机启停、水箱补水、用户用水等；系统用水箱和管道需做好保温防冻措施。

太阳能热水应用技术适用于太阳能丰富的地区，适用于施工现场办公、生活区临时热水供应。

表 8-4　太阳能热水器安装技术参数

产品型号	水箱容积/t	集热面积/m²	集热管规格/mm	集热管支数/支	适用人数
DFJN-1	1	15	φ47×1500	120	20~25
DFJN-2	2	30	φ47×1500	240	40~50
DFJN-3	3	45	φ47×1500	360	60~70
DFJN-4	4	60	φ47×1500	480	80~90
DFJN-5	5	75	φ47×1500	600	100~120
DFJN-6	6	90	φ47×1500	720	120~140
DFJN-7	7	105	φ47×1500	840	140~160
DFJN-8	8	120	φ47×1500	960	160~180
DFJN-9	9	135	φ47×1500	1080	180~200
DFJN-10	10	150	φ47×1500	1200	200~240
DFJN-15	15	225	φ47×1500	1800	300~360
DFJN-20	20	300	φ47×1500	2400	400~500
DFJN-30	30	450	φ47×1500	3600	600~700
DFJN-40	40	600	φ47×1500	4800	800~900
DFJN-50	50	750	φ47×1500	6000	1000~1100

注：因每人每次洗浴用水量不同，以上所标适用人数为参考洗浴人数。

8.4 | 3D 打印技术

3D 打印技术出现在 20 世纪 90 年代中期，实际上是利用光固化和纸层叠等方式实现快速成型的技术。它与普通打印机的工作原理基本相同，打印机内装有粉末状金属或塑料等可黏合材料，与计算机连接后，通过一层又一层的多层打印方式，最终把计算机上的蓝图变成实物。目前，这项技术已经应用到建筑业。

8.4.1　轮廓工艺

美国南加州大学工业与系统工程教授比洛克·霍什内维斯采用轮廓工艺（Contour Crafting）来建造房屋。这种新工艺使打印技术在不到 20h 的时间内建造一幢面积 2500ft²（1ft² = 0.092303m²）的建筑。该项目获得美国宇航局和美国军方的支持和资助。霍什内维斯相信他的项目可以为全世界大约 10 亿急需改善住房条件的人提供足够的住房。轮廓工艺如

图 8-9 所示。

轮廓工艺的概念在设计上很简单，但是实施起来相当复杂。该工艺由一个巨型的三维挤出机械构成。它的操作很像我们见到的打印机一样，不过有一个明显不同的地方：它挤出的是混凝土。

在轮廓工艺系统的挤压头上使用齿轮传动装置来为房屋创建基础和墙壁。它的原理与使用泥造砖极其相似，建成的建筑能够抵挡地震和其他自然灾害。霍什内维斯称使用该工艺不仅造价便宜、快速建造，而且对环境友好，建设造价和材料大幅度降低。

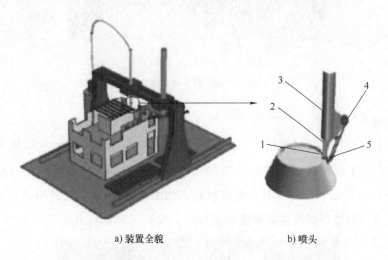

a) 装置全貌   b) 喷头

图 8-9 轮廓工艺

1—水平泥刀 2—喷嘴 3—材料输送管 4—侧泥刀控制机构 5—侧泥刀

（图片来源：《建筑自动化的进展及关键技术研究》）

8.4.2 D-造型技术（D-Shape）

英国 Monolite 公司的意大利工程师 Enrico Dini 提出了一种通过喷挤黏结剂来选择性地逐层胶凝硬化砂砾粉末，实现堆积成型的方法，也就是 D-Shape。其特征是：采用多个喷嘴（可达数百个）喷出镁质黏合材料，然后在此基础上喷撒极细的砂子颗粒，厚度为 5mm，最大不超过 10mm，层层喷撒，层层堆积，最终成型。建造完毕后的建筑质地类似于大理石。

与轮廓工艺相比，其建筑材料不是事先搅拌好的混凝土。该工艺的关键在于特殊制作的喷头，喷头的操作受建筑 CAD 软件的控制，并且采用数码成像技术，获取每一打印层的图像，均与设计图的相应层做对比，如果发现存在偏差，则采用适当的控制算法进行修正，确保每一层的打印质量。如图 8-10 所示是 D-Shape 机械装置。

8.4.3 建筑机器人

基于第三代智能型机器人，紧密结合第五代计算机技术，建筑业已研制出多种类型的建筑机器人。

图 8-10　D-Shape 机械装置

（图片来源：《建筑 3D 打印数字建造技术研究应用综述》）

1. 砌砖机器人

砌砖机器人以砖块作为材料单元，由数控程序驱动 $3m \times 3m \times 8m$ 的机械手以错位形式抓取堆叠砖块，上下两块砖之间用环氧树脂黏结剂连接补强，建造了外立面超过 $300m^2$ 的"动态砖墙"（Informing Brick Wall），砌砖机器人如图 8-11 所示。近两年来，研究者开发了用小型机器人飞行器进行砖块抓取堆叠的新技术，提高了工作自由度及效率。

图 8-11　砌砖机器人

（图片来源：《神奇！全自动砌砖机器人两天建好一栋房》）

2. 混凝土喷射机器人

混凝土喷射机器人由自主行走机构、机械臂、喷头、空气压缩机和控制器等部件组成，在施工现场沿工作面喷射快干混凝土。由于喷浆有大量的回弹砂浆，工作环境恶劣，采用机器人可避免恶劣的工作环境给工人带来的伤害，还可提高工作效率，带来巨大的效益。

3. 管道挖掘机器人

挖掘埋设在地下的管道有一定的危险性，并可能对管道产生破坏。管道挖掘机器人根据声呐回传的数据，对挖掘地点进行建模，根据表面拓扑图和目标管道的地理位置产生工作轨迹。该机器人具有很高的实用性。

4. 土方开挖机器人

建筑工地土方开挖工作量十分巨大，属于简单、重复劳动，由人工来完成，有一定的危险性。英国兰卡斯特大学研制的机器人，由分布式计算机系统组成，分别控制现场导航、任务规划、液压操作、安全保障。采用人工智能技术，处理多种传感器的信息，根据现场情况，不断调整控制策略。

5. 其他类型建筑机器人

已经取得实际应用的还有壁面爬行检查机器人、钢筋铺设机器人和在放射性环境中使用的取芯钻探机器人、辐射性混凝土切割机器人等。

复习思考题

1. 新型设计技术有哪些？其各自的特点是什么？
2. 什么是夹心保温墙板？夹心保温墙板可以分为几种类型？
3. 预制混凝土外墙挂板的饰面类型有哪些？
4. 什么是建筑物墙体免抹灰技术？
5. 建筑机器人有哪些类型？

第 **9** 章

信息技术应用

9.1 建筑信息技术简述

9.1.1 建筑信息化技术

随着全球经济与科技的飞速发展，人们对建筑的数量、质量和功能等方面的需求在不断提升。同时，建筑规模的扩大、建筑结构和建造模式的多样化导致工程项目参与方的数量增加，各方之间的关系变得更加复杂。传统的建筑方法与管理模式已经无法满足建筑行业不断升级的需求。发展建筑信息化技术成为解决当前问题的重要途径。

建筑业信息化是指运用信息技术（计算机技术、网络技术、通信技术、控制技术、系统集成技术和信息安全技术等），对建筑业技术手段和生产组织方式进行改造，以提高建筑企业经营管理水平和核心竞争能力，进而提高建筑业主管部门的管理、决策和服务水平。信息化对推动建筑业转变发展方式、提质增效、节能减排有重大意义，是塑造建筑业新业态的必由之路。

信息化技术被引入建筑领域始于 20 世纪 60 年代。在我国刚开始建造大型复杂的建筑工程时，由于各种结构设计中的力学计算非常复杂且工作量非常庞大，运用传统的解析方法进行计算难度非常大，于是一些设计师尝试运用计算机辅助建筑结构分析。在过去的几十年里，建筑信息化技术的功能从最初的结构分析，拓展到设计和绘图，现如今已经覆盖从设计、施工、运营维护到拆除回收的整个建筑生命周期。在互联网技术的支持下，建设工程可以实现所有参与方的信息实时共享、设计方案三维可视化、施工组织设计方案与施工现场进度实时同步管理等功能，从而大大提高建筑设计、施工和运营管理的灵活性、精确性和经济性。

建筑工业化在提升建筑产品建造效率与使用性能的同时，力求实现经济、环境、社会效益的全面协调可持续。这对建筑信息化技术水平提出了更高的要求，需要技术的革新与精细化管理共同努力以实现这些目标。随着科学技术的不断进步，建筑信息模型（BIM）、虚拟现实技术、无线射频技术（RFID）、物联网技术、3D 打印技术、人工智能技术、大数据技术、云计算技术成为建筑业信息化进程的关键技术，以期实现从工程项目各个阶段、工程项目整体以及企业层面的高效管理。

9.1.2　BIM 技术

1. BIM 技术的基本概念

BIM 的全称是 Building Information Modeling，其概念是伴随多维度信息建模技术的研究，在建设领域的应用和发展而诞生的。最初的 BIM 的内涵被认为是综合了建筑所有的几何性信息、功能要求和构件性能的建筑信息模型，它将一个建筑项目全生命周期内的所有信息整合到一个单独的建筑模型当中，并包括施工进度、建造过程、运维管理等的过程信息。

BIM 具有可视化、协调性、模拟性、优化性与可出图性的特点，相比建筑行业传统的工作模式具有明显的优势。BIM 技术以三维信息模型为信息的主要载体，在项目各个阶段，对相关参与方进行有效的知识资源的呈现与共享。通过加强沟通协调，改善项目全生命周期中"信息孤岛"和"信息断层"等问题。通过利用 BIM 对设施实体与功能特性进行数字化表达，相关参与方可以对建造过程及建筑的性能进行仿真模拟，随后不断完善和更新建筑信息模型，提升建筑产品的建造水平与工程项目的管理决策水平。

BIM 能够借助一系列计算机软件的协助作业实现全生命周期的建筑信息管理任务。BIM 技术常用的软件包括 BIM 核心建模软件、BIM 方案设计软件、BIM 可持续性分析软件、BIM 结构分析软件、BIM 可视化软件、BIM 模型综合碰撞检查软件、BIM 造价管理软件、BIM 运营软件等。其中，BIM 核心建模软件是实现 BIM 实际应用的基础，上述功能均是在 BIM 核心建模软件的基础上实现的。图 9-1 为基于核心建模的 BIM 技术应用及主要平台的示意图。

2. BIM 技术的发展与现状

BIM 的概念起源于美国，随后逐步推广到欧洲及日本、韩国等。在各国政府、研究机构的大力推动下，BIM 相关研究与应用均取得了一定的进展，并形成了适合各国国情的 BIM 标准。加之建筑企业的合力响应，BIM 技术的应用在上述发达国家呈现蓬勃发展的态势。

相比而言，我国 BIM 的发展起步较晚。随着发达国家 BIM 技术应用的卓越成效日益突显，我国政府认识到 BIM 技术对建筑业改革发展的重要性，决定在国内推广 BIM 技术。"十一五"期间，BIM 被纳入国家科技支撑计划重点项目，国内研究机构开始对 BIM 进行研究；《2011—2015 年建筑业信息化发展纲要》中指出，"十二五"期间，基本实现建筑企业信息系统的普及应用，加快 BIM、基于网络的协同工作等新技术在工程中的应用；《2016—2020年建筑业信息化发展纲要》中提出，"十三五"时期建筑业信息化发展目标为"全面提高建筑业信息化水平，着力增强 BIM、大数据、智能化、移动通信、云计算、物联网等信息技术集成应用能力"，BIM 成为"纲要"中提及最多的名词，足以见得国家对推广 BIM 技术的决

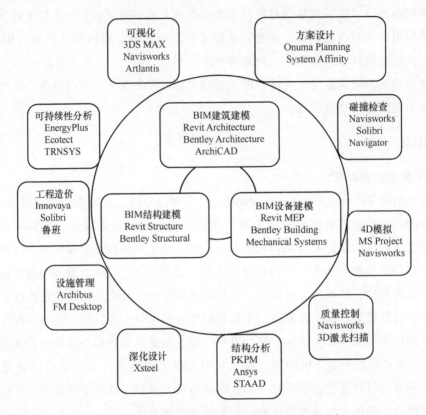

图 9-1 基于核心建模的 BIM 技术应用及主要平台

心。在国家政策的号召下，各地区先后推出了地方性 BIM 应用指导意见，全面贯彻落实国家性政策。目前，国内对 BIM 的应用多集中于设计和施工阶段的局部应用，BIM 软件的开发与 BIM 标准的制定都处于初期阶段，与发达国家的 BIM 研究水平存在一定的差距。要实现基于 BIM 的项目全生命周期管理的目标，政府、企业、研究机构等团体任重道远。

3. BIM 技术在建筑工业化中的应用

建筑业信息化是实现工业化的重要途径，BIM 技术作为建筑信息化的核心，对建筑工业化进程具有推动作用。BIM 技术全生命周期的管理理念与建筑工业化的管理要求相契合，在工业化建筑全生命周期的各个阶段加以应用。

1）BIM 在工业化建筑设计阶段的应用。基于工业化建筑构件标准化、模块化、重复化的特点，BIM 可以协助设计建筑构件，以族文件的形式保存构件信息，确保构件信息传递的流通性，利用 BIM 强大的信息共享与协同工作能力提高管理效率。

2）BIM 在构件生产阶段的应用。建筑构件的工业化生产是建筑工业化的重要组成部分，建筑构件部品生产工厂化有助于提高构件精度。在构件生产过程中，BIM 技术能够为制造人员呈现构件的三维模型，并完整地展现构件的细节与内部构造。改善了传统二维图对复杂构件的不清晰表述，有助于标准构件尺寸，完善构件部品市场，实现大规模生产的目标。

3）BIM 在现场施工中的应用。工业化建筑的施工方式以现场装配为主，需要合理组织人力、机械，有序连接施工工序，以提高劳动生产率。BIM 技术不仅能够通过计算机完成现场的施工组织安排，对工期进行优化，还能够及时发现施工中构件连接过程中的冲突，使施工过程更加高效。

4）BIM 技术在建设项目信息整合中的应用。运用 BIM 技术能够进行贯穿项目全生命周期的管理。BIM 模型中存储了建设项目的所有信息，确保直到建筑拆除完成时，每一个环节都不会出现信息遗漏。IFC 标准为数据传递提供了基础，确保信息在设计、制造、施工阶段使用的不同软件中进行无障碍传递。这些信息包含了建设项目施工技术、进度、成本等方面的信息，便于管理者进行统筹经营管理，提高项目整体的管理效率。

9.1.3 建筑信息化典型硬件平台

随着信息技术的不断发展，市面上涌现出各式各样的智能设备。这些设备应用于建筑业的各个阶段和各个领域，在建筑业信息化的推广中起到了至关重要的作用。常见的技术平台如下：

1. VR/AR 技术

VR 技术提供了一种交互式的三维视景，使体验者具有身临其境的感受。AR 技术则是通过计算机提供的信息增加用户对现实世界感知的技术。目前，VR 和 AR 技术在实现建筑信息化过程中展现了其使用潜力，具体内容如下：

1）加强施工过程的协同性。运用 AR 技术可以检查暖通空调、电力系统、给水排水管线间设计碰撞和空间安排不合理的问题，AR 技术还能够观察墙壁的内部构造。管理者通过穿戴智能设备对现场进行检查，提示施工人员和设计者问题所在。

2）加强施工过程控制。利用 BIM、AR 与无人机三者的结合，可以实现对施工现场的进度与质量管理，合理调整进度计划。

3）作为 BIM 的可视化展示平台。运用 VR 与 AR 技术展示三维信息模型中的信息，为设计者提供了更加真实的建筑内部空间与外形的视角，有助于提高设计质量、改进设计效率。

4）进行员工培训。建筑工人从事的工作危险性高，运用 VR 眼镜对员工进行专业工种的培训，增加工人操作的熟练度，降低了施工中事故发生的风险。

5）加强业主与设计师之间的沟通。VR 技术使建筑使用者与设计师之间的沟通更加便捷，通过佩戴智能头盔，使用者可以提前感受建筑内部的空间布局，对不合理的部分与设计师进行沟通反馈。

2. 3D 激光扫描

3D 激光扫描是继 GPS 空间定位技术后的又一项测绘技术革新。3D 激光扫描仪利用激光测距原理，获得密度较高的点云数据，可以快速构建被测物体的点、线、面以及三维模型与 RGB 信息。3D 激光扫描技术具有以下特点：不需要接触目标、精确度高、距离远、速度快。其在建筑领域的应用主要集中在以下几个方面：

1）获取建筑信息。3D激光扫描仪能够精确、完整地采集建筑空间数据与表面纹理信息，作为电子档案建立的基础。

2）辅助绘制建筑图。利用扫描获取的点云数据形成正射影像，并以此为依据生成建筑平面图。

3）检测施工质量。将扫描获得数据与三维设计模型进行对比，可以发现施工过程的偏差；另外，3D激光扫描可以将信息模型与施工现场进行关联，复制现场的施工情况。

4）监测建筑变形情况。相比传统的在关键节点埋设传感器的方法，3D激光扫描能够对建筑进行全方位的面测量，通过对扫描数据进行比对，获取建筑变形情况的信息。

3. 物联网技术

物联网是新一代信息技术的高度集成和综合运用。它通过RFID、GPS、激光扫描器等信息传感设备，按约定的协议将物品信息传递到互联网上，完成物品信息的传递与互通。物联网技术为实现施工现场各类基础数据的采集和实时传输提供了可能性，其在建筑业中的集成应用结构如图9-2所示。当前，物联网在建筑业中发挥着如下作用：

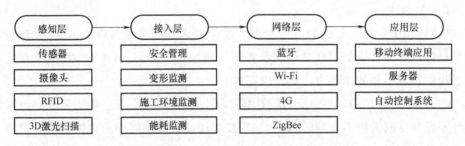

图9-2 物联网在建筑业中的集成应用结构图

1）保障施工安全，关注工人健康。施工人员的安全与健康问题是建筑行业广泛关注的问题，通过可穿戴设备的佩戴，可以帮助管理者获取工人位置，提示危险区域，及时发现工人跌倒现象；还可以帮助掌握工人疲劳程度，测试施工现场的扬尘等级，从而确定合理的工人工作时长。

2）施工现场环境监控。针对施工现场的环境条件会影响到工程质量的问题，例如过于潮湿的环境不利于油漆的密封等，在施工现场布置传感器可以进行有效指导。

3）建筑能耗与室内环境监测。随着全球能源问题的日益突显，建筑能耗问题也被广泛关注，通过在室内布置传感器可以获取实时的建筑能耗数据，便于对不合理的用能行为进行调整；建筑室内环境关系到使用者的健康问题，通过传感器对室内环境进行监测，有助于为使用者创造更加健康的使用环境。

4）建筑设备监测。运用传感器、控制器等设备对建筑内暖通空调系统、照明系统、给水排水系统等进行长期监控，有助于对设备运行进行优化，及时发现并排除故障。未来，物联网在建筑行业的发展应当立足于与工程项目管理信息系统的集成应用研究，加强对智能化程度高、低成本的传感设备的研究。

4. 3D 打印技术

3D 打印技术是指在数字模型驱动下，机械装置按照指定路径运动实现建筑物或构筑物的自动建造的过程。作为一种新型的数字建造技术，3D 打印技术突破了传统建造方式与技术手段产生的高消耗、低效率的局限，开创了物体空间形态成型的新纪元。这种数字化、自动化的建造方式能够很好地适应未来人们对建筑外观、功能和环保的要求。当前，3D 打印技术在建筑行业的应用仍处于发展阶段，能够用于建筑部品和构件的生产，建造结构简单的房屋。对于高层或复杂建筑，还应当从理论研究、技术规范、管理水平、社会效益等方面加以提升。

5. 智能化技术

"工业 4.0"时代的到来促进了各行业智能化水平的提升，工业化智能建造是实现建筑业升级换代关键的一环。在智能建造的指引下，智能穿戴设备、移动智能终端、智能监测设备、3D 扫描设备在工业化建筑的建造中显示了巨大的应用潜力，这些智能设备能够有效改进生产施工工艺、提升工程质量、提高劳动生产率、加强现场安全管理。未来，智能化技术与大数据、移动通信、云计算、物联网等信息技术在建筑业中的集成应用，将成为促进智能化水平提升、加速建筑工业化进程的关键。

9.1.4　建筑信息化典型软件平台

1. PKPM

PKPM 是中国建筑科学研究院研发的工程管理软件。初期的 PKPM 由两个模块构成，分别为 PK（排架框架设计）、PMCAD（平面辅助设计）。PKPM 结构分析软件占据着很大的国内市场份额，这是由于其内部核心算法随着国内建筑行业的要求与规范的更新不断改进。目前，PKPM 已经在建筑、结构、设备（给水排水、暖通空调、电气）设计于一体的集成化 CAD 系统基础上，发展形成一系列软件。这些软件涵盖了建筑设计阶段、施工阶段管理以及项目管理、企业管理的相关内容。

2. BIM 5D

BIM 5D 是由广联达公司打造的一款基于 BIM 的施工过程精细化管理工具。5D 是指在三维空间模型的基础上，加入进度和成本两个维度。BIM 5D 以 BIM 平台为核心，集成进度、预算、资源、施工组织等过程信息，为施工过程提供建造进度、物资消耗、过程计量、成本核算等核心数据，以期减少施工变更、缩短工期、控制成本、提升质量。BIM 5D 将进度和成本两个维度的信息加入到模型中，为管理者提供了更多的项目施工信息，对提升沟通和决策效率、实现施工过程的数字化管理具有突出的实际意义。

3. Xsteel

Xsteel 是由芬兰 Tekla 公司开发的基于 BIM 技术的钢结构深化设计软件。其特有的基于模型的建筑系统可以精确地设计和创建出任意尺寸的、复杂的钢结构三维模型，模型中涵盖了零部件的几何尺寸、材料规格、横截面、节点类型、材质、用户批注等在内的所有信息。根据碰撞检查结果，该软件能够确定钢结构详图深化设计中构件与节点设计的正确性。Xsteel 自动生成的各种报表和接口文件支持多方参与的协同作业，这在大型工程的应用中具有显著的优势。另外，Xsteel 是一种世界通用的交互式详图设计工具，其自身具有覆盖范围很大的节点数据库，并可以根据各国的行业规范自行创建型钢信息，为用户提供了定制化的解决方案。

4. Navisworks

Navisworks 是一种可视化的三维设计与仿真模型，其应用贯穿于设计决策、建筑建造、性能预测和规划、设施管理和运营维护等各个环节。通常情况下，Navisworks 的工作是基于 Revit 建模开展的。Navisworks 的功能体现在以下几个方面：①利用 Navisworks 的进阶可视化功能，可以获得更为真实的 3D 动画图像，图像中包含了建筑材料、光源、场地背景等信息，便于各参与方对项目样貌提前了解；②Navisworks 融入了 4D 的管理理念，能够模拟项目进度情况，协调施工过程中设备安装出现的冲突问题，最大限度地减少进度延误与返工；③能够完成多方协作的项目审查与漫游，实现项目各参与方的信息共享。

9.2 信息技术与建筑工业化

9.2.1 基于信息技术的多专业设计集成

当今世界的大环境下，信息化程度越来越高。信息技术开始渗透和作用于各行各业，建筑业也包含在内。建筑业的信息化发展变得尤为重要。

一个完整的建筑设计需要各个专业的设计师的相互配合。多专业设计集成发展面临着两方面的问题。一方面，在传统的设计阶段，由于专业背景等方面的不同和缺乏充分的沟通交流，每个设计师在进行设计过程中，通常都是以自己的专业内部设计为主，容易忽视其他方的专业设计，从而造成施工中各类问题的出现，比如频繁的变更等；另一方面，在可持续发展的大环境下，国家对于绿色建筑大力推行，这些促使建筑设计的多专业设计集成需要信息技术的支撑。如何发展多专业设计集成的信息化迫在眉睫。

1. 多专业设计集成的理论概述

"集成"一次来源于自动化行业，其英文表达是"Integration"，有综合、整体、一体化的含义。集成设计指的是将多个有内在联系或者无内在联系的物体有机地融合在一起，通过这样的融合，最终形成的产品是一个具有多事物特征的有机整体。研究集成设计有三个核心问题：集成单元、集成结构和集成模式。由于建筑行业的日益复杂性和建筑功能要求的多样性，对于建筑设计的要求变得越来越高，为了满足这些要求，不得不去考虑建筑行业的多专业集成设计。

建筑行业的多专业集成设计主要包括各个专业之间的配合、设计要素的整合以及各类数据的集成三个方面。其中，各个专业之间的配合是指要全面考虑不同专业的人员在每个阶段的优势所在，发挥它们各自的优势，从而一定程度上提高生产效率；设计要素的整合是指在建筑的设计阶段，将建筑功能要素、整体技术要素以及室内外空间设计集成，在初始阶段将设计的准确性进行有效提高；数据收集和如何进行有效利用一直是阻碍建筑业发展的一大原因，数据集成处理将会解决这一问题，目前，BIM 是信息数据集成的一大有力工具。

在建筑设计阶段，多专业集成设计主要体现在以下几个方面：首先，在建筑的全生命周期内考虑建筑物本身与环境的协调一致性，将它们整个视作一个系统。其次，不同专业设计师协调配合，将建筑技术、性能、功能和成本集成，提高收益的同时降低成本。最后，引入信息数据集成。信息集成是建筑集成设计的基础，BIM 技术的引入不仅可以解决前两个方面的需求，还可以将所有信息进行平台共享，有效满足多专业设计集成的需求。

2. 基于信息技术的多专业设计集成的特点

（1）参数化模型精准化

参数化建模是 BIM 技术的核心特征。在此之前，也存在着一些三维的协同设计参数化模型，但一般都仅包括几何信息，实现设计的可视化与精准化的同时，还存在着一定的复杂性、运行速度慢和与功能不平衡等一系列问题。而基于 BIM 技术的协同设计参数化建模从根本上解决了这一问题。除几何信息外，它还融入了物理拓扑信息。针对现代建筑设计中存在的与地形结合、多自由曲面较多、起伏复杂、与空间定位复杂等一系列问题，基于 BIM 的参数化建模增加了二维图与模型的联动关系，有效地解决了这一问题，达到参数化模型的精准化。

（2）模型数据可传导性

BIM 技术提高建筑业集成度的基础是基于模型数据源的构建模型，每个模型的数据是相互关联的，可以实现高质量的信息共享，充分利用所有数据而不造成信息损失。为了达到这个水平，不仅需要高存储需求，而且需要比传统的二维设计更高的管理要求。基于这两个要求，设计单位是否构建 BIM 协同工作平台成为集成设计的关键。设计单位搭建的协同工作平台不仅能有效地管理和控制数据，而且能提供足够的存储空间，保证数据的完整性和传输的准确性。

（3）协同内容丰富

协同工作平台还可以为项目参与者提供公共工作平台，确保各方信息的一致性。协同工作平台可以构建为云端形式或共享模式。设计公司根据自身的特点，创建了一个协同工作平台，为专业信息的交流与共享提供了广阔的空间。同时，输入相关的 BIM 标准，可以提高生产效率，确保方案的质量。基于 BIM 的多专业协同设计在传统三维协同设计的基础上，增加了管理、分析等方面内容，使协同内容更加丰富。

（4）设计阶段多方参与

在传统的多专业设计集成中，由于专业信息等问题的限制，参与者通常是设计人员。然而，在基于 BIM 的多专业设计集成中，除了设计人员外，承包商和施工人员也可以作为参与者发挥各自的权利。在 BIM 协作工作平台上，所有利益相关者可以整合自己的信息，同时查看其他参与方的进度信息，从而确保各方数据的一致性和相关性。在项目设计阶段，设计单位和其他参与方通过 BIM 平台实现信息交换和共享。平台采用国际通用文件格式，内设国家和行业标准，甚至可以增设企业和项目标准，为各专业的协同工作提供了良好的工作平台和环境，促进了各方参与者的协调工作，大大提高了各方的工作效率。

3. 基于信息技术的多专业集成设计的工作框架的构建

BIM 协同设计是一种点与中心之间的信息交流模式。参与者之间的信息交流具有唯一性和连续性。信息沟通模式将不同方面的数据整合到一个平台上，实现专业内部和专业之间的数据交换，最大限度地实现建筑全生命周期的信息共享和转换，从而保证建筑设计的高效率、高质量和低返工。BIM 技术的核心是建筑信息的共享和转换，而协同设计水平的关键在于建筑数据共享水平和工作协调水平。BIM 协同设计的实现离不开良好的协同技术平台和科学的设计工作流程。针对集成协同设计中信息交换的及时性、完整性和准确性等问题，建立一个以本专业和不同专业之间的信息交换为导向的信息平台，探索现有协同模式的有机结合，形成集成协同方法和技术路线，构建一体化协同设计方法和流程。

Revit 集成协同方法集工作集方法和文件链接方法的优点于一身，实现了这两种方法的优势互补。原则上，专业内协同设计通常采用文件链接方法，有时两种工作方法同时使用。整个协同设计过程以 BIM 模型为核心，建立 Revit 平台，设计阶段的每个过程都由双向信息进行协调。设计人员实现了相同平台、相同标准和相同环境下的设计工作。各个专业实时共享数据和信息，在工作集平台上相互交流，共同完成设计，实现同步共享。BIM 多专业协同设计流程框架如图 9-3 所示。该模式不同于传统的时间顺序设计模式。专业内、专业间的并行设计缩短了设计周期，提高了团队设计的无缝对接程度，优化了项目的总体设计效率和质量。

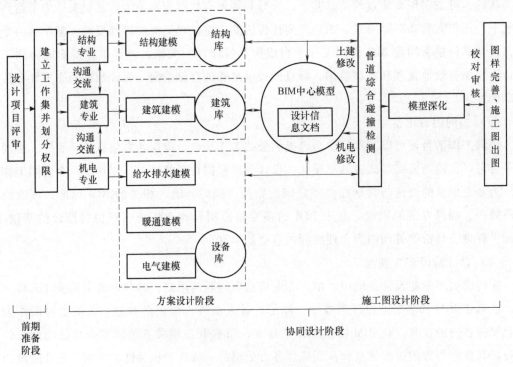

图 9-3　BIM 多专业协同设计流程框架

9.2.2　基于建筑信息化的标准化设计集成

建筑标准化是指在建筑工程方面建立和实现有关的标准、规范、规则等的过程。实施建筑标准化的目的是合理利用原材料，促进构配件的通用性和互换性，实现建筑工业化，以取得最佳经济效果。建筑标准化的基础工作是制定标准，包括技术标准、经济标准和管理标准。目前，我国对于建筑标准设计的信息化日益重视。据了解，50 多年来，全国共编制了国家建筑标准设计 1900 多项，内容涉及建筑工程的各个方面，并在工程建设中得到了广泛应用。同时，全国有 90% 的建筑工程采用标准设计图集，仅在单层工业厂房中的应用就达 6 亿 m^2。国家建筑标准设计已成为建设行业不可或缺的重要技术资源。

在国家建筑标准设计行业信息化建设中，"国标电子书库"的推行起了重要作用。通过对"国标电子书库"的应用推广，国家建筑标准设计在工程建设中充分发挥技术支撑作用，并推动工程建设行业的产业化、标准化，大力促进技术进步。同时，BIM 技术的应用也大大促进了建筑标准化设计集成的发展与进步。

1. 建筑标准化设计集成

建筑标准化设计是对建筑构件的类型、规格、质量、材料和规模应用统一的标准，将其中建造量大、使用面积广、共性多、通用性强的建筑构配件及其零部件、设备装置或建筑单元，经过综合研究编制成配套的标准设计图，进而汇编成建筑设计标准图集。标准化设计的基础是采用相同的建筑模数，减少建筑构件的种类和规格，提高通用性。它主要包括两个方面：一是建筑设计标准，包括各种法律法规和规范、标准、定额以及指标的制定；二是对建筑的标准设计，根据建筑设计标准，设计常见的构配件、单元及房屋。标准化设计可以通过国家或地区标准件图集来实现。设计人员可根据工程的具体情况选择标准件，避免重复工作。构件制造商和施工单位也可以根据标准构件的应用组织生产和施工，形成规模效益。

建筑设计标准化是一套为促进建筑产业化和工业化的全面经济管理和有序实施而制定的统一措施和规定。建筑设计标准化的目的是合理利用原材料，提高构配件的通用性和互换性，实现建筑的工业化，以达到最佳的经济效益。建筑设计标准化要求建立完善的标准化体系，包括建筑零部件、构配件、产品、材料、工程和卫生技术设备，以及建筑物及其部件的统一参数，以实现产品的通用化和系列化。建筑设计标准化还要求提高建筑多样性水平，以满足各种功能的要求。

2. 基于建筑信息化的标准化设计集成

目前，建筑标准化研究已经形成了一个完整的体系，能够满足大规模工业建设的需要。它具有以下显著特点：

1）化繁为简。在标准化过程中，为了更快地满足用户的需求，减少资源的二次浪费，按照相似性原则对建筑构件进行分类，尽量减少类型的数量，使产品的冗余类型减少到具有代表性的类型，避免了过度多样化。

2）通用性。为了最大限度地扩大建筑部品部件的使用范围，基于互换性，增加了建筑部品重复使用的可能性。

3）系列性。它是一种先进的标准化形式，根据产品的基本参数进行设计，形成一系列产品，并将这些产品输入产品库中供用户自主选择。

4）组合性。它是预先设计和制造的一系列产品或标准单元，可以结合起来满足用户的个性化需求。在建筑标准化设计中，可以借鉴现有成熟的标准化研究成果，在建筑信息化的基础上进行创新研究。

建筑是一个复杂的系统，任何建筑都很难完全在工厂内生产。因此，即使是高度工业化的建筑产品也是由标准化和非标准化部分组成的。如果经常重复使用，通用部件可以标准化。为了满足用户的特殊要求，非标件需要单独设计。非标件种类越多，用户越满意，通过非标多样化实现整个建筑的多样化。然而，过多的非标准化元素会影响工业化程度，导致建设成本过高，失去工业建设的意义。这就需要标准化的设计协调，即当个性因素积累到一定程度时，可以从中提取出标准化的共性，使非标准化的比例降低（工作量降至最低），标准化的比例提高。在住房的大规模生产和建设中，有些要素可以标准化生产，而另一些要素则不能标准化生产，这就要求运用信息技术、专业化和标准化的生产方式来生产某些要素，而运用其他现代信息技术来生产不能标准化生产的零部件。生产要规范化，生产要科学管理。组织生产和安排施工的计划和方法可以产生高质量的生产要素，提高生产效率，降低成本。个性化的产品可以带给人们独特的体验和更高的价值，也可以在标准化和批量生产的情况下给制造商带来更高的利润。

9.2.3　信息化环境下规模化生产与个性化定制

规模化生产是按照一定的固定的量产方式，组织有序地进行生产。在建筑业发展的早期阶段，无论是现场施工还是预制施工，重复制造是建筑规模化生产的关键。通常，建筑物的重复制造是通过构件的标准化和单元构件的组合来实现的。随着时代的发展，为了满足个别项目的具体需要，满足用户日益增长的对改善生活环境的期望，满足社会对更安全、更环保的住房建设的要求，以及达到在土地上和财政上限制条件下的发展目标，使我国的住房建设更加安全、更加环保，建筑个性化定制的发展已经开始实施。基于信息化环境，在原有的基础上，规模化生产和个性化定制也取得了巨大的发展。

1. 信息环境下的规模化生产

在信息化的环境下，促进规模化生产的主要形式是建筑构件的信息化管理。

由于建筑构件的多样性，可能会有许多相同的构件，因此很难用人工实时地对它们进行记录和管理。射频识别（RFID）技术和 BIM 技术可以用来处理和解决这些问题。在组件运输阶段，BIM 系统提供模型数据库。RFID 实时反馈施工现场情况和工程进度信息，匹配模型，准确预测构件是否能按时进入施工现场，比较施工情况和预期方案，调整进度计划。在组件生产阶段，组件嵌入了 RFID 编码，包括项目代码、组件代码、位置属性、编号和扩展区域。构件单元的编码具有唯一性，有效地保证了构件信息在整个施工过程中的准确性，避免了由于混乱造成的返工，便于今后的管理和维护。BIM 系统模拟构件的位置，分配运输车辆的数量和运输路线，并根据施工进度模拟构件的运输顺序，使运输高效及时，降低了成本。车辆进入现场后，RFID 读卡器将部件的基本信息和部件的位置传送给 BIM 系统，使施工区域和模型对点放置，位置属性清晰，避免二次处理，使构建"零缺陷、零库存"成为可能。在现场施工阶段，BIM 系统引导安装和实时更新，控制机械和起重线的使用，施工现场预制构件的存储和吊装过程将通过无线媒体实时传输到控制中心，控制中心将 4DBIM 与施工进度结合，对施工情况进行综合管理。在构件生产和吊装的全过程中，可以实现零人工信息输入。通过在入口位置设置 RFID 读写器，实现实时数据采集和实时计划调整，方便操作和管理。整个施工过程中的构件管理将纳入 BIM 软件数据库，进行信息交换和共享，为后续工程施工提供技术支持。

通过在施工过程中实现构件管理和标准化生产，保证重复生产。重复制造是规模化生产成功的关键。信息技术的发展对促进建筑的规模化生产具有重要意义。

2. 信息化环境下的个性化定制

在大规模个性化制造中，不仅要考虑规模化生产，还要考虑用户的体验需求。例如，居民需要在高质量、绿色、健康的生活环境中居住，才能获得舒适感；社会需要一个符合环境保护原则的住房发展计划，以及一个安全、绿色的运行过程；政府需要在紧张的土地供应和严峻的财政约束下，确保在提高生产力的前提下保持良好的质量，同时维持鲜明的特色。利用建筑信息模型技术优化大规模个性化制造的应用，有助于提高质量和生产率。

目前，人们普遍认为，信息技术有助于优化大规模个性化制造的应用。因此，在设计的早期阶段，为了促进不同专业领域之间的合作与协调，目前正在积极采用建筑信息建模技术。除了有助于标准模块化单元设计的发展，建筑信息建模技术还可以加速设计产出，进一步提高建筑效益，显著减少建筑构件的冲突和不匹配，最大限度地减少施工过程中的现场问题和变更。承包商在投标时，也可以因上述现场问题的减少而降低风险费用。由于 BIM 技术还可以优化现场操作和物流程序，建筑项目可以更容易地保持所需的质量和财务预算，并进一步提高维护和管理系统的效率。

9.2.4 信息化装配式建筑的交付标准

随着信息技术的发展、工程设计的创新和供应链向全球化的方向转变，工程项目的交付模式也在不断演变，这些都对建设项目的可持续发展提出了新的要求。随着 CAD 技术的引入，建筑行业的信息化步速加快，给建筑工程发展带来了第一次彻底的变革，使计算机技术在工程领域全面普及。而 BIM 技术的兴起则是建筑工程信息化的第二次彻底变革，从 2D 时代过渡到 3D 时代，建筑工程的交付标准也随之发生着巨大的变化。

1. BIM 环境下建筑工程的交付特征

在传统的工程建设中，建筑的交付过程通常是线性的，需要在规定的时间内提交一定数量的交付。在传统交付模式的制约下，参建单位之间存在集成度低、信息不对称严重、利益冲突等问题，导致建筑业生产效率低下、工期延误、成本控制困难等现象的出现。在 BIM 环境下，建筑工程的交付过程通常是呈抛物线形的：在建模阶段，需要交付的信息输出几乎是最小的；模型完成后，可以在短时间内输出大量可交付结果。传统方式与 BIM 交付成果产出对比如图 9-4 所示。BIM 的核心是信息，在 BIM 环境下，信息传递的关键是信息的表达和交付。

BIM 环境下建筑信息交换的特点主要体现在以下几个方面：

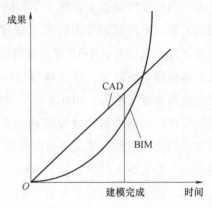

图 9-4　传统方式与 BIM 交付成果产出对比

1）交付物数字化。BIM 模型是一个参数化的数字模型。参数化建模是 BIM 模型与普通三维模型的重要区别。参数化建模是一种利用专业知识和规则确定几何参数和约束的建模方法。参数化建模提供了模型构件的核心。模型的所有元素都是有灵魂的个体，这些组件的参数由它们自身的规律驱动，各部件的几何和非几何信息以数字形式存储在模型数据库中。

2）交付数据可计算化。在 BIM 数据环境中，它支持多种计算、仿真、信息表达和传输方式。BIM 设计软件支持结构计算、节能分析等性能分析，支持三维仿真甚至动画显示。BIM 环境中的信息更依赖于结构化信息，因为这些信息可以由计算机直接读取。结构化信息的优点是可以提高生产效率和减少错误，而非结构化信息可以被收集。它通过双向关联存储在中央数据库中，这样可以直接获取相关信息，并通过 BIM 工具进行管理、使用和检查。

3）数据库实时动态化。BIM 是一个由数字模型集成的数据库，它包含了从规划、设计、施工和运营管理到整个项目生命周期的所有信息。BIM 模型数据库的创建是一个动态过程，从规划阶段到运行阶段，工程信息在数据库中逐渐积累，最终形成完整的工程信息集合。

4）信息输出多元化。BIM 软件以参数化关联技术进行建模，模型的部品构件信息具有一定的逻辑关系。借助于 BIM 软件的扩展功能，可以根据软件中的模型实时自动生成各种平面、立面和剖面图，还可以生成各种三维效果图和动画，使 BIM 的多元化应用成为可能。

2. 装配式建筑的信息化交付标准

严格的信息交付标准是实现信息交付的前提。所以，在 BIM 环境下，对装配式建筑进行信息交付，首先需要对预制装配式建筑信息进行处理，编制出一套合理的交付标准。在对装配式建筑信息交付标准制定时，由于其本身所具有的一些特性，除了结合一般建筑的信息交付标准外，还可以从以下几个方面入手：

（1）编制主体由政府逐步过渡到市场

目前，我国的装配式建筑发展尚处于初级阶段，市场认可度不高，主要由政府强制推行，标准的编制主体也主要是政府，标准的制定相对不具有针对性，这对于装配式建筑的推行非常不利。所以，装配式建筑信息交付标准可考虑采用推荐性模式，让更有积极性的项目参与方去推进标准的制定，在应用过程中不断改进和完善这一体系。

（2）深入考虑交付需求

在交付需求方面，主要考虑交付范围和建模深度问题。第一，加大交付范围。由于装配式建筑构件信息占比比较多，需要对预制构件进行深化设计，所以对预制构件的交付标准应进行具体规定。第二，加深建模深度。在装配式建筑的方案设计阶段，就需要设计人员创建设计模型，为后续的设计打好基础。在初步设计阶段，除了考虑方案功能，对外观方面以及构件原始信息框架也要进行控制。

（3）加强软件的开发和利用

我国建筑市场上的 BIM 软件全部来源于国外技术，这就导致信息化交付过程中存在着一些限制，没有充分考虑实际情况。所以，应该加强信息化软件的开发和利用，一方面，可以建立更加亲密的合作，开发出符合自身建筑交付标准的软件，另一方面，加强本土软件的开发和利用。有针对性地进行 BIM 软件开发和应用，为标准化的装配式建筑信息交付物提供强有力的支撑。

（4）对配套细则进行补充和完善

充分考虑装配式建筑的特征，有针对性地对交付标准的配套细则进行补充和完善。可以参考装配式建筑发展比较好的国家的先进标准，再结合我国现有国情和市场情况进行完善。

9.3 装配式建筑信息技术应用

9.3.1 信息化技术在装配式建筑标准化设计中的应用

近年来，装配式建筑受到建筑行业和学界的广泛关注，装配式建筑采用标准化设计，工厂化生产和现场装配式的建造模式，使得建筑质量和建筑效率大幅度提升，成为工程建设领域的一个重要发展趋势。装配式建筑是当前工程建设的必然趋势，它可实现工程建设的高效率、高品质、低能耗和低污染，实现经济、环境和社会效益相协调的建筑可持续发展。其中，对于装配式建筑的标准化设计，是遵循工业化生产的设计理念，旨在推行模数协调和标准化设计。但是，装配式建筑的设计并非传统意义上的标准设计，而是尊重个性化和多样化的标准化设计。

标准化与多样化这一对矛盾是装配式建筑与生俱来的，可以说是彼此依存而又互相对立。建筑设计多样化并不完全等于个性化，在个性化的中间夹杂着必要的标准化，是要求设计标准化与多样化相结合，将部品部件的设计做到系列化、通用化。实质上，这对矛盾解决得怎么样，是评价装配式建筑好坏的重要因素，也是装配式建筑技术体系中需要注意的方面。

要实现这一目标,需要从顶层设计开始,针对不同建筑类型和部品部件的特点,结合建筑功能需求,从设计、制造、安装、维护等方面入手,划分标准化模块,进行部品部件以及结构、外围护、内装和设备管线的模数协调及接口标准化研究,建立标准化技术体系,实现部品部件和接口的模数化、标准化,使设计、生产、施工、验收全部纳入尺寸协调的范畴,形成装配式建筑的通用建筑体系。在这个基础上,建筑设计通过将标准化模块进行组合和集成,形成多种形式和效果,达到多样化的目的。

因此,装配式建筑的标准化设计不等于单一刻板的标准化设计,标准化是方法和过程,多样性则是结果,是在固有标准体系内的随意组合。实际上,这也来源于乐高积木给我们的启示,丰富多彩的乐高建筑,正是由大量的标准件和少量的非标准零件组合而成的。

那么,我们该如何有效地实现装配式建筑的标准化设计呢?对于房屋建造过程,只有实现设计、生产和施工一体化,将其集成为一个系统工程,才能有效解决上述问题。信息化的技术不可或缺,在系统工程中扮演着重要的角色。目前,建筑市场推行 BIM 技术和二维码技术也许能在一定程度上解决这个问题。

1. 信息技术平台概况

建筑信息技术日新月异,装配式建筑发展也较为迅猛。因此,针对装配式建筑的信息化集成平台的构建可以实现对于装配式建筑与构件的先进化管理,充分体现信息技术在建筑全生命周期的重要作用。

1)BIM 技术平台:①可视化,可视化即"所见即所得"的形式,在整个项目的各个阶段,管理人员都可以充分利用建筑信息模型的可视化特性,比如三维立体图、可视化状态下的沟通与协调等;②协调性,在项目建造前期进行碰撞检查,充分协调各专业;③模拟性,BIM 可以进行多种模拟,比如日照模拟,能耗模拟,施工 5D 模拟等,既可以提前做出预案,又可以实现有效的成本控制;④优化性,整个项目在设计、施工、运营中都在通过 BIM 进行优化,协调资源配置,实现动态优化的目的。

2)二维码数据库平台:二维编码数据库主要由总承包单位建立,设计单位和预制构件生产厂等其他参与方起协同作用。设计单位提供深化后的设计信息,最后建立的标准需要统一,这样才能更加高效地为各方提供服务。

3)预制厂平台:预制厂依据设计单位交付的预制构件深化设计图,结合构件二维码的信息生产标准化的预制构件,施工现场在有构件的需求时便下达要货命令,预制厂收到以后立即发货,发货清单则是二维码清单。

4)现场装配施工平台:手机终端扫描识别二维码,根据二维码信息存放预制构件或直接吊装施工,提高装配效率。

综合以上介绍,可以总结出信息技术平台主要有如下三个优点:第一,构件出厂质量和安装质量得到有效控制;第二,预制厂库存及施工现场库存的大量减少;第三,大幅度提高施工现场管理效率。

推行装配式建筑的核心就在于建筑设计的标准化,只有实现构件设计的标准化,装配式建筑的发展前提就得到了保障。所谓建筑设计的标准化，是指为了满足工厂规模化生产的需求，标准化是建筑工业化的发展前提，而标准化模块的建立是标准化设计的核心。在实践中，必须坚持标准化与多样化相结合的原则，来满足大众对住宅样式多样化的需求。在 BIM 应用中，族的建立与发展是促进标准化单元的一个重要方式，在进行建筑设计的过程中，BIM 的族库信息便可运用到搭配中，建筑信息不仅得到高效应用，也满足了标准化的要求。随着各种族库的不断丰富与完善，常见构配件都会拥有独属的虚拟族文件并留存入库。同时，BIM 具有的强大的信息共享与协同工作能力，可以促进标准化单元的扩展，以此满足多样化的需求。

2. 信息化技术的实际应用

1）信息化技术信息流动图如图 9-5 所示。

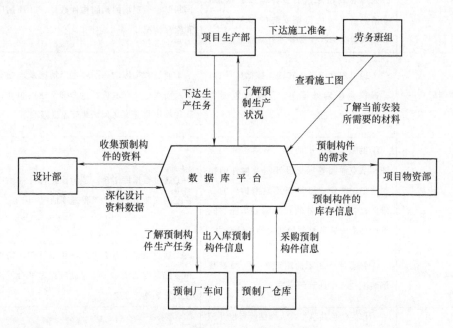

图 9-5　信息化技术信息流动图

2）信息化技术各环节信息汇总表见表 9-1。

表 9-1　信息化技术各环节信息汇总表

序号	环节名称	提供信息	获取信息
1	项目生产部	①根据现场施工进度计划确定施工区域；②通过数据平台向预制厂下达生产任务；③通过数据平台向劳务班组下达施工任务；④现场装配施工问题的信息反馈；⑤提供设计图、图集、规范等工程资料	①了解设计部深化设计进度；②通过数据平台中 BIM 模型了解构件大样详图、三维图及安装节点详图；③通过数据库平台了解预制厂生产情况；④通过数据库平台了解现场的库存和预制厂的库存情况

（续）

序号	环节名称	提供信息	获取信息
2	预制厂	①负责预制生产任务；②向设计部门提出预制构件标准化建议；③为现场预制装配提供指导性建议	①获取项目生产部下达的指令，生产预制构件；②通过数据BIM平台获取生产任务的物资需求；③通过数据库了解现场的库存情况；④通过BIM平台获取构件的大样图和物料表；⑤通过数据库平台获取构件的BIM模型，保证生产的预制构件尺寸，预埋件位置等误差在规范图范围内；⑥获取构件二维码，扫描构件二维码验收确认产品信息无误后才可物流运至现场
3	项目物资部	①预制构件库存统计，并输入数据库；②入库材料清单统计，并输入数据库；③清点近几天内需要安装的预制构件，并输入数据库；④劳务班组领料统计	①通过数据平台了解现场预制构件的需求；②从预制厂运至现场的预制构件数量；③预制厂的生产和库存情况
4	预制厂仓库	①提供库存统计，并输入数据库平台；②提供入库构件清单，并输入数据库平台	①通过数据库动态了解生产情况及现场安装的进度及需求；②获取项目生产部下达的指令，保证预制构件供货速度与现场装配速度匹配
5	设计部	①供施工拆分平面图、预制构件大样图和节点详图等深化设计图及构件的物料清单；②建立BIM三维模型构件的三维图；③提供构件的产品编号信息，并将构件的安装信息添加到构件二维码中	①通过数据库平台，了解预制构件的生产工艺和装配的安装方法；②工程进度情况
6	劳务班组	①熟悉将要装配的施工图；②反馈现场装配过程中遇到的问题	①通过数据平台上下载深化设计图、构件大样图和装配部件的清单；②通过数据库平台下载预制构件的安装施工工艺
7	数据库平台	①作为信息共享中心，提供所有设计施工图，预制构件的资料等；②提供现场及预制厂仓库的库存、需求量；③完成生产任务的原材料采购需求情况；④提供有效识别的预制构件及其他的二维码；⑤可供用户使用的插件、任务指令和勾选功能；⑥各环节应用的添加、删除、修改，以及信息资料的导入、导出	①生产任务的下发及存储信息；②预制生产、物资采购材料信息；③预制厂生产情况动态信息；④现场的装配进度信息；⑤项目部及预制构件的仓库信息；⑥深化设计资料信息；⑦平台的硬件、软件提供；⑧BIM平台；⑨互联网

3）二维码技术。二维码可以通过某些算法将信息转换成计算机容易识别的二维图形，直接打印粘贴在元件上或直接喷在元件上，成本可以忽略。二维码的最大优点是不需要特殊的识别设备。除了手机、摄像机可以扫描和识别外，还可以集成到现场监控摄像机和全站仪设备中。构件上的二维码制作成本低，更重要的是持久耐用，构件二维码

的存储信息见表 9-2。

表 9-2 构件二维码的存储信息

	构件编码		× × × × × × × × × ×		
工程名称	× × × ×工程	施工区域	× ×	楼层	× ×层
构件安装位置	平面图显示	生产日期	年 月 日	构件重量	× × t
钢筋规格	等级、直径	钢筋外观	× ×	保护层厚度	× × mm
混凝土强度等级	等级	表面平整度	× ×	表面垂直度	× × mm
预埋件 1	× ×个	预埋件 2	× ×个	预埋件 3	× ×个
其他					

BIM 和二维码等信息化技术在装配式建筑的全生命周期内具有颠覆性的价值，它们不仅可以在数据库平台上使建筑产品的全部数据得到有效的集成，也为参建各方的信息实时更新与共享提供了便利，有效实现成本、质量、进度的控制，这些是装配式建筑施工未来发展的重要创新之处。

9.3.2 信息化技术在构件部品深化设计中的应用

装配式建筑标准化作业的质量是提高整个产品质量的核心。当前，装配式建筑需要构建相关质量体系，继续向制造业学习，逐渐实现产品的标准化和精细化。设计的价值是价值的"制高点"，部品生产的价值紧随其后，因此部品设计至关重要。

建筑部品设计是建筑产业链的核心，部品设计在建筑设计中的地位十分重要，它决定了建筑产品的质量、成本和建设周期。目前部品的标准化设计主要可以通过通用模数、部品的确定标准、多功能模块组合和标准化接口来实现，以使部品达到通用、成系列的标准。

建筑功能部品的复杂程度是由部品设计决定的。部品结构越简单，可装配性就越高，装配效率就越高，装配成本就越低；反之，部品结构越复杂，可装配性就越差，装配效率就越低，相应的装配成本就越高。由此可见，部品的可装配性对装配式建筑的成本的影响是十分关键的。

受制于建筑部品本身的特点，建筑部品的体量较大，部品基本都是通过模具加工而成，一旦部品设计不过关，将给模具制造、拼装和拆模等连续步骤操作带来很大阻碍，对部品的生产进度、建筑产品的施工进度都会造成不可估量的影响。所以，对于建筑行业的装配式建筑热潮，若想在全行业大力推广，部品设计标准的实现必不可少。

1. 构件部品设计及设计标准现状

装配式建筑部品设计是装配式建筑发展的关键，我国的建筑部品在性能规范化、安装标准化、生产模数化、规格系列化方面都还不成熟。在建筑部品的生产上，相应的建筑产品材料数量少、质量差，成为制约建筑产业发展的瓶颈。同时，由于我国很多方面还处于初级发展阶段，所以造成建筑产品各部门、各行业多头开发、缺乏协调配合，配套化和系列化程度低。建筑产品的体量较大，复杂程度较高，不确定性也较高，其市场价格与实际成本相差较大，建设成本往往不能成为建筑产品价值的决定因素，大部分建设单位开发建设的装配式建筑仍是将项目完成作为成果交付的唯一目标。为了工业化而工业化，一切为了满足国家和政策的要求，对于设计要求也是以满足传统建筑项目个性化、标志性要求为主。

在建筑行业，有关的产品标准体系还在不断完善，目前的体系以国家标准为基础，行业和地方标准互为补充，这些都在规范建筑市场与标准中起到了重要的作用。我国于 20 世纪 80 年代中期开始相继出台有关建筑部品的标准，其中门窗标准率先出台，至 1986 年，我国正式发布的门窗标准就有《门窗术语》《门窗洞口尺寸》《建筑门窗气密性能分级及检测方法》《建筑外窗水密性能分级及检测方法》等多项。之后随着建筑行业的迅猛发展，大量相应的产品标准相继编制而成，如《铝合金门窗》《塑料门窗》《钢门窗》等。装配式建筑的大力推行，使得市场迫切需要建立新的标准体系，已有的建筑产品标准化体系也需重新调整，其中现在有些企业已经制定相关装配式建筑标准。

2. 部品设计标准应关注的方面

建筑部品设计应关注建筑产品的全生命周期。建筑产品的全生命周期包括设计、施工、运营、维护和报废拆除过程。建筑产品设计建造过程分为产品设计、部品设计、部品制造、部品检测、部品运输和现场装配过程；建筑产品运营维护过程包括建筑物使用、功能替换、日常维护、设备升级；建筑报废拆除过程主要是指对于无法满足使用要求、安全度降低的部品进行拆除以及部品回收。更加关注建筑的全生命周期，关注部品的设计、生产、建造、使用和回收，会是建筑产业化的发展方向。

部品设计时应考虑两个方面，一是部品使用的部位功能，二是部品建造过程中的要求。装配式建筑部品设计应遵循受力合理、连接简单、施工方便、重复使用率高、维护和更换可实现的原则。部品设计应与构件生产工艺结合，满足规格尺寸优化和便于生产加工的要求，部品设计应与施工组织紧密结合，考虑不同施工条件的影响以及模板和支撑系统的选用，尽量满足装配化施工的安装调节要求，保证建筑物的维护管理和检修更换的方便性。

部品设计应考虑的品质要求有：安全、经济、节能、环保。部品的成套供应应以集成化为特征，部品集成是一个由多个小部品集成来形成单个大部品的过程，大部品可以由小部品排列组合而形成，以此来实现建筑产品设计的多样性。

3. 信息化技术在部品深化设计中的价值

建筑信息模型使用数字化的建筑部件来表示现实世界中用于建筑的构件，另外，预制构件工厂在交付预制构件产品的过程中，仍需要交付虚拟产品。通过建立部品设计标准和应用建筑信息模型，建立了标准化构件库。组件库包括设计和生产过程中的所有相关信息，如零件的规格、制造商和零件号。部品库的建立和应用有利于建筑产品在整个生命周期内的建设、使用、维护和回收利用。管理有利于施工产品的后评价，为今后的产品开发提供数据和经验。

在部品的深化设计中采用信息化的技术，实现部品设计的标准化和系列化，以满足构件预制产业化，更快更好地实现建筑工业化，工业化生产是建筑产业化的关键环节。BIM 技术的应用可以充分显示建筑构件的细节，从提供构件的准确三维实体图到保证更准确的工业生产，也减少了后续现场安装的障碍。利用信息化技术所搭建的预制构件库，将使用率高的构件部品录入构件库，不断完善构件部品市场，以便于日后大规模构件部品的研发和生产。

9.3.3 BIM 技术在施工安装中的应用

1. BIM 技术与构件编码的结合

在设计单位完成预制构件的深度设计后，不同专业人员可以在 BIM 中心平台上进行确认，确认之后，平台可以自动完成设计图深化，并传送到预制厂的生产系统。这不仅可以减少人为操作造成的误差，而且可以大大提高生产效率。同时，预制构件承载的各种数据信息可以上传到 BIM 系统的云端，充分利用互联网。预制构件的每个组件都包含操作人员、检查员姓名、钢筋绑扎、预留孔、管道竣工验收、生产日期、项目名称、组件位置编号等信息。基于以上操作，可以确保从生产到安装的所有预制构件的信息完整性，从而达到较高的设计要求。

完成预制构件编码后，BIM 平台还要跟踪构件的安装流程。一方面，在预制构件运输至施工现场的过程中，BIM 平台会充分利用信息控制系统与各部门进行互动，实现信息共享。另一方面，施工现场的管理人员需要通过 BIM 平台将预制构件的需求传递给预制构件的生产厂的信息系统。现场管理人员在接到到货信息时，需要提前做好准备，现场接收货物，对预制构件进行登记，并实时反映在信息系统中。由于每个预制构件都有一个独特的二维编码，施工现场人员只需根据编码用智能终端设备进行扫描便可安装，这也方便施工企业管理人员随时监控安装情况和施工进度。

2. BIM 与 RFID 结合有效支撑构件管理

装配式建筑预制构件的管理是一个多阶段的问题，主要体现在预制构件的制作、运输、入场、存储和吊装。在预制构件中采用 RFID 技术，并将预制构件的详细信息反馈于 BIM 平台中，可以在建筑工程全生命周期中准确及时地查录相关构件的信息，并进行修改。在构件制作阶段，将 RFID 标签嵌入预制构件，预制构件载有的相关信息会及时反馈给制造商，制造商用其来制定生产方案；在运输阶段，RFID 可用于优化运输规划，使制造厂库存最少；在入场存储阶段，根据施工的进度，做好检查工作，合理堆放构件，避免施工过程中的二次搬运；在构件吊装阶段，RFID 使安装更为精确，提高吊装效率，大大缩短工期。

3. 使用 BIM 技术进行仿真模拟

BIM 技术的一个优点是可视化分析，在建立好装配式建筑的 BIM 模型之后，施工单位可以利用 BIM 技术进行装配式建筑的施工模拟和仿真，例如可以模拟预制构件吊装及施工过程，从而对施工方案以及吊装方案进行优化；更可以模拟施工现场的紧急情况，提前做好有效应对措施，排除安全隐患，尽量避免质量安全事故的发生。使用 BIM 技术，还可以模拟许多施工场景，使施工过程得到优化，比如施工场地的布置优化，构件的存储位置优化等，这样可以大幅度提高装配式建筑的施工效率，从缩短工期方面体现装配式建筑的巨大优势。

4. BIM 技术优化进度、成本的动态管理

利用 BIM 技术，在装配式建筑的 BIM 模型中引入时间和资源两个维度，将"3D BIM"模型转化为"5D BIM"模型，施工单位可以通过"5D BIM"模型来模拟装配式建筑整个施工过程以及各种资源投入情况，进度管理与成本管理是工程管理的两大目标，通过 BIM 的可视化功能，施工方可以对进度与成本有直观清晰的了解，可以掌握装配式建筑在不同阶段的资源投入情况，及时调整进度安排，执行动态的管理，实现动态的调整。运用 BIM 技术的装配式建筑动态管理如图 9-6 所示。

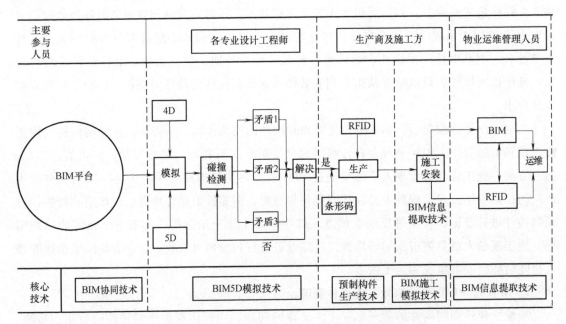

图 9-6　运用 BIM 技术的装配式建筑动态管理

9.3.4　设计、生产和施工运维平台技术应用

1. BIM 技术在装配式建筑设计阶段中的应用

（1）提高建筑设计阶段的价值

装配式建筑自身的应用目的较为明确，而且在建筑产品的开发中效率很高，使用 BIM 技术可以将现有的建筑环境与当前的状况进行很好的整合，使建筑产品与需求之间达到很好的契合度。建筑工程所具有的一大特点是复杂性，在建筑产品的开发过程中，建筑环境不仅是指施工过程中所面临的自然条件和环境，更应该包括建筑工程所处的社会大环境，这里包括经济、管理等背景环境，这些环境对于项目的成功是至关重要的。结合 BIM 技术与装配式建筑各自的优点可知，BIM 技术的大力兴起可以在产品的设计阶段大幅提升建筑设计的价值。在传统的设计阶段中，设计工作的承担者更多只是设计方，业主

方也会在设计阶段提出一些意见，而施工方的参与就比较少，至于其他的参与者的协调交流几乎是没有的，这样就导致信息的交流不畅，设计的价值不能充分展现，在有些项目中，现场的施工有时根本不能按照建筑设计方案来执行，如此一来，设计方案的价值被大大削减。但是 BIM 技术的使用可以使项目参建各方都能够得到及时有效的信息，对建筑的各个部分有更综合的考虑，更能满足现实需求，使各方协同（图 9-7），项目的价值可以实现最大化。

（2）实现装配式预制构件的标准化设计

BIM 技术可以实现设计信息的开放和共享。设计人员可以将装配式建筑的设计方案上传到项目的云服务器上，在云中集成尺寸和样式信息，建立装配式建筑各种预制构件（如门、窗等）的族库。随着云服务器中族的积累和丰富，设计师可以对同一类型的族进行比较和优化，形成装配式建筑预制构件的标准形状和模块化尺寸。预制构件族库的建立有助于装配式建筑总设计规范和设计标准的制定。通过使用各种标准化的"构件"图书馆，设计师

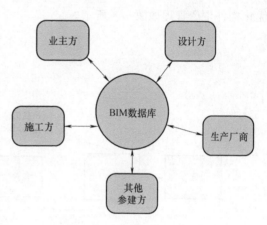

图 9-7　BIM 技术协调各方信息

还可以积累和丰富组合式建筑的设计类型，节省设计和调整的时间，有助于丰富组合式建筑的规格，更好地满足居民的各种需要。

（3）降低装配式建筑的设计误差

设计人员可以利用 BIM 技术对装配式建筑结构和预制构件的设计进行细化，以减少施工阶段的装配偏差。借助于 BIM 技术，设计人员可对预制件的几何尺寸、内筋直径、间距、钢筋保护层厚度等进行精确的设计定位。在 BIM 模型的三维视图中，设计人员可以直接观察预制构件的装配适配程度，并可以利用 BIM 技术的碰撞检测功能，详细分析预制构件结构连接节点的可靠性，消除预制构件之间的装配冲突，避免设计粗糙对预制构件安装定位的影响，减少设计误差，减少由于材料资源的差异和浪费而造成的延误。

2. BIM 技术在预制构件生产阶段的应用

（1）深化预制构件设计

以 BIM 为代表的信息技术与预制构件生产研究结合是装配式建筑相关研究领域的热点之一，充分发挥 BIM 技术可视化、协同性、信息完备性等优势，可以有效解决构件生产阶段参与方多、信息量大、信息复杂等问题。深化设计主要是指满足一定的结构力学设计，由多方提出现实需求，生产工厂考量自身的实际生产水平，对构件的尺寸、形状、大小进行深化设计的过程。目前，装配式建筑的构件生产是在工厂完成的，在构件的设计过程中，根据多方提出的需求，由建筑设计院完成构件的设计图样，生产工厂会结合自身的工艺水平与生产条件，主要运用 BIM 技术来完成深化设计。

（2）优化预制构件生产管理

在装配式建筑的生产流程中，可以采用 RFID（射频识别）技术，将预制构件的生产信息集成嵌入到构件中，通过采用移动终端和数据库平台等信息化的技术手段就可以实现预制构件生产过程中的全阶段跟踪。这一技术不仅可以使构件生产商及时准确地获取构件的尺寸信息，从而合理安排实现生产，还可以及时向承包商反映构件的生产情况，以便承包商合理组织施工与资源调度，同时对构件的运输与保管起到很好的信息追溯作用。采用 RFID 技术优化构件生产管理如图 9-8 所示。

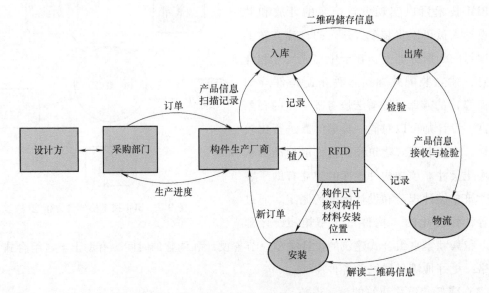

图 9-8　采用 RFID 技术优化构件生产管理

（3）预制构件的质量检查

预制构件是装配式建筑的核心，因此保证预制构件的质量，提高预制构件的质量对于推进装配式建筑的发展意义重大，这也是工程项目管理追求的三大目标之一。对于预制构件的质量检查与控制，现在实践中较多的还是人工来完成检查工作，但是随着建筑信息技术的不断完善。针对构件生产完成之后的构件质量检查，理论上提出通过使用激光扫描技术，对构件成品进行扫描，将三维模型与设计模型进行对比，从而对构件的生产质量进行判断。

3. BIM 技术在装配式建筑运维阶段的应用

（1）高效管理与维护信息

在工程竣工之后，BIM 模型所存储的信息具有极大的价值，它包括建筑产品在设计阶段、施工阶段以及构件的生产阶段的所有信息参数，这要比传统设计图的保存更加便捷高效，它还可以对信息进行分类保存，添加标签等。在建筑产品的后期使用中，如果发现有设备的故障或者需要更换零件，可以在 BIM 平台中快捷地找到该设备所对应部件的尺寸、规格、厂商等信息，以便及时维护或更换。此外，还可以对于一些紧急情况进行仿真模拟，提前做出应对方案，实现运维阶段的信息化管理。

（2）运维阶段质量管理

BIM 模型应用于建筑的全生命周期，数据集成的数据平台对于后期的运行维护提供了良好的支持。由于预制构件采用 RFID 技术，所以在建筑的后期运维中，一旦出现构部件的质量问题，便可以往回追溯该构件的生产商，明确责任归属，建立良好的运维问责制度。

复习思考题

1. 建筑业信息化的基本概念和包含的基本内容是什么？

2. BIM 的基本概念及其特征是什么？

3. 简述 BIM 技术在建筑信息化中的作用。

4. 简述物联网技术在建筑业中发挥的作用。

5. 基于信息技术的多专业集成的特点有哪些？

6. BIM 环境下建筑信息交换的特点有哪些？

7. BIM 技术在施工安装中的应用价值有哪些？

8. 简述 BIM 技术在预制构件生产阶段的应用价值。

第**10**章

管理科学化

10.1 管理对工业化的意义

10.1.1 管理科学化与建筑工业化的关系

装配式、现场工业化、内装工业化、机电工业化、新技术及信息化的应用等均是从生产力的角度来界定建筑工业化的内容，而管理科学化则是在生产关系的层面论述各种生产要素如何有效地集成起来，并涌现出全新的效能。建筑工业化的技术发展水平决定了管理科学化的进程，而管理科学化的进程则反作用于建筑工业化的技术进步。管理科学化的内涵和实施要建立在建筑工业化实际发展水平之上，必须在建筑工业化的基础之上追求管理科学化。通过科学化管理将工业化建造的效能充分释放，是管理科学化的根本目标。

建筑工业化是针对传统建筑业内条块分割、过程分离、组织低效、劳动密集及科技含量低下的生产方式的变革，这种生产方式的变革依托于技术进步而实现，但技术层面的工业化并不是建筑工业化的全部内容。在我国建筑工业化发展的进程中存在某种误区，就是将建筑工业化的内涵狭义化，简单理解为通过先进工业化技术的运用来改变行业落后的现状，导致了实践过程中"重技术，轻管理"的现象，或将建筑工业化中的管理简单地理解为"对工业化建造技术的管理"，甚至认为建筑工业化中的管理探索是虚无的，这都是相对狭义和片面的理解。实质上，建筑工业化对行业的改变不仅仅在技术层面，更是一场深层次的生产组织方式、行业发展模式乃至推动社会发展模式的变革。这种变革从技术层面开始，以技术研发使用作为推动力，进而倒逼建造组织方式的变革和建筑业产业组织结构的变革，实现宏观发展方向的变革。一言以蔽之，建筑工业化中的管理科学化可以这样理解：在工业化建造技术发展的基础上，通过合理的分工协作将建造过程所有的技术要素、参与主体、建造过程等有效合理地组织起来，将工业化的效能尽可能地优化和放大，通过全要素管理实现建造过程上的高效生产、多项目间的协同优化以及整个建筑业的可持续发展。管理科学化与建筑工业化的关系如图 10-1 所示。

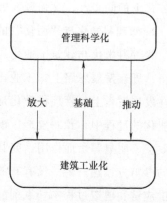

图 10-1　管理科学化与
建筑工业化的关系

综上所述，建筑工业化是管理科学化的载体，是管理科学化的作用对象，管理科学化则是建筑工业化的催化剂、助推器、加速器和放大器。只有依托科学化管理，建筑工业化过程中的技术要素、人力要素、市场要素和环境要素等才能发生良好的"化学反应"，协同起来实现建筑工业化的目标。管理科学化还有一项重要的意义在于建筑工业化的本土化和情景化，强调因地制宜地发展建筑工业化或选择与组合工业化建造技术，从而解决具体情境下工业化建造所面临的实际问题。

10.1.2　管理科学化与工业化及信息化的融合

要实现建筑工业化进程的管理科学化，必须要实现管理科学化、信息化与建筑工业化的深度融合。与外国已经实现工业化的建筑行业及我国先进产业化行业不同，我国的建筑业在实现建筑工业化与信息化及管理科学化融合的过程中，呈现出"分步推进"和"同步融合"并存的需求。一方面，要在工业化的基础上发展信息化，在信息化的基础上实现科学化；另一方面，工业化、信息化、科学化又要在发展的过程中协同并举，同步推进。

1. 工业化与信息化的融合

发展建筑工业化要正确处理工业化与信息化之间的关系。两化之间的"先后之争"曾在我国建筑行业内长久存在，而这种争论不只我们出现过，国外发达国家也曾有过。世界发达国家的建筑行业早在五六十年前就已经逐步实现了建造生产的工业化，现阶段已面向信息化、现代化的方向快速发展。十九大报告中明确指出："推动新型工业化、信息化、城镇化、农业现代化同步发展，主动参与和推动经济全球化进程，发展更高层次的开放型经济，不断壮大我国经济实力和综合国力"。按照新型工业化的要求，我们不能完全按部就班地走国外发达国家已经走过的路子，而是将建筑工业化与建造信息化并成一步走，在发展建筑工业化的过程中追求工业化与信息化的深度融合。

但是，尽管要在过程中完成融合，工业化与信息化之间仍然有逻辑上的先后之分，即"工业化为本，信息化为用"逻辑。信息化要建立在工业化的基础已经相对稳定和完善的基础上。目前的建筑工业化发展过程中，过于强调信息化的作用，甚至将信息化凌驾于工业化之上，这是对信息化的片面理解。信息化的手段一定是在工业化基础逻辑日臻完善的基础上才能更好地发挥作用，如广受关注的建筑机器人的发展，一定要在工业化建造方法不断迭代的过程中开始考虑和研发，但应在工业化建造过程相对标准化、连续化、模块化之后才能进行大规模的推广，唯有如此才能充分发挥信息化的效能。信息化与工业化的融合，既强调思维方式上的同步性，又强调发展逻辑上的前后性。

2. 管理科学化与"两化"的融合

管理科学化与建筑工业化、建筑信息化的融合同样要遵循"同步融合，先后发展"的逻辑，即在发展思路上，工业化、信息化、科学化并成一步，在发展过程中寻求深度融合，但在发展逻辑上，管理科学化是要建立在工业化与信息化深度融合的基础上的。在推进建筑工业化的过程中，预制建造、模块化建造等建造技术使用不断加强的同时也伴随着成本过高和效益不明显等负面作用，究其本质是支离破碎的建造过程、条块分割的业务板块、各自为战的参与方，这三者并没有有效地集成在一个系统内，彼此之间的协调合作程度太低，导致了供应链和建造过程中一系列的问题。为了解决这一系列的问题，各界进行了长期的探索，寻求通过技术手段来实现过程和组织上的集成。例如，运用 BIM 构建多方协同平台、运用 RFID 等物联网方法实现产品追溯等技术手段，以及推行工程建造总承包等业务流程手段，均是从管理科学化方向上为推进建筑工业化而做的努力。然而，管理科学化既要在建筑工业化和建筑信息化已经深度融合的基础上进行推广，也要充分做出变革和创新来弥补技术和信息化的局限性，因为技术和信息化必须要在我国具体的情境下才能真正发挥最大化的作用。通过图 10-2 可知，建筑工业化的效能通过信息化和管理科学化放大和推动，效果会得到大幅度的提升。通过与工业化和信息化的融合，管理科学化是实现新型建筑工业化的必经之路，也是释放工业化效能的放大器。

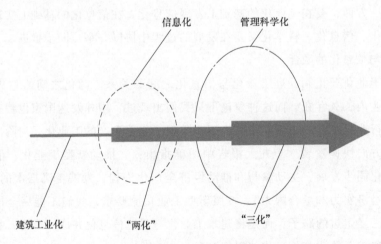

图 10-2　信息化及管理科学化对建筑工业化的放大与推动

10.2 | 管理科学化的内容体系

10.2.1　建筑工业化管理的维度和层级

建筑工业化进程中的管理科学化是从多个维度和层级来体现的。从纵向管理层级来看，可以分为宏观产业层的产业协同管理、中观企业层面的业务流程管理和微观项目层面建设项目管理；从横向管理维度来看，可以划分为技术维度的技术选择与运用管理、利益相关者维度的干系人管理及实施维度的全过程管理。纵横两个脉络交织在一起，共同构成了建筑工业化的管理科学化内容。管理科学化的架构图如图 10-3 所示。通过该图可知，管理科学化是渗透在建筑工业化各个层面和维度中的，它既是宏观的战略规划，也是微观的实施手段，同时需要协同技术、过程和参与方等多个要素。

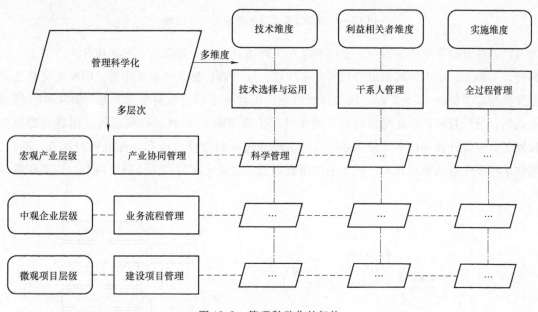

图 10-3　管理科学化的架构

10.2.2　建筑工业化的多维度管理

1. 技术管理

管理科学化面向的技术对象有很多种，包括设计技术管理、生产技术管理、物流技术管理及现场技术管理等。

（1）设计技术管理

当前，我国建筑行业的设计仍然是采用二维设计为主，三维设计为辅的方法，普遍存在出图效率低下，设计错误无法自检，因设计变更带来返工修改的现象，造成大量浪费。对设计技术管理的忽视使得设计过程冗长而质量较低，设计过程被切割成多个碎片化的阶段，前期方案设计无法兼容可施工性和生产适应性，设计成本增高。尤其是在预制装配式建筑的设计过程中，由于混凝土材料的特殊性，建筑产品构件的形成过程是不可逆的，这就对前期设计与后期施工之间的衔接提出了极高的要求。预制装配式建筑建造的设计过程如图 10-4 所示。

在这种情况下，加强设计技术的管理科学化成为技术管理的第一步，通过采用先进的设计技术和思维，使场外生产和现场施工信息完成对接。例如，采用以 BIM 技术为基础的正

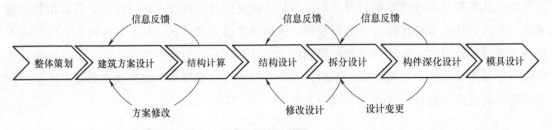

图 10-4 预制装配式建筑建造的设计过程

向设计，在设计早期将多专业、多个利益相关者集成起来，就能综合考虑构件生产加工、模具设计与加工、施工装配的可行性与效率问题，既考虑质量又考虑成本等。BIM 主要软件分类及典型软件如图 10-5 所示。需要强调的是，设计技术的管理科学化不是对某项技术简单地运用，设计管理科学化的目标更不是单纯地依靠 BIM 软件就可以实现的，而是需要依托软件工具对设计技术的各个使用者的设计策略和思维的整体再造和业务流程的再造。不然，即使采用了先进的设计技术，技术的使用者仍然无法确定如何在每个确定的节点传递准确的信息。

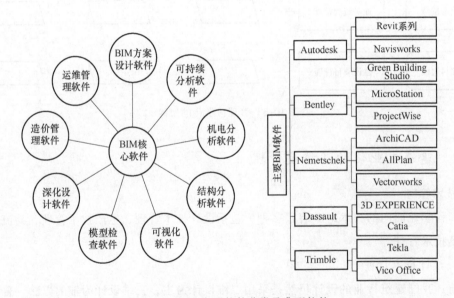

图 10-5 BIM 主要软件分类及典型软件

（2）生产技术管理

生产技术管理包括对混凝土预制构件、系统模具及集成化部品等的生产管理。生产技术管理是借鉴制造业生产管理的思路来推进的。无论是流水线式生产、游牧式生产还是针对装修或家具部品的工厂化生产，均遵循大规模、定制化、精益化和并行化的思路。在技术选择上，应当因地制宜地进行推广，切忌生搬硬套国外的经验。例如，固定模台生产技术用于非标准化异形构件的生产；流水线式的生产技术用于规格较为统一、需求较大的构件的生产；游牧式的生产技术是一种移动生产模式，只需施工现场有一块空地就可于现地预制，不需投资兴建大量的机械设备，所有设备包括垫层都采用可搬迁、可移动的方式。固定模台生产技术和游牧式的生产技术的应用较为局限，固定模台生产技术只适合于异形构件，游牧式的生产技术只适合于施工现场很大的项目。而系统模具的生产，如大型钢模和系统铝合金模板的生产，在我国的建筑工业化背景下具有更加广阔的意义。通过系统化设计和模数协调，可以兼顾产品的标准化和柔性，使得在场外预先生产和预先拼装的模具呈现出多样化的形体，满足我国新型城镇化住房建设的需求。对于装修和家具部品的生产，要建立在充分的市场需求感知的基础上。生产技术管理，在新型建筑工业化背景下发挥着愈发重要的作用。图 10-6 为混凝土构件生产技术示意图。

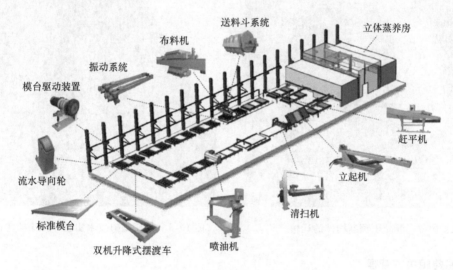

图 10-6 混凝土构件生产技术

（3）物流技术管理

物流技术管理的核心在于通过物联网技术进行过程追溯。为了实现部品或构件全过程的跟踪追溯，减少现场寻找时间，以及全生命期监控与数据保存，可以选择使用 RFID、二维码为基础的物联网技术，在构件生产阶段将可读写的 RFID 芯片埋入构件，将二维码悬挂或粘贴在构件上，在之后的各个过程中读取和写入信息。例如，在装车寻找构件时，扫描二维码或者 RFID，可以查看构件属性，以确保寻找到满足要求的构件。在物流阶段，装车、卸货，交付现场的过程中均可以扫描构件写入信息，这些信息通过物联网系统传输，管理人员可以实时查看和监控每个构件的状态，以做好计划与控制工作。图 10-7 为混凝土预制构件的运输。

（4）现场技术管理

工业化建造的显著特征之一是现场工序的集成和数量减少，以及现场作业的复杂程度降低。这种新型的建造模式需要新型的施工现场技术管理与之匹配。当前现场建造技术主要有：以构件精度控制技术、构件连接、快速支撑技术、基于 BIM 的施工模拟与监测技术为代表的预制建造技术，以工业化穿插施工技术、系统模具技术为代表的现场工业化技术以及装配式全装修等。现场技术管理的重点应该放在对多种技术的集成使用上，通过合理的施工组织设计和技术集成，发挥多项技术的协同效应。图10-8为依托爬架技术实施并行穿插建造管理。

图10-7　混凝土预制构件的运输

图10-8　依托爬架技术实施并行穿插建造管理

2. 利益相关方管理

先进的工业化建造技术终究是由人或组织来运用并实施管理的，这些对建造目标的实现具有影响的个人或组织称为利益相关者或干系人。其被广泛接受的定义是：将利益相关者范围扩展到影响组织目标或被组织目标影响的任何群体或者个人。由此延伸出广义的利益相关者理论。有些利益相关者是由于社会分工而诞生的，他们直接参与建造活动，由于存在业务上的关联，这些利益相关者之间由于长期的业务合作而形成契约关系；而有些利益相关者不直接参与建造活动，但其行为会与建造过程产生影响，例如环保部门或者项目附近的群众等。根据广义利益相关者理论，任何能够影响企业目标实现或者在实现企业目标过程中被影响的组织或个体，都称为利益相关者，或者称为干系人。新型建筑工业化的干系人主要包括业主、设计方、深化设计或咨询方、总承包商、监理方、构件或部品提供商构件或部品安装商、构件或部品生产商、物流方、材料设备供应商、专业分包商、供应链金融服务商、最终用户、物业管理方、政府部门以及科研单位。从生产方式的角度看，总承包商是装配式建造项目管理的主体单位，主要利益相关者模型如图10-9所示。

不同利益相关者在工业化建造过程中的角色定位不同，由于新型建筑工业化是对传统建造模式和流程的改革与再造，各利益相关者的使命和工作内容也发生了较为显著的变化。利益相关者管理的重点不仅仅是每一个利益相关者的工作内容，更重要的是彼此之间的工作界

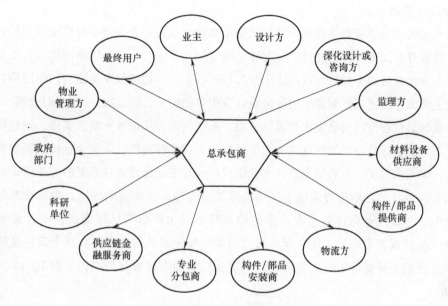

图 10-9　主要利益相关者模型

面。复杂的组织界面为利益相关者管理带来了巨大的调整，组织一体化的战略可以有效地将界面问题内部化，但这种策略需要提高组织本身对市场风险的抵抗能力。各主要利益相关者及其角色和功能见表 10-1。

表 10-1　主要利益相关者及其角色和功能

过程	利益相关者	角色与功能
设计	设计方	建筑结构机电初步设计
	业主	提供设计目标和约束
	政府部门	审查设计文件
	构件或部品提供商	提供构件部品的属性信息和特征
	深化设计或咨询方	构件部品深化设计及提出意见
生产	构件或部品提供商	根据深化设计图生产构件
	材料设备供应商	为构件部品生产商提供原材料和模具等
	供应链金融服务商	为生产企业提供融资支持
	深化设计或咨询方	修改深化设计和解答生产商疑问
物流	物流方	负责将构件部品从工厂运输到施工现场
装配	总承包商	负责现场管理及总体节点计划与控制
	构件或部品提供商	解答生产疑问和修改
	设计方	解答设计疑问和修改
	专业分包商	除主体结构外的其他专项施工
	材料设备供应商	为现场提供材料和设备
	监理方	进行构件部品、材料等验收、质量安全监督、工程量认定等
	政府部门	审查施工计划

3. 全过程管理

利益相关者的科学管理要在整个建设过程中实现。全过程管理就是对实施过程的管控在时间维度上的展开。随着时间的展开，所有相关的组织、技术、方法等均逐步地加入工业化建造过程中。工业化建造的全过程大致可以划分为设计、生产、物流和现场建造四个阶段。在设计阶段，业主牵头作为建造发起者，接收由设计方提供的初步设计方案，并与深化设计方、咨询方及构件或部品供应商沟通确定深化设计方案，业主获取深化设计方案后实施，通过供应商选择进入生产阶段。设计阶段的信息需要与生产过程完成互通转换，这种全息转换既要依托信息化的工具，但更依赖于变革后的全新的产业组织模式与工业化建造背景下的商业模式。完成生产的部品与构件将由各物流方运输至现场完成统一建造。需要说明的是，现场建造并不等同于现场装配，尽管工业化建造中有大量的建造环节在生产阶段已经完成，但各种部品和构件，仍然需要同现场生产的工作一起，通过统筹安排完成最终的建造。整个建造过程中，政府仍然扮演着至关重要的审查监督角色。利益相关者的全过程管理架构如图 10-10 所示。

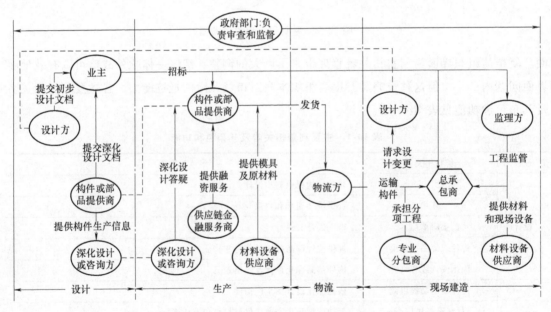

图 10-10 利益相关者的全过程管理架构示意图

10.2.3 建筑工业化的多层级管理

1. 产业组织管理

从管理科学化的层次来讲，宏观层面的产业组织管理是整个管理科学化的最顶层，是顶层设计的管理。产业层面的管理科学化是整个建筑业面向工业化改革的全结构化调整，是全行业的生产要素面向产业化生态的演化，是结构的演化、文化的演化和供应链结构的演化。在演化过程中，政府主管部门要扮演好"理性的公共商人"的角色，为产业结构的演化提供最合理和优质的服务。政府应避免政策性的强制性推动，转为主动为市场资源优化配置提供便利与保障，鼓励各层行业主体的竞争与转型，以行政服务的方式为行业主体的技术探索和深层次社会分工提供政策、经济和社会信誉上的保障。各行业主体则应当根据自身的特点顺应市场需求，完成自身的结构化调整，实力雄厚的全产业链企业可以努力打造建筑产业集团，在各个细分领域具有专长业务优势的主体可以转型为专业化业务企业。各行业主体均需要注意，管理科学化是建立在新型供应链结构之上的。在多维度管理的角度上，尽管分析了管理科学化对技术、利益相关方和全过程的管理的内容，但并没有确定管理的核心纽带，对产业层面的供应链进行分析可以有更良好的视角。

传统建造供应链的模式是以总承包商为核心，由总承包商和众多供应商、分包商、设计方及业主，针对建设项目组成的从设计、采购到施工的建设网络。传统建造供应链的概念模型如图 10-11 所示。以主体结构施工为例，混凝土和钢筋等建设用材均由原材料供应商直接向总承包商供应，供需关系确定、集中且链条长度较短，材料直接配送至现场决定了这种供应模式具有显著的集中性和临时性的特征。集中性体现在所有建筑材料都集中在施工现场进行加工直到竣工；临时性体现在建设项目是一次性的，标准化程度不高，无法像制造业一样重复批量生产，这也是传统模式的最大局限。

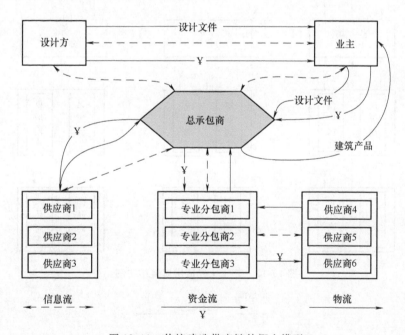

图 10-11 传统建造供应链的概念模型

新型建筑工业化供应链中，大量的用材不是直接供应至现场，而是先配送至上游的专业供应商，再由专业的供应商供应给下游的总承包商，最终由总承包商交付业主。这种供应模式下衍生出可以标准化、大规模甚至定制式生产的新型供应商，如预制混凝土构件生产商、管道构件加工商、集成卫浴生产商等，这些供应商可以将部品化、组件化乃至模块化的半成品配送至施工现场。受产业结构和招标投标模式的影响，工业化建造供应链可以由不同类型的企业引导，形成结构各异的新型建造供应链，以供应商独立于总包单位之外为例，新型工业化建造供应链结构图如图 10-12 所示。综上所述，产业层面的管理科学化的主体是行业内的各个主体，引导者是政府主管部门。各方要在新型建筑工业化和管理科学化的思维模式下完成自身角色和任务模式的转变。

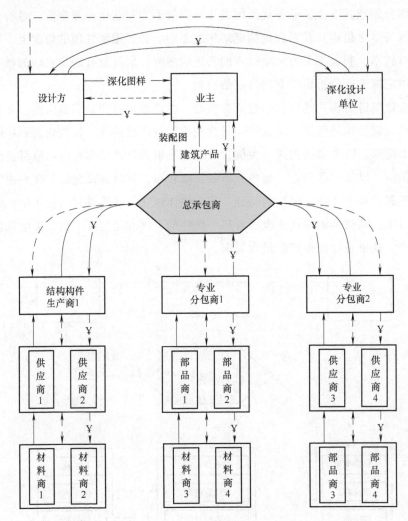

图 10-12　工业化建造供应链结构图

信息流　资金流　物流

2. 业务流程管理

新型工业化背景下，各个行业主体尤其是开发商的业务流程都需要重新调整以适应工业化建造和产业化发展的需求。依据分级标准化和组合标准化的策略实施业务流程管理，兼顾标准化与多样化，解决工业化进程中效率与价值之间的矛盾。基于组合标准化的业务流程再造逻辑如图 10-13 所示。面向产品，业务流程可以划分为四个层级，从左上角开始顺时针旋转，依次是产品层级、模块层级、组件层级、部品与构件层级。在产品层级中，依据特定的区域、类型、规模完成系列化的户型设计，得到标准化系列化的产品；在模块层级中，在户型标准化的基础上依据模数协调的原则进行可变性空间的分解，建立标准化的系列化的模块产品体系；在组件层级中，进一步分解获得系列化组件；最终在产品层级中形成种类齐全的体系化的部品与构件。依据顺时针旋转顺序得到的逻辑链是各行业主体进行业务流程再造所要依据的基本逻辑，并不是要求每一个行业主体均要在所有层级建立完备的产品体系，而是各类型的房屋建造商只需要在一个或多个层级上建立自己的分级标准化产品体系，然后依据分级标准化产品体系实施业务流程再造。完成了顺时针的产品体系构建之后，将左下角的部品与构件层级实施逆时针旋转，得到建造过程逻辑链：在建造方案形成初期，参与方要协同实施综合性价值判断，从安全、成本、质量、进度、能耗及社会和环境影响等方面来确定每一部分的工程实体适合用怎样的工业化建造方法，预制建造、现场工业化建造或是工业化内装，均应依托最基础的价值判断形成可实施性生产建造方案；在此基础上进行集成型方案组合来形成多样化的组件；组件形成多样化的模块，最终组合成系列化的产品。

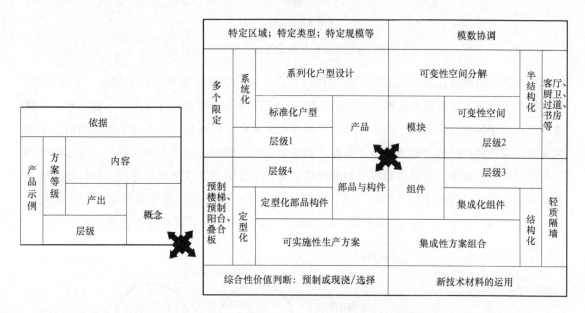

图 10-13　基于组合标准化的业务流程再造逻辑

3. 建设项目管理

从管理内容上看，新型工业化建设项目与传统建造项目有两个最显著的特点：建造场所相对分离的现状和对建造过程的连续性的要求。传统建造与工业化建造过程的空间对比如图 10-14 所示。工业化项目在建造场所上存在工厂和施工现场两个主要建造场所，在一定程度上造成了空间上的割裂，这种割裂给项目管理带来极大的挑战，空间上天然的分离使得实现时间上的连续性困难加大。所以，工业化建造项目对并行建造和精益建造的需求更加迫切。

另外，由于工业化建造的工序集成化程度较高，一些先进的施工辅助机械如爬升式脚手架的使用，使得工序相对模块化，为空间上的并行建造创造了条件。传统建造过程中，由于脚手架工程以及砌筑、抹灰等湿作业工序的存在，导致后续工作必须在前序工作完全完成之后方可

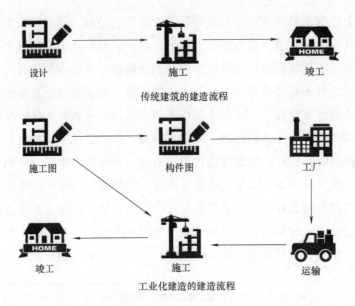

图 10-14　传统建造与工业化建造过程的空间对比

实施，这种串行式的建造方法限制了效率提升。在工业化建造过程中，由于爬架、系统模具、预制构件的使用，湿作业基本被取消，上下楼层的工作单元之间完全可以实现土建、水电、装修等工作的穿插并行。同时，由于建造工序的相对集成化和模块化，工序与工序之间的搭接更为紧密，为连续性的精益建造创造了条件，前序单元的实施对后续单元形成拉动，通过连续的工作流提升建造效率。建设项目层面的管理科学化，主要体现在建设项目管理的并行建造管理和精益建造管理，如图 10-15 所示。进一步讲，建设项目管理将更加注重建造过程中能耗的分析、对环境的影响、与社会环境的交互作用等方面，真正向可持续建造管理迈进。

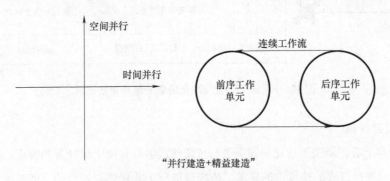

图 10-15　建设项目管理的并行建造管理与精益建造管理

10.3 | 管理科学化的实施

10.3.1　管理科学化的实施框架

管理科学化的实施要依托新型建筑工业化的各级参与者，从政府相关的行业主管部门，到行业主体的各级管理，到基层产业工人的培训管理和施工技术管理。本节以房屋建造开发商的视角，阐述新型建筑工业化背景下管理科学化策略的实施。当前，各建造主体在实践中最大的问题在于：对工业化技术的使用无法适宜地嵌入自身的业务流程和项目管理中，存在"为了预制而预制""追求装配率"等错误的倾向，工业化建造并没有为这些行业主体带来实际的利润和回报，根本原因在于管理科学化策略的缺失。管理科学化的实施框架如图10-16所示。管理科学化的实施框架包含了四个宏观阶段、五个主要科学化管理策略及六个里程碑事件，通过集成表达管理科学化的逻辑架构。工业化建造的管理科学化策略应在全过程内植入建造主体的管理内容中。建造主体要在尽可能早的

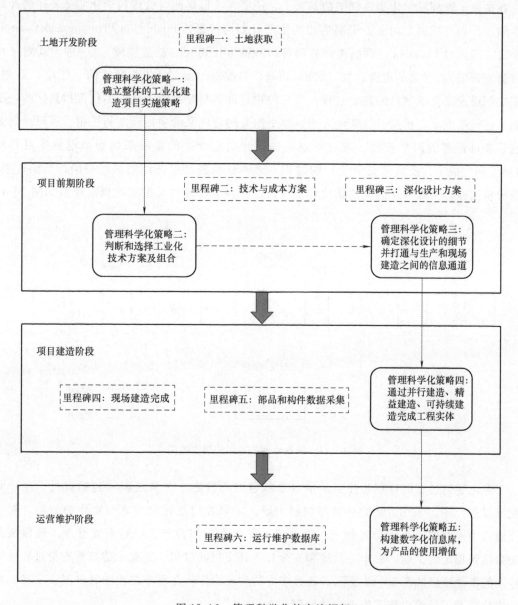

图 10-16　管理科学化的实施框架

时间阶段内确立自身的工业化建造策略，作为宏观的指导思想或经营战略，后期所有的方案均要在此宏观战略指导之下进行布局。在项目前期，主要参与团队就要通过新的业务模式或协同平台，完成技术成本等方案的构建，确定工业化技术方案及其优化组合，打通设计、生产和施工之间的联系。现场建造完成的同时，要完成对构件和部品相关的产品信息、位置信息及建造信息的收集与构建，并在最后的使用阶段充分利用这部分数据来为建设产品的使用增值。

10.3.2 管理科学化的计划与控制

在构建了管理科学化实施框架的基础上，还要在项目层面对管理科学化实施具体的计划与控制。计划与控制一词来源于制造业的生产计划与控制（Production Planning and Control，PP&C）。国内对 Planning 一词的翻译有两种，一种为计划（在制造领域），一种为规划（在项目管理领域）。狭义的进度计划（Scheduling）与控制的含义是指按照时间（工期）计划，合理控制进度来完成项目的各个过程，广义的项目计划与控制的含义并不仅仅指具体的进度计划，还包括成本、质量以及其他方面，本书研究的是广义的项目计划与控制。项目计划与控制是项目管理的两个阶段，项目计划是选择和决定合适的策略来达到预定的项目目标（包括工期、成本、质量和安全等）的过程，而项目控制是指在计划执行阶段，预测进展，不断分析偏差，采取修正措施的迭代和系统的过程。项目计划与控制的概念模型如图 10-17 所示。

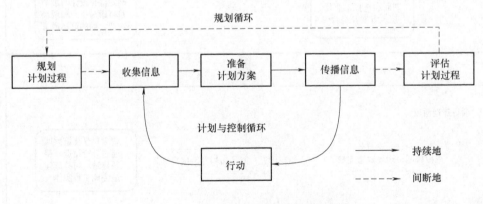

图 10-17 项目计划与控制的概念模型

工业化建造过程的计划与控制是指以总承包商为核心，在全过程（包括设计、生产和装配等过程）中，采用合适的计划与控制手段，采取各利益相关方之间协作的战略，对工业化建造中涉及的所有活动（物流、信息流、资金流）和参与方进行有效管理，确保装配式建造达到预定的工期、成本、质量和安全目标并交付的过程。工业化建造管理全过程计划与控制的概念模型如图 10-18 所示。通过多方的沟通协作，在整个过程中对进度、质量、成本、安全以及可持续内容实施全面的管理。

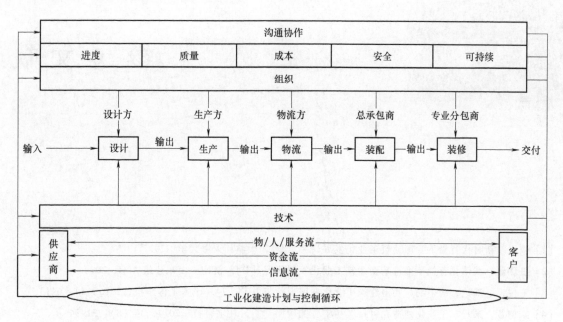

图 10-18　工业化建造管理全过程计划与控制的概念模型

复习思考题

1. 管理科学化对新型建筑工业化意味着什么？

2. 在发展管理科学化的进程中，是先发展建筑工业化，还是先发展信息化？

3. 管理科学化、建筑工业化、建造信息化三者之间是怎样的关系？

4. 为什么在建筑工业化的条件下更要强调精益建造？

参 考 文 献

[1] 张山. 新时代背景下我国建筑工业化发展研究 [D]. 天津：天津大学，2015.

[2] 王珊珊. 城镇化背景下推进新型建筑工业化发展研究 [D]. 济南：山东建筑大学，2014.

[3] 王俊，赵基达，胡宗羽. 我国建筑工业化发展现状与思考 [J]. 土木工程学报，2016 (5)：6-13.

[4] 宋德萱，朱丹. 工业化建造在可持续住宅中的应用 [J]. 住宅科技，2014，34 (8)：31-34.

[5] 邱坤. 建筑施工工程的质量通病与管控策略 [J]. 科技展望，2015，25 (1)：20.

[6] 徐明强，王长江. 房屋建筑工程质量投诉问题的探讨 [J]. 四川建筑，2017，37 (3)：240-242.

[7] 钱嗣旺. 住宅工程质量投诉处理的几点思考和建议 [J]. 安徽建筑，2017 (5)：445-446.

[8] 胡芳芳. 中英美绿色（可持续）建筑评价标准的比较 [D]. 北京：北京交通大学，2010.

[9] 邹莘. 绿色建筑规模化推广困境的经济分析 [D]. 济南：山东大学，2017.

[10] 叶东杰. 我国绿色建筑的可持续发展研究 [J]. 建筑经济，2014 (9)：15-17.

[11] 修龙，赵林，丁建华. 建筑产业现代化之思与行 [J]. 建筑结构. 2014，44 (13)：1-4.

[12] 纪颖波. 建筑工业化发展研究 [M]. 北京：中国建筑工业出版社，2011.

[13] 叶明，武洁青. 关于推动新型建筑工业化发展的思考 [J]. 住宅产业，2013 (Z1)：11-14.

[14] 沈祖炎，李元齐. 建筑工业化建造的本质和内涵 [J]，建筑钢结构进展，2015. 10 (5).

[15] 李忠富. 再论住宅产业化和建筑工业化 [J]. 建筑经济，2018 (1)：1-5.

[16] 陈振基. 我国建筑工业化60年政策变迁对比 [J]. 建筑技术，2016，47 (4)：298-300.

[17] 陈振基. 建筑工业化道路要两条腿走：兼评《装配式建筑评价标准》 [J]. 混凝土世界，2018，39 (1)：37-41.

[18] 王俊，王晓锋. 我国新型建筑工业化发展与展望 [J]. 工程质量，2016，34 (7)：5-9.

[19] 刘志峰. 转变发展方式　建造百年住宅（建筑）[J]. 城市住宅，2010 (7)：12-18.

[20] 毛志兵，李云贵，郭海山. 建筑工程新型建造方式 [M]. 北京：中国建筑工业出版社，2018.

[21] 李忠富. 住宅产业化论 [M]. 北京：中国建筑工业出版社，2018.

[22] 黄士基，林志明. 土木工程机械 [M]. 3版. 北京：中国建筑工业出版社，2016.

[23] 娄述渝. 法国工业化住宅概貌 [J]. 建筑学报，1985 (2)：24-30.

[24] 李世华. 施工机械使用手册 [M]. 北京：中国建筑工业出版社，2014.

[25] 秦姗，伍止超，于磊. 日本KEP到KSI内装部品体系的发展研究 [J]. 建筑学报，2014 (7)：17-23.

［26］陈自明．浅谈我国建筑产业化发展之路 ［J］．住宅产业，2015（04）：20-23．

［27］丁成章．工厂化制造住宅与住宅产业化 ［M］．北京：机械工业出版社，2004．

［28］李湘洲．国外住宅建筑工业化的发展与现状：一　日本的住宅工业化 ［J］．中国住宅设施，2005（1）：56-58．

［29］李湘洲，刘昊宇．国外住宅建筑工业化的发展与现状：二　美国的住宅工业化 ［J］．中国住宅设施，2005（2）：44-46．

［30］曹成磊．国内外建筑工业化发展概况 ［J］．铁道标准设计通讯，1979（2）：43-47，24，42．

［31］KAMALI M，HEWAGE K. Development of performance criteria for sustainability evaluation of modular versus conventional construction methods ［J］．Journal of Cleaner Production，2017，142：3592-3606．

［32］AGREN R，WING R D. Five moments in the history of industrialized building ［J］．Construction Management and Economics，2014（32）：7-15．

［33］MCCUTCHEON R. The role of industrialised building in Soviet Union housing policies ［J］．Habitat International，1990（13）：43-61．

［34］BARIS B，JESSE P，SEBBE S B，et al. Modularising design processes of facades in Denmark：re-exploring the use of design structure matrix ［J］．Architectural Engineering and Design Management，2017（8）：95-108．

［35］LARSSON J，ERIKSSON P E，OLOFSSON T，et al. Industrialized construction in the Swedish infrastructure sector：core elements and barriers ［J］．Construction Management Economic，2013（32）：37-41．

［36］GANN D M. Construction as a manufacturing process? Similarities and differences between industrialized housing and car production in Japan ［J］．Construction Management and Economics，1996（14）：437-450．

［37］SACKS R，EASTMAN C M，LEE G. Process model perspectives on management and engineering procedures in the precast/prestressed concrete industry ［J］．Journal of Construction Engineering and Management，2004，130（2）：206-215．

［38］王志成，格雷斯 J，史密斯 J K．美国装配式建筑产业发展态势：一 ［J］．住宅与房地产，2017（14）：42-44．

［39］李荣帅，龚剑．发达国家住宅产业化的发展历程与经验 ［J］．中外建筑，2014（2）：58-60．

［40］臧志远．苏联工业化集合住宅研究 ［D］．天津：天津大学，2009．

［41］蒂伯尔伊．瑞典住宅研究与设计 ［M］．张珑，等译．北京：中国建筑工业出版社，1993．

［42］川崎直宏，胡惠琴．日本公共住宅工业化生产技术发展和展望 ［J］．建筑学报，2012（4）：31-32．

［43］邵凯平．丹麦工业化建筑体系简介 ［J］．建筑施工，1989（2）：53-54．

［44］王唯博．保障性住房新型工业化住宅体系理论与构建研究 ［D］．北京：中国建筑设计研究院，2016．

［45］陈德强，陈爱韦．国外住宅标准模数化制度及对我国住宅产业化发展的启示 ［J］．全国商情（理论研究），2012（10）：4-6．

［46］江淮．国外建筑工业化的历程、经验和我国的差距 ［N］．建筑时报，2015-07-23（5）．

［47］余松，张俊娅．国外住宅建筑工业化的发展 ［J］．住宅科技，1990（9）：25-26．

［48］姜阵剑．国内外住宅产业化的对比分析 ［J］．建筑经济，2004（9）：51-53．

［49］贺灵童，陈艳．建筑工业化的现在与未来 ［J］．工程质量，2013，31（2）：1-8．

［50］陈振基．中国住宅建筑工业化发展缓慢的原因及对策 ［J］．建筑技术，2015，46（3）：235-238．

[51] 杨家骥, 刘美霞. 我国装配式建筑的发展沿革 [J]. 住宅产业, 2016 (8): 14-21.

[52] 张炳明. 建筑施工专业机械化趋势探析 [J]. 山西建筑, 2016, 42 (11): 245-246.

[53] GIBB A G. Off-site fabrication: prefabrication, pre-assembly, and modularization [M]. Latheronwheel: Whittles Publishing, 1999.

[54] 郭学明. 装配式建筑概论 [M]. 北京: 机械工业出版社, 2018.

[55] 郭学明. 装配式混凝土建筑制作与施工 [M]. 北京: 机械工业出版社, 2018.

[56] 刘晓晨, 王鑫, 李洪涛, 等. 装配式混凝土建筑概论 [M]. 重庆: 重庆大学出版社, 2019.

[57] 梁栋, 宋彪, 沈重. 装配式钢结构建筑研究及应用 [J]. 建设科技, 2016 (Z1): 79-81.

[58] 陈明, 黄骥辉, 赵根田. 组合截面冷弯薄壁型钢结构研究进展 [J]. 工程力学, 2016, 33 (12): 1-11.

[59] 叶明. 装配式建筑概论 [M]. 北京: 中国建筑工业出版社, 2018.

[60] 吴刚, 潘金龙. 装配式建筑 [M]. 北京: 中国建筑工业出版社, 2018.

[61] 冯大阔, 张中善. 装配式建筑概论 [M]. 郑州: 黄河水利出版社, 2018.

[62] 杨学兵. 装配式木结构建筑体系发展与应用 [J]. 建设科技, 2017 (19): 57-62.

[63] 潘晖. 铝模板技术在房建施工中的应用 [J]. 住宅与房地产, 2018 (18): 225.

[64] 庄亮. 超高层建筑液压爬模施工技术 [J]. 建筑机械, 2019 (2): 89-91.

[65] 杨哲铭. 某超高层写字楼全钢附着式升降脚手架施工技术 [J]. 价值工程, 2018, 37 (32): 131-132.

[66] 王振兴, 孔涛涛, 王卫新, 等. 钢筋焊接网片在超高层建筑施工中的应用 [J]. 施工技术, 2018, 47 (10): 131-132.

[67] 陈芸, 刘敏. 配筋砌体结构与传统结构的经济性比较 [J]. 墙材革新与建筑节能, 2011 (4): 34-35.

[68] 邓冬梅. 配筋混凝土砌块结构的研究与应用 [D]. 哈尔滨: 哈尔滨工程大学, 2007.

[69] 南振江. 混凝土小型空心砌块配筋砌体的施工 [J]. 科协论坛 (下半月), 2009 (6): 15.

[70] 程先勇, 富笑玮, 刘锡洁. SI 住宅配筋清水混凝土砌块砌体施工技术 [J]. 施工技术, 2011, 40 (14): 40-43.

[71] 苏云辉, 陈宁. 聚苯乙烯模块墙体空腔简易模块化装配式建筑应用 [J]. 施工技术, 2017, 46 (16): 40-43.

[72] 翟雪婷. EPS 模块体系在严寒地区工业厂房中的应用研究 [D]. 济南: 山东建筑大学, 2018.

[73] CHANDEL S S, AGGARWAL R K. Performance evaluation of a passive solar building in western Himalayas [J]. Renewable Energy, 2008, 33 (10): 2166-2173.

[74] 仲继寿. 我国建筑工业化的发展路径 [J]. 建筑, 2018 (10): 18-20.

[75] 王可佳. 民用住宅安装工业化实现途径研究 [D]. 大连: 大连理工大学, 2015.

[76] 朱正. 机电安装工业化是安装企业转型升级的必由之路 [J]. 安装, 2014 (5): 26.

[77] 林孝胜. 机电安装工程工业化的探索和运用 [J]. 安装, 2014 (3): 12-14.

[78] 柏万林, 刘玮, 陶君. BIM 技术在某项目机电安装工业化中的应用 [J]. 施工技术, 2015, 44 (22): 120-124.

[79] 王陈远. 基于 BIM 的深化设计管理研究 [J]. 工程管理学报, 2012 (4): 12-16.

[80] 王和慧, 刘纪才, 杜伟国, 等. 工厂预制、现场装配: 机电安装的发展趋势暨装配式支吊架的主要问

题综述 [J]. 安装, 2013 (8): 59-62.

[81] 傅温. 建筑工程常用术语详解 [M]. 北京: 中国电力出版社, 2014.

[82] 李晓龙. 大型机电工程项目索赔研究 [D]. 成都: 西南交通大学, 2003.

[83] 彭典勇, 赵春婷, 刘刚, 等. 装配式内装修体系实践 [J]. 城市住宅, 2018, 25 (1): 42-47.

[84] 高颖. 住宅产业化: 住宅部品体系集成化技术及策略研究 [D]. 上海: 同济大学, 2006.

[85] 王艳. 装配式住宅工业化内装集成技术体系解析 [J]. 住宅产业, 2016 (10): 56-60.

[86] 吴东航, 章林伟. 日本住宅建设与产业化 [M]. 2版. 北京: 中国建筑工业出版社, 2016.

[87] 苏岩芃, 颜宏亮. 高层工业化住宅装修构造技术思考 [J]. 城市建筑, 2013 (16): 220-221.

[88] 蒋博雅, 张宏. 工业化住宅产品可变式室内装修与家具模块设计 [J]. 建筑技术, 2016, 47 (4): 319-320.

[89] 魏素巍, 曹彬, 潘锋. 适合中国国情的SI住宅干式内装技术的探索: 海尔家居内装装配化技术研究 [J]. 建筑学报, 2014 (7): 47-49.

[90] 刘东卫, 张宏, 伍止超. 国际建筑工业化前沿理论动态与技术发展研究 [J]. 城市住宅, 2018, 25 (10): 99-102.

[91] 李永健. 基于IFD理论的钢结构住宅设计研究 [D]. 北京: 北京交通大学, 2018.

[92] 胡惠琴. 工业化住宅建造方式:《建筑生产的通用体系》编译 [J]. 建筑学报, 2012 (4): 37-43.

[93] 刘东卫. 百年住宅: 面向未来的中国住宅绿色可持续建设研究与实践 [M]. 北京: 中国建筑工业出版社, 2018.

[94] 尹红力, 姜延达, 施燕冬. 内装工业化对日本住宅设计流程的影响: 与中国住宅设计现状对比 [J]. 建筑学报, 2014 (7): 30-33.

[95] 孔雯雯. 面向大规模定制的住宅装修产业化实现体系 [D]. 大连: 大连理工大学, 2014.

[96] 徐勇刚. 内装工业化的实践: 博洛尼基于雅世合金项目的探索 [J]. 建筑学报, 2014 (7): 50-52.

[97] 娄霓. 住宅内装部品体系与结构体系的发展 [J]. 建筑技艺, 2013 (1): 127-133.

[98] 曹祎杰. 工业化内装卫浴核心解决方案: 好适特整体卫浴在实践中的应用 [J]. 建筑学报, 2014 (7): 53-55.

[99] 金瞳, 李进军, 王平山, 等. 上海地区装配式全装修部品部件推广及应用情况调研 [J]. 住宅与房地产, 2018 (20): 29-36.

[100] 李慧民, 赵向东, 华珊, 等. 建筑工业化建造管理教程 [M]. 北京: 科学出版社, 2017.

[101] 张峥. 基于BIM技术条件下的工程项目设计工作流程的新型模式 [D]. 北京: 北京建筑大学, 2015.

[102] 莫志勇, 冯春梅, 杨继全. 建筑自动化的进展及关键技术研究 [J]. 机械制造与自动化. 2017, 46 (2): 156-159.

[103] 丁烈云, 徐捷, 覃亚伟. 建筑3D打印数字建造技术研究应用综述 [J]. 土木工程与管理学报, 2015, 32 (3): 1-10.

[104] 王志宏. 我国住宅部品的标准现状与发展 [J]. 中国住宅设施, 2005, 3 (7): 14-16.

[105] 李天华, 袁永博, 张明媛. 装配式建筑全寿命周期管理中BIM与RFID的应用 [J]. 工程管理学报, 2012, 26 (3): 28-32.

[106] 常春光, 吴飞飞. 基于BIM和RFID技术的装配式建筑施工过程管理 [J]. 沈阳建筑大学学报 (社

会科学版），2015，17（2）：170-174.

[107] 赵晔，左梦坡，王铖. 谈信息化技术在装配式建筑中的应用［J］. 安徽建筑，2017，24（5）：439-441.

[108] 白庶，张艳坤，韩凤，等. BIM 技术在装配式建筑中的应用价值分析［J］. 建筑经济，2015，36（11）：106-109.

[109] NATH T, ATTARZADEH M, TIONG R L K, et al. Productivity improvement of precast shop drawings generation through BIM-based process re-engineering［J］. Automation in Construction，2015，53：54-68.

[110] 胡珉，陆俊宇. 基于 RFID 的预制混凝土构件生产智能管理系统设计与实现［J］. 土木建筑工程信息技术，2013，5（3）：50-56.

[111] 王巧雯，张加万，牛志斌. 基于建筑信息模型的建筑多专业协同设计流程分析［J］. 同济大学学报（自然科学版），2018，46（8）：1155-1160.

[112] 覃秋丽. 浅谈建筑工业化中的建筑设计标准化［J］. 建材与装饰，2017（50）：104-105.

[113] 李晶. 基于 IFD 理论的高层办公建筑标准化设计研究［D］. 哈尔滨：哈尔滨工业大学，2015.

[114] 冯宜萱. 从规模化生产到个性化制造［J］. 动感（生态城市与绿色建筑），2010（2）：26-30.

[115] 陈伟民. BIM 交付标准研究［D］. 武汉：华中科技大学，2015.

[116] 住房和城乡建设部. 2011—2015 年建筑业信息化发展纲要［J］. 中国勘察设计，2011（6）：52-57.

[117] 纪颖波，周晓茗，李晓桐. BIM 技术在新型建筑工业化中的应用［J］. 建筑经济，2013（8）：14-16.

[118] 李晓丹. 装配式建筑建造过程计划与控制研究［D］. 大连：大连理工大学，2018.

[119] 李忠富，李晓丹. 建筑工业化与精益建造的支撑和协同关系研究［J］. 建筑经济，2016，37（11）：92-97.

[120] YIN X F, LIU H X, CHEN Y, et al. Building information modelling for off-site construction: review and future directions［J］. Automation in Construction. 2019，101：72-91.

[121] LI L, LI Z F, WU G D, et al. Critical success factors for project planning and control in prefabrication housing Production: a China study［J］. Sustainability，2018，10（3）：863.

[122] HALLER M, LU W, STEHN L, et al. An indicator for superfluous iteration in offsite building design processes［J］. Architectural Engineering and Design Management，2015，11（5）：360-375.

[123] FREEMAN R E. Stockholders and stakeholders: a new perspective on corporate governance［J］. Academic Journal，1983，25（3）：88-106.

[124] PAN W, GOODIER C. House-building business models and off-site construction take-up［J］. Journal of Architectural Engineering，2012，18（2）：84-93.

[125] GIBB A, ISACK F. Re-engineering through pre-assembly: client expectations and drivers［J］. Building Research and Information. 2003，31（2）：146-160.

[126] Li L, Li Z, Li X, et al. A Review of global lean construction during the past two decades: analysis and visualization［J］. Engineering Construction and Architectural Management，2019，26（6）：1192-1216.